Lotz · Feuerwerk

Quellen zur Geschichte der Feuerwehr und Feuerwerkerei

Herausgeber:

Deutsches Museum, München,
Forschungsinstitut für die Geschichte der Naturwissenschaften und der Technik,

Bruno Thommen,
Schweizer Feuerwehrmuseum, Basel,

Wolfgang Hornung,
Verein Deutsches Feuerwehrmuseum

Band 2

1978
EDITION OLMS ZÜRICH

Arthur Lotz

Das Feuerwerk

Seine Geschichte und Bibliographie

Mit einem Vorwort von
Ernst H. Berninger

1978
EDITION OLMS ZÜRICH

Nachdruck der Ausgabe Leipzig (1941)

Mit freundlicher Genehmigung des
Anton Hiersemann Verlages, Stuttgart
Printed in Germany
Herstellung: fotokop wilhelm weihert KG, D-6100 Darmstadt
Umschlagentwurf: Paul König, D-3200 Hildesheim
ISBN 3-283-00010-7

Vorwort

Die Kulturgeschichte des Feuerwerks läßt sich unter zwei Aspekten betrachten: einmal ist sie ein Teil der Technikgeschichte, zum anderen aber umfaßt sie ein Sondergebiet der Theatergeschichte. Dies mag ein Grund dafür sein, daß nur wenige umfassende Abhandlungen über die Geschichte des Feuerwerks erschienen sind.

Das hier im Nachdruck vorgelegte Buch von Arthur Lotz ist deshalb bis heute noch d a s Standardwerk seiner Art.

Im Textteil gibt Arthur Lotz einen prägnanten Überblick über die Entstehung des europäischen Feuerwerks in Italien und seine stilistische Formung und Entwicklung in anderen Ländern, besonders in Deutschland und Frankreich. Das anschließende Quellenverzeichnis ist zu einer Bibliographie der meist sehr seltenen Feuerwerksdarstellungen ausgearbeitet. Es enthält neben dem Nachweis von Büchern auch Angaben über einzelne graphische Blätter. So wird diese Veröffentlichung auch ein unentbehrliches Arbeitsmittel für den Graphik-Sammler.

Im Zeitalter des Barocks erreichte das Feuerwerk seine größte künstlerische Entfaltung. Der Pyrotechniker stand als Künstler dem Theater-Arrangeur im Ansehen gleich. Beide bezogen zur Verwirklichung ihrer künstlerischen Vorstellungen die Architektur und deren Formenschatz in ihr Werk ein.

Der Architektur-Historiker kann an den bühnenbildartigen Entwürfen die freie Entfaltung der barocken Architektur-Ideen studieren. In den beständigen Bauwerken mußten solch freie Phantasien meistens durch bautechnische Notwendigkeiten Einschränkungen erfahren.

Die trefflich ausgewählten Tafeln im Anhang geben für solche Untersuchungen eine erste Sammlung von Studienmaterial.

Der Technik-Historiker findet in dem Gesamtwerk die notwendige Ergänzung zu den meist im Vordergrund stehenden Darstellungen des Kriegsfeuerwerks. Die hier vorgestellten Gründe erschienen den Herausgebern so wichtig, daß nach achtunddreißig Jahren ein Neudruck des Buches von Arthur Lotz gerechtfertigt ist.

August 1978 Ernst H. Berninger

Das Feuerwerk

SEINE GESCHICHTE UND BIBLIOGRAPHIE

BEITRÄGE ZUR KUNST- UND KULTURGESCHICHTE

DER FESTE UND DES THEATERWESENS

IN SIEBEN JAHRHUNDERTEN

VON

ARTHUR LOTZ

MIT 49 ABBILDUNGEN

AUF 36 LICHTDRUCKTAFELN

VERLAG KARL W. HIERSEMANN / LEIPZIG

Vorwort

Feuerwerk bildete den Auftakt, Höhepunkt oder Abschluß von Festlichkeiten früherer Jahrhunderte, denen es in seinen höchsten Leistungen einen unnachahmlichen Glanz verlieh. Der künstlerischen Ausgestaltung, die es im Laufe der Zeiten erfahren hat, wird hier vor allem nachgegangen werden, das heißt der Stilisierung seiner Feuererscheinungen und der für seine Zwecke geschaffenen Aufbauten oder sonstigen schmückenden Zutaten. Von ihnen, für die besonders Architekten, aber auch die Feuerwerker selbst, ferner Dekorationszeichner, Bildhauer und Maler gearbeitet haben, unter denen sich bisweilen die besten ihrer Zeit befanden, ist uns im Original kein Denkmal erhalten geblieben, das wir mit kritischem Blick zu prüfen vermöchten. Immer waren es eben Werke errichtet für den Augenblick, die alsbald, wenn ihr Zweck erfüllt war, der Vernichtung anheimfielen. Unsere Kenntnis von ihnen und den Feuerwerksvorstellungen beruht einzig und allein auf Schriftwerken, ferner auf Abbildungen, die natürlich keine untrüglichen Dokumente sein können, da sie ja nur aus Holzschnitten, Kupferstichen und anderen Bilddrucken, auch Zeichnungen und einigen Gemälden bestehen, bei denen kaum zu ermessen ist, ob nicht die Hand des wiedergebenden Künstlers den wahren Sachbestand verändert hat. Es kann also nur versucht werden, den Stoff zu sammeln, zu sichten und zu gliedern, die Entwicklung zu verfolgen und die für die künstlerische Darstellung maßgebend gewesenen Absichten zu erkennen, ferner die mannigfachen Zusammenhänge zwischen Volkstum und Feuerwerk und seine Beziehungen zum Theaterwesen aufzudecken. Dagegen wird es aus obengenanntem Grunde in den meisten Fällen nicht möglich sein, den künstlerischen Gehalt der Feuerwerksdarbietungen sicher zu bewerten. Das rein Pyrotechnische wird nur soweit berührt werden, wie es für das Wesen der Feuerwerksvorstellungen und seiner Dekorationen unbedingt erforderlich ist.

Die nachstehenden Ausführungen beruhen in erster Linie auf dem Studium der einschlägigen Werke, die sich in deutschen und ausländischen Bibliotheken sowie anderen Sammlungen, vor allem aber in der Staatlichen Kunstbibliothek zu Berlin befinden. Auch an den Abbildungsvorlagen ist die Staatliche Kunstbibliothek mit ihren großen Beständen stark beteiligt. Ihrem Direktor, Herrn Professor Dr. Hermann Schmitz, habe ich für die Erteilung der Reproduktionserlaubnis bestens zu danken. Desgleichen drängt es mich, dem Verlag Karl W. Hiersemann in Leipzig, der die Veröffentlichung meiner Arbeit ermöglichte und ihre Drucklegung mit liebevoller Sorgfalt durchführte, zu danken.

Berlin, im Oktober 1940 Arthur Lotz

Inhaltsverzeichnis

Hängefeuerwerk. Holzschnitt aus dem Werk von Van. Biringuccio: Pyrotechnia, Venedig 1540.

Entstehung des europäischen Feuerwerks in Italien

Bevor dem urzeitlichen Menschen die Feuererzeugung gelungen war, mußte ihm der als Blitz aus der Wolke vom Himmel herniederfahrende, zündende und zerstörende Feuerstrahl wie eine unergründliche und unfaßbare, Furcht erweckende Äußerung einer überirdischen Macht erscheinen. Nachdem es ihm aber geglückt war, selbst Feuer anzufachen, war es naheliegend, daß er diese Naturkraft, die Wohltaten, aber auch Gefahren in sich barg, sorgsam hütete und ihr Verehrung zollte. Das geschah zunächst bei dem Herdfeuer, das wegen der Schwierigkeit des Anmachens als Dauerfeuer unterhalten wurde. Das klassische Beispiel seiner Verehrung im Altertum ist der Kult der Vesta in Rom als Schützerin des Familienherdes. Der älteste Tempel des Forums, ein Rundbau, war ihr geweiht. Dort wachten die Vestalinnen über das immerwährend brennende, heilige Feuer, das am Anfang eines jeden Jahres, am 1. März, erneuert wurde. In der ewigen Lampe der christkatholischen Kirchen, in denen ja auch zu jeder feierlichen Handlung brennende Kerzen gehören, leben derartige Bräuche, allerdings in anderer Deutung dieses Sinnbildes, noch bis zum heutigen Tage fort. Und, wie wir weiterhin sehen werden, ist die Gestaltung frühester Feuerwerksträger, die für ein geistliches Fest hergestellt wurden, auf die Form der Hängelampe zurückzuführen.

Die Entfachung und der sachgemäße Gebrauch des Feuers sind die Merkmale, die in Urzeiten das Leben des Menschen von dem des Tieres scheiden. Mit Hilfe des Feuers konnte er der Kälte trotzen und das Dunkel der Nacht erhellen, Erze schmelzen und Waffen, sowie Werkzeuge aus Metall gießen oder schmieden, Gefäße aus Ton härten, Lebensmittel durch Kochen, Backen und Braten genießbar und schmackhaft machen. Durch Feuer und Rauch konnte der Mensch Schädlinge, wie reißende Tiere, Insektenschwärme und anderes, von sich, seinem Vieh und seinen Feldern verscheuchen in Zeiten, in denen andere Abwehrmittel noch wenig erkannt und erprobt waren. So kam es, daß der verzehrenden Flamme ganz allgemein reinigende Kraft zugesprochen wurde, die man nun auch bei Krankheiten der Haustiere oder bei anderen Anlässen für Schutzmittel hielt und die man in Gestalt von Feuerbränden zur Anwendung brachte. Das sind die sogenannten Notfeuer. Nahe mit ihnen verwandt sind die Jahresfeuer, das heißt die Frühlings-, Sonnwend- und Herbstfeuer. Sie galten aller Wahrscheinlichkeit nach in Urzeiten der Vorbeugung und Abwehr schädigender Einflüsse, zum mindesten die Frühlings- und Sonnwendfeuer, erstere hauptsächlich in bezug auf die Felder, letztere auf das Vieh. Auch sie waren also Notfeuer, allerdings zur vorher festgelegten Zeit wiederkehrende, die von der Gemeinschaft, das heißt der Sippe, der Dorfgemeinde usw. abgebrannt wurden. Die Herbstfeuer sind dagegen wohl als Erntedankfeste anzusehen[1].

Wenn wir die Entwicklung des Feuerwerks verfolgen, werden wir erfahren, daß es hier und da mit dem Sonnwendfeuer verknüpft ist. Nachdem im Jahre 354 das Geburtsfest Jesu auf den 25. Dezember festgelegt worden war, feierte man am 24. Juni den Geburtstag seines sechs Monate älteren Vorläufers[2], Johannis des Täufers, der nach Ev. Joh. 3, 30 von sich selbst sagt, er müsse abnehmen, während Jesus wachse. Hiermit waren die Beziehungen zum Sonnenlauf hergestellt, und die früheren Sonnwendfeuer wurden mit dem Täufer in Verbindung gebracht. Sie wurden vielfach jetzt Johannisfeuer genannt, ohne daß sie in ihrer ursprünglichen Ausgestaltung als flammende Holzstöße in den Kultus der christlichen Kirche irgendwie aufgenommen worden wären. Im Gegenteil waren die heidnischen Vorgänge, die mit dem Sonnwendfeuer im Zusammenhange standen, so das Treiben des Viehes durch die Gluten und das Springen der Menschen durch die Lohe, was ehemals eben als Reinigung durch das Feuer betrachtet wurde, der Kirche unbequem und peinlich. Hierfür besitzen wir ein Zeugnis aus früher Zeit. In einer der trullianischen Synoden in Byzanz gegen Ende des 7. Jahrhunderts erging ein Verbot wider das Durchspringen des Johannisfeuers seitens der Laien und Geistlichen[3]. Jedoch erhielten sich diese Sonnwend- bzw. Johannisfeuer, die über weite Teile Europas verbreitet waren[4], durch die Jahrhunderte hindurch und bestehen mit ihren volkstümlichen Bräuchen in erheblichem Maße auch heute noch. Neben der Verwendung der Flamme für die Jahresfeuer benutzte man die ihr innewohnende wunderbare Kraft zu leuchten und zu strahlen, die von jeher bis zum heutigen Tage die Beschauer fesselte und bannte, auch bei anderen Anlässen zur Erregung einer festlich-freudigen oder weihevollen Stimmung unter den Anwesenden. Zu diesem Zwecke bediente man sich ihrer von der einfachen Kerze oder Fackel bis zu dem roh geschichteten, auflodernden Holzstoß, dem feurigen Mal, das dem Feuerwerk in seiner weiteren Entwicklung den Weg zu kunstvoller Gestaltung wies.

Wenn auch die Sitte der Freudenfeuer schon sehr alt ist, so können sie als Feuerwerk doch erst bei Verwendung von Sprengstoffen, die als Kunstfeuer zur Schaustellung gelangen, bezeichnet werden. Zwar mögen ähnliche Wirkungen schon früher versucht worden sein, sie kommen jedoch für die künstlerische Entwicklung des europäischen Feuerwerks nicht in Betracht, ebenso wenig wie das Feuerwerk Ostasiens und Indiens. Erst die Anwendung von Sprengstoffen, die zunächst in verschiedenen Arten Schwarzpulver, der Mischung von Kohle, Schwefel und

Salpeter, bestanden, gibt den Anstoß zur Entfaltung dieser Kunst. Erfunden wurde das Schwarzpulver wahrscheinlich von den Chinesen[5]. Vermutlich schon am Ende des 12. Jahrhunderts kannten sie eine salpeterartige Sprengmischung und wußten sie als Ladung von Bomben zu gebrauchen. Jedenfalls wurden Sprengwaffen schon im Jahre 1232 bei der Mongolenbelagerung von Tien-King, dem heutigen Kaiföng, mit Erfolg verwendet. Die Araber scheinen Kenntnis von dieser neuen Erfindung erhalten zu haben, auf welchen Wegen, ist unbekannt. Ein Geheimschreiber des Sultans von Ägypten berichtet schon im Jahre 1249 von Sprengwaffen[6]. Durch die Araber, die das Salpeter „Schnee von China" nannten, wird das Schießpulver weiter nach Europa gelangt sein, wo es zunächst auch nur als Kriegsfeuerwerk in die Erscheinung trat. Marcus Graecus in seinem „Liber ignium", entstanden um 1250, und der Deutsche Albertus Magnus im „Opus de mirabilibus mundi", etwa ein Jahrzehnt darauf verfaßt, kennen beide bereits Raketen und Kanonenschläge. Der erste Bericht aus Europa über den Gebrauch einer Rakete als Waffe stammt aus dem Jahre 1379, er findet sich in einer handschriftlichen Chronik des Rafanus de Caresinis[7]. Und 1380 wird bei den Kämpfen zwischen Venezianern und Paduanern vermittelst einer Rakete das Dach des Torre della Bebe in Brand gesteckt[8].

Aber gleichzeitig entdeckt man auch in dem Sprengstoff die Möglichkeit seiner Verwendung für friedliche Zwecke. Hiervon kommt die erste Kunde ebenfalls aus dem Jahre 1379, und zwar aus Vicenza in Oberitalien. Nachdem dort am Himmelsfahrtstage, dem 19. Mai, zwischen den sich befehdenden Scaligern und Visconti der Friede geschlossen worden war, fanden am Pfingsttage zur Feier dieses Ereignisses festliche Veranstaltungen statt, an denen sich auch die Geistlichkeit beteiligte. Auf dem Platze vor dem Bischofspalast gegenüber der Kapelle des heiligen Antonius war ein zweistöckiges Gebäude errichtet, in dessen erstem Geschosse von vier Frauen die Jungfrau Maria und die anderen heiligen Marien, ferner von zwölf Männern die Apostel dargestellt wurden. Letztere bringen der Mutter Gottes ihre Verehrung dar und singen abwechselnd mit den im obersten Stockwerk weilenden Personen die Prophezeiungen über die Ausgießung des heiligen Geistes. Da fährt es wie eine feurige Taube an einer Schnur von dem Turme des Bischofspalastes hinab zu den Marien und Aposteln im Festbau, die den heiligen Geist erwarteten. Dieses Kunststück, offenbar ein sogenanntes Schnurfeuer, bestehend aus einer Figur in Gestalt einer Taube, die ein funkensprühender Feuerwerkskörper hinuntertrieb, verfehlte nicht, wegen seiner Neuartigkeit und Unerklärlichkeit großen Eindruck auf die Zuschauer zu machen. Es wird noch einige Male wiederholt, und auch die Sänger im Obergeschoß bringen Feuerwerkskörper, wahrscheinlich Kanonenschläge oder Schwärmer zur Entzündung. So findet die erste Verwendung von Feuerwerk für Festlichkeiten statt bei einem geistlichen Schauspiel, aber es ist hier doch nur Beigabe zu diesem Mysterienspiel.

Der nächste Schritt in der Entwicklung des Feuerwerks wird getan, als es gelingt, die nebensächliche und gelegentliche Anwendung von explodierenden Feuerwerkskörpern zu einem selbständigen Schaustück auszugestalten, und die Geburtsstätte derartiger Feuerwerksvorführungen ist Florenz. Dort ist ihre Entstehung mit der Feier des Festes Johannis des Täufers, des Schutzheiligen der Stadt, verknüpft. Der älteste Bericht über dieses Fest in Florenz liegt vor in einer

Beschreibung des Gorio Dati aus den ersten Jahrzehnten des 15. Jahrhunderts[9], in der allerdings nichts von Feuern oder Lichterglanz gesagt wird. Aber es ist undenkbar, daß ohne sie dieser Tag, an dem heute noch die alte Sitte der Freudenfeuer zum Johannisfeste in ganz Toskana besteht[10], begangen worden sein sollte. Der Bericht des Gorio Dati scheint an dieser Stelle abzubrechen. Jedoch aus einer Schilderung des Johannisfestes, die aus dem Jahre 1439 stammt[11], wissen wir, daß am 24. Juni nicht nur am Fuße, sondern auch höher oben an den Außenseiten der Taufkapelle in Florenz Wachskerzen angebracht waren, die dieses dem Täufer Johannes geweihte Bauwerk nächtlicher Weile in hellem Licht erstrahlen ließen. Zu einer Zeit, als von einer geregelten Straßenbeleuchtung noch keine Rede war, wurden ja Festbeleuchtungen, die aus der Nacht den Tag machten, in ganz besonderer Weise als etwas Außergewöhnliches und Erhebendes empfunden, was auch noch später immer wieder in den verschiedensten Festberichten hervorgehoben wird. Im Jahre 1454 schreibt der Erzbischof in Florenz die Reihenfolge der Festlichkeiten für die Johannisfeier vor[12]. Als letzter Punkt werden die „Fuochi" genannt, die das Fest beschließen. Ob darunter schon Feuerwerk oder nur kunstlose Freudenfeuer zu verstehen sind, läßt sich nicht feststellen.

Von Feuerwerk, das in Florenz am Johannistage abgebrannt wurde, hören wir zum ersten Male unzweideutig in einem Briefe des Piero Cennini, eines Beamten der Stadt, vom Jahre 1475. Die Schilderung ist jedoch so abgefaßt, daß man annehmen muß, dieses Johannisfeuerwerk sei damals keine neuerliche Erfindung gewesen, vielmehr habe schon seit längerer Zeit seine Form festgestanden. Es zeigt sich, daß man hier bei der Gestaltung des Feuerwerksträgers vorerst noch nicht an die Holzstöße der Freudenfeuer dachte, sondern an die Ampel, die Hängelampe, die im Kircheninnern als Abglanz des göttlichen Lichtes erstrahlte, anknüpfte. Der Feuerwerksträger wird als eine große, auf einem geflügelten Drachen ruhende Vase beschrieben, die an einem quer über die Piazza dei Signori von dem Palazzo Vecchio aus gespannten Seile hing. Aus ihr kamen grüne Zweige nach oben und unten gehend heraus, die von zwei Reifen umfaßt wurden; auf dem unteren, größeren standen drei menschliche Figuren. In der Vase wurde, wohl bevor man sie hochzog, Feuer angemacht, das, den Zuschauern unsichtbar, im Innern brannte und Zündschnüre ergriff, die zu den außen angebrachten Feuerwerkskörpern hinleiteten, so daß letztere oben in der Luft plötzlich und überraschend aufsprühten. Die drei verschiedenen Arten von Feuerwerkstücken, feststehende, in die Höhe steigende und sich drehende, kommen hier schon vor. Besonders die zuletzt genannten scheinen großen Eindruck gemacht zu haben. Denn nach ihnen wird in dem Briefe des Cennini Feuerwerk überhaupt „Girandola" genannt, welchen Namen es durch die Jahrhunderte in Italien beibehalten hat.

Auch aus Bologna vom Jahre 1487 zur Hochzeit des Annibale Bentivoglio wird von einem Hängefeuerwerk in ähnlicher Vasenform berichtet. Es wurde auch hier bezeichnender Weise von einem Florentiner, einem „Machinator egregius" angerichtet. Noch in den Jahren 1589 und 1592 sind Hängefeuerwerke in Rom festzustellen. Außerhalb Italiens dürften derartige Feuerwerke wenig vorgekommen sein, vielleicht überhaupt nur das eine in Wien 1563, dem man die Gestalt eines Kredenzbechers gegeben hatte, wie es in dem Berichte heißt.

Diese früheste Art des Feuerwerks ist uns in zwei Abbildungen (Seite 1) erhalten, die sich in des Vanoccio Biringuccio Buch „Pirotechnia" von 1540 befinden. Ihre Form weicht in der Hauptsache wenig ab von der Beschreibung des Piero Cennini. Allen gemeinsam ist die vasenartige Form, die von einem oder mehreren Reifen umschlossen ist. Im Florenz des 15. Jahrhunderts mögen die Zweige aus der Vase naturalistisch gestaltet gewesen sein, das grüne Laub wird mit blauen Blüten geschmückt gewesen sein, denn es wird mit einem Veilchenbeet verglichen. Bei den späteren Beispielen finden sich noch Reste von Laubwerk, das hier aber stilisiert ist. Bemerkenswert ist, daß bei Biringuccio auf dem Reifen des einen Feuerwerksträgers ebenfalls drei menschliche Figuren, wie auch bei Cennini angebracht sind. Biringuccio nennt dieses Vasenfeuerwerk „una compositione di vasi l'un sopra l'altro", es handelt sich hier also um eine Übereinanderstellung von mehreren Gefäßformen, wie es die Abbildung zeigt. Übrigens sagt der Verfasser, daß man diese Feuerwerksträger nicht nur angehängt, sondern auch auf die Erde gestellt habe. Bis 30 und 40 Ellen sei ihre Höhe gewesen. Wie er schreibt, waren auf ihnen bemalte Figuren, aus Holz und Stroh oder Gips gemacht, mit grobem Leinen bekleidet, angebracht, die in Gestalt und Haltung ein Geschehnis, der Geschichte oder Sage entnommen, zu verdeutlichen hatten.

Zu beachten ist, daß auch Biringuccio das Feuerwerk in Florenz nur am Johannisfeste erwähnt. In Siena, wo es jedenfalls erst später nach Florentiner Muster aufkam, wurde es am 15. August, am Tage der Himmelfahrt Mariae, abgebrannt. Aber in Florenz, dem eigentlichen Ursprungsorte dieser Kunstübung, erhielt sich durch die Jahrhunderte hindurch das Bewußtsein von der Zusammengehörigkeit des Johannistages zur Sommersonnenwende mit Feuerwerk so stark, daß demgegenüber letzteres bei den zahlreichen anderen gerade in dieser Stadt gefeierten Festen weniger in die Erscheinung trat. Im 18. Jahrhundert wurden am Vorabende des Johannistages die Domkuppel und der Turm des Palazzo Vecchio festlich beleuchtet, über dem Feuerwerk aufstieg[13]. Und auch im 19. Jahrhundert bis 1826 spielte Feuerwerk noch über dem Palazzo Vecchio, von 1827 an wurde für diesen Abend einer jener Feuerwerksaufbauten, von deren Art später zu sprechen sein wird, auf dem Ponte alla Carraia errichtet[14].

Nach der Vasenform aus der Frühzeit des Feuerwerks tritt es um die Mitte des 16. Jahrhunderts in neuer, und zwar architektonischer Gestaltung, in einen weiteren Abschnitt seiner Entwicklung ein. Der Architekt und Maler Giorgio Vasari gibt uns in seinen berühmten Lebensbeschreibungen italienischer Renaissancekünstler aufschlußreich Bericht über einen solchen Feuerwerksträger, der in den vierziger Jahren auf Geheiß des Herzogs Cosimo in Florenz von dem Bildhauer Niccolò Pericoli, genannt Tribolo, für das Fest Johannis des Täufers als achteckiges Bauwerk „in forma di tempio" ausgeführt wurde[15]. Dieser an einem Seil angehängte, über der Erde schwebende Tempel war gekrönt von einer Gestalt, den Frieden verkörpernd, die Feuer an einen Haufen Waffen legte. Vasari sagt, daß dieser figürliche Schmuck aus Pappe, Ton und leimgetränkten Tüchern, das 20 Ellen hohe Gebäude selbst aus Holz hergestellt war. Die Gestaltung, die Tribolo dem Feuerwerksträger gab, mag Schule gemacht haben, jedenfalls sieht man diese Form auch auf dem Wandgemälde des Jan van der Straet an der Treppe des Palazzo

Vecchio[16]. Das Bild ist um 1575 gemalt worden. Die Ausbildung des Hängefeuerwerks zu dieser Form mag hier durch die architektonisierten Lampen, die bereits früher vorkamen, angeregt worden sein, wie ja schon der ursprüngliche Feuerwerksträger in Vasenform auf die Hängelampe als Vorbild zurückzuführen ist.

Hatte man also bisher in dem Feuerwerksträger gewissermaßen eine Art Beleuchtungskörper gesehen, so änderte sich seine Bedeutung, sobald das architektonische Gebilde nicht mehr in der Luft schwebte, sondern als Bauwerk auf die Erde gesetzt wurde. Es tritt hier an die Stelle der bei weitem einfacheren und kunstlosen Holzschichtung des Scheiterhaufens, der als Freudenfeuer seit uralten Zeiten entzündet wurde[17] und auch in Florenz üblich war[18]. Nun wirkte das mit Feuerwerkskörpern ausgestattete, tempelartige Bauwerk als feuriges Mal, das dem Gefeierten gesetzt und am Beginn, Höhepunkt oder Abschluß des Festtages entzündet wurde. Die architektonische Ausbildung erfolgte in Anlehnung an antike zentrale Tempelbauten – vielleicht dachte man dabei an den Rundbau des Vestatempels mit seinem heiligen Feuer – oder an solche neueren Datums wie den Tempietto Bramantes im Klosterhofe von S. Pietro in Montorio zu Rom. Das geschah gleichzeitig mit einer anderen Gattung von Gebäuden, die ebenso wie die Feuerwerkstempel nur für den Augenblicksbedarf errichtet wurden und deren Wirkung gleichfalls untrennbar mit Beleuchtungseffekten verbunden war. Das sind die in Kirchen aufgestellten Katafalke in Form von Ehrentempeln zur Aufnahme des Sarges während der Trauerfeier, die wohl ihren Ursprung in Rom genommen haben. Eines der frühesten Beispiele dieser Art ist die mit Kerzen und Lämpchen besetzte „Macchina funebre" *(Abb. 1)*, die im Jahre 1589 für den Kardinal Alessandro Farnese von Girolamo Rainaldi entworfen worden war.

Und aus demselben Jahre 1589 gibt es eine Radierung von Antonio Tempesta, ein seltenes Blatt, das in mehrfacher Beziehung bemerkenswert ist. Es stellt eine Prozession am Osterfeste auf Piazza Navona in Rom *(Abb. 2)* dar. Den großen rechteckigen Platz umgrenzt eine Baumreihe und dahinter eine einfache Umwehrung, die mit Leuchtvasen und Leuchtkugeln besetzt ist, auch in den Bäumen sind Leuchtkörper angebracht. Desgleichen sieht man auf allen Dächern und Gesimsen Leuchtvasen. An vier Stellen des Platzes sind Seile von einer Seite des Platzes zur gegenüberliegenden gezogen, an denen Feuerwerksträger hängen: Schiffe – von ihnen als Feuerwerkschmuck spricht schon Vasari[19] –, Kugeln, eine Teufelsfigur in einem Reifen und ein Drehfeuer einfacher Art, also eine sehr späte Gestaltung von Hängefeuerwerk, wie wir es bisher noch nicht kennen gelernt hatten. Aber aus eben diesem Jahre 1589 wird uns aus Florenz auch von einem Hängefeuerwerk in Gestalt eines Schiffes an der Kirche Santa Croce anläßlich eines Festspieles berichtet. In der Mitte des Platzes befinden sich ferner drei viereckige Säulenbauten, von denen zwei in Festbeleuchtung erstrahlen. Eine sinnvolle Verschmelzung von Feuerwerk und Bauwerk ist hier bei ihnen noch nicht zustande gekommen. Aber aus einer Abbildung der Osterprozession vom Jahre 1592, ebenfalls auf Piazza Navona, die von dem vorhin genannten Girolamo Rainaldi radiert worden ist, geht hervor, daß dort für diese Festlichkeit ein offener Säulenrundbau, sehr einfach gehalten, überragt von einer Engelsgestalt im Lichterkranz, erstanden war, aus dem auf Sprengwirkung beruhende Feuerstrahlen herausschossen. Außerdem tritt auch hier das Hängefeuerwerk in Gestalt eines Walfisches und eines Phönix noch stark in Erscheinung. Jedenfalls ist dieser Säulenbau die Vorstufe zu dem architektonisch meist reich ausgebildeten Feuerwerkstempel, der späterhin in Italien oftmals aufgebaut wurde. Doch ließ man dort den Tempel als Aufbau für die großen Feuerwerke nicht so zur Regel werden wie in Frankreich vom 17. Jahrhundert an. Vielmehr entstanden in Rom für die Feuerwerke am Vorabend und Abend des Peter- und Paul-Tages im Laufe des 18. Jahrhunderts neben Tempeln die verschiedenartigsten und prächtigsten Bauwerke in großer Zahl (*Abb. 3*) wie sonst an keinem anderen Orte der Welt.

Fünfundzwanzig Jahre lang, von 1751–1775, stammten die Entwürfe zu diesen aus Holz und Stuck entstandenen Bauten, die meist mit bildnerischem Schmuck reich versehen waren, von dem Architekten Paolo Posi. Er baute im Zeitstil oder versuchte sich in chinesischer Architektur. Es wurden Paläste aufgestellt, zum Teil mit Einblick in die Innenräume, oder es wurde eine Theaterbühne mit aufwändigem Proszenium gezeigt. Posi kam auf die für solche Anlässe ungewöhnlichsten Ideen; so sah man als Feuerwerksdekoration eine Lotterieziehung, eine Wildbrethandlung und anderes. Und diese architektonischen Gebilde wurden oft geschickt in Verbindung mit naturalistischen Szenerien gebracht. Bisweilen versieht man sie mit Musikkapellen und benutzt sie bzw. den Platz vor ihnen als Schaustätte für Pantomimen, Tanzvorführungen und Stierkämpfe, also außer ihrem eigentlichen Zweck als Feuerwerksaufbau auch als Festdekoration im weiteren Sinne. Es spricht aus diesen Bauten Idyllisches und Genrehaftes, Pathetisches und Heroisches; der Sinn des architektonischen Denkmals ist mehr oder minder klar noch zu erkennen. Da das Feuerwerk an zwei aufeinanderfolgenden Abenden abgebrannt und jedesmal ein neuer Festaufbau hierzu gewünscht wurde, der aber an der gleichen Stelle wie der erste stehen sollte, waren die Gerüste des Paolo Posi und auch schon die seiner Vorgänger wohl von vornherein so angelegt, daß sie durch Wegnahme oder Hinzufügen von Wandungen und Austausch von Zierstücken schnellstens in andersartige Bauten umgewandelt werden konnten. Das geht deutlich aus den Kupferstichen hervor, die wir von ihnen besitzen, und so ist auch wohl die Bemerkung auf einem der Blätter zu verstehen, wonach der zweite Bau innerhalb weniger Stunden errichtet worden sei. Die Größenverhältnisse und die ganze Anlage jeder ersten und zweiten „Macchina" stimmten miteinander überein, aber durch die Ausbildung im einzelnen und den Aufputz bekamen sie ein gänzlich verschiedenes Aussehen und abweichende Bedeutung. Im Jahre 1762 zum Beispiel hatte Posi eine prunkhafte Feuerwerksdekoration, gekrönt von einem offenen tempelartigen Bau, entstehen lassen. An ihm waren Nachbildungen einiger antiker Bildwerke aufgestellt, deren Originale sich im Palazzo Farnese, vor dem das Feuerwerk abgebrannt wurde, befanden, so unter anderem der Farnesische Stier. Am zweiten Tage war dieser Aufbau als türkischer Kiosk zu sehen. Im nächsten Jahre wandelten sich zwei offene Säulentempel, Apoll und Diana geweiht, die durch eine Brücke verbunden waren, am darauffolgenden Tage in zwei geschlossene Gebäude um, zwischen die eine Pergola mit Weinreben an Stelle der Brücke getreten war. Und das hier unter Nr. 3 abgebildete Gebäude zeigte am zweiten Abend anstatt der massiven Dachaufbauten nur fünf luftige Zeltdächer auf mit Laub umwundenen Stangen, während die sechs Nischen, die zuerst als vornehme Innenräume ausgestaltet worden waren, nun Fischläden darstellten.

Der Feuerwerkstempel in seiner ursprünglichen Gestalt entsprach als Bühne für die Feuerwerksvorstellungen in ihrem dreidimensionalen Aufbau der inmitten der Zuschauer stehenden Marktbühne für Theateraufführungen. Bei den alljährlichen Feuerwerken zum Peter- und Paul-Feste in Rom während des 18. Jahrhunderts macht sich aber nun durchaus das Bestreben geltend, die Bauten nur nach einer Schauseite hin zu richten. Die ursprünglichen Zentralbauten verbreitern sich durch Anbauten nach zwei Seiten hin oder es werden zwei gleichartige Gebäude durch einen Zwischenbau verbunden. Es wird sich wohl immer mehr um eine wenig in die Tiefe gehende Schauseite gehandelt haben. Schließlich, im Beginn des 19. Jahrhunderts, begnügt man sich nur noch mit einer den Tempel andeutenden Fassadenwand, sowohl in Italien, zum Beispiel in Mailand 1807, als auch in Frankreich, zum Beispiel in Paris 1810. Im weiteren Verlaufe des 19. Jahrhunderts fällt auch diese bemalte Kulisse fort, und nur noch dicht aneinander stehende Flämmchen zeichnen in Umrißlinien das Gebäude auf einer nachts unsichtbaren Drahtwand, der sogenannten Front. Wie der Feuerwerkstempel für die Vorstellstellungen verwendet wurde, wie er in Beleuchtung und bei der Entladung von Feuerwerkskörpern wirkte, mag die beigegebene Abbildung 4 veranschaulichen, die dem Lehrbuch des Franzosen Frézier von 1747, über das später noch ausführlich gesprochen werden wird, entnommen ist. Und in welcher Weise der Aufbau mit Feuerwerkskörpern besetzt wurde, geht aus der Abbildung 5 hervor, die sich im Lehrbuche des Giuseppe Antonio Alberti „La pirotechnia", erschienen in Venedig 1749, befindet. Hier ist es schon nicht mehr der kubische Tempelbau, sondern die flache Wand, die als Dekoration und Feuerwerksträger aufgestellt wird. Diese Kulisse weicht in ihrer Gestaltung von den damals üblichsten Formen ab, und die mit Feuerwerkskörpern besetzten Figuren, die aussehen, als wären sie mit Nadeln gleichmäßig gespickt, lassen den guten Geschmack vermissen, der in dem kurz vorher neu herausgegebenen Buch von Frézier gepredigt wird. Bisweilen mögen die Feuerwerksdekorationen auch gar nicht mit Beleuchtungskörpern oder Feuerwerkstücken besetzt gewesen sein, wie es wahrscheinlich meist der Fall bei den soeben besprochenen römischen gewesen sein wird, sie dienten dann nur als Kulisse für das Feuerwerkstheater.

Feuerwerk in rein pyrotechnischem Sinne beruht auf der mannigfaltigen Verwendung verschiedenartiger Feuerwerkskörper, das heißt Hülsen, die gefüllt sind mit schneller oder langsamer brennenden Gemengen, sogenannten raschen oder faulen Sätzen, deren Grundstoffe, wie schon erwähnt, aus Kohle, Schwefel und Salpeter, also Schießpulver, bestehen. Flammenfeuersätze ergeben ein ruhig brennendes Licht, das zu Beleuchtungszwecken Verwendung findet oder für Leuchtkugeln, die während ihres Fluges durch die Luft verglühen. Die Funkenfeuersätze dagegen verbrennen, wie der Name sagt, mit funkensprühender Flamme. Entweder handelt es sich bei ihnen um feststehende Stücke oder es werden durch die fortwirkende Kraft des von ihnen entwickelten Gases bewegliche Feuerwerkskörper geschaffen: frei aufsteigende (Raketen), an einer Schnur laufende und die Drehfeuer. Durch Mehrfarbigkeit der Feuer erhöht man ihre Wirkung. Wie auf der Erde kann man die Hülsen auch schwimmend auf dem Wasser anbringen; man spricht dann von Wasserfeuerwerk.

In den frühesten Zeiten bediente man sich zunächst der einfacheren Feuerwerkskörper, wie der Schwärmer, Raketen, Schnurfeuer und Kanonenschläge. Von dem Deutschen Konrad Kyeser in seinem Feuerwerksbuche „Bellifortis", entstanden 1402–1405, wird zum ersten Male die genaue Herstellung der Rakete beschrieben. Einige Feuerwerkskörper für friedliche Zwecke werden auch in dem deutschen „Fürwerckbuch" behandelt, das ebenfalls aus dem 15. Jahrhundert stammt und zum ersten Male 1529 in Augsburg und etwas gekürzt in demselben Jahre in Straßburg gedruckt wurde. Drehfeuer, die schon einen Fortschritt der Pyrotechnik bedeuten, werden erstmalig, wie wir bereits sahen, in der Beschreibung der Girandola in Florenz, die Piero Cennini 1475 gab, erwähnt. Eine technische Erläuterung des Feuerrades finden wir aber erst in dem Werke von Franz Helm aus Köln, einer Handschrift vom Jahre 1535. Auch Biringuccio spricht vom Feuerrade in seinem schon genannten Buche, erschienen in erster Ausgabe 1540 zu Venedig. Er war in Siena zu Hause, wurde aber aus seiner Heimatstadt wiederholt verbannt, bis er 1535 dort zum Baumeister und obersten Werkmeister des Domes ernannt wurde. Im Jahre 1538 trat er in den Dienst des Papstes Paul III. und starb betagt, wahrscheinlich 1539. Sein Buch, das erst nach des Verfassers Tode erschien, behandelt vornehmlich Metallverbindungen und Feuerwaffen und war als planmäßige Darstellung der Metallurgie mehrere Jahrhunderte hindurch die bedeutendste Schrift über die Gießkunst, beruht jedoch im pyrotechnischen Teile auf dem deutschen „Fürwerckbuche"[20]. Am Schlusse seines Buches gedenkt Biringuccio der Lustfeuerwerke. Er gibt wohl zu, daß Feuerwerk etwas Schönes sei, jedoch koste es viel Geld, und es sei doch zu nichts nütze, auch dauere es nicht länger als der Kuß der Geliebten oder vielleicht noch kürzer. Nach der Beschreibung der Feuerwerktsträger und der Feuerwerkskörper an ihnen, worüber schon gesprochen wurde, sagt er trotz seiner als Techniker auf das rein Nützliche gerichteten Einstellung schließlich doch von dem Feuerwerk in Florenz und Siena, es sei wahrlich eine schöne Erscheinung, reich an Erfindungen, wenn man sehe, wie das Feuer, einem lebendigen Wesen gleich, sich von selbst in so vielerlei Art auswirke.

Die einfachen Feuerwerkskörper wurden dann später zusammengesetzt zu umfangreichen Prunkstücken, von denen die Pyrotechnik alter Zeit die glänzendsten Beispiele in Paris und Versailles während des 18. und zu Anfang des 19. Jahrhunderts zur Schau stellte. Aber zur Ausgestaltung eines Feuerwerks gehörte neben dem Abbrennen der ausschwärmenden Sprengkörper in den meisten Fällen auch die kunstvolle Beleuchtung des Aufbaues. Aneinandergereihte Flammen kennzeichneten die architektonischen Linien; einzelne Teile der Baulichkeiten oder Figuren wurden bestrahlt. Es glühten Namenszüge, Kronen, Wappen und dergleichen; Sinnsprüche nebst Sinnbildern leuchteten auf. Um diese Dinge aus dem Dunkel der Nacht hervorzuzaubern, verwendete man Flammen in natürlichen oder in bunten Farben. Lange vor dieser Verwendung der Flammen in der Feuerwerkskunst, ja längst bevor man Schießpulver und Feuerwerk überhaupt kannte, war das Licht von Kerzen, Fackeln oder Lampen als

Ausdruck der Freude, des Jubels und der Feierlichkeit in Gebrauch für die Beleuchtung der Außenseite von Häusern, ferner von Straßen und Plätzen. Wir besitzen viele Zeugnisse von Illuminationen aus dem Altertume. Der früheste Bericht kommt uns von Herodot, der die Festbeleuchtung der Ägypter in Sais beschreibt[21]. Athen und Rom folgen nach. Auch nach Untergang des römischen Weltreiches scheint der Brauch nicht verlorengegangen zu sein. Als im Jahre 1186 dem König Philipp II. August ein Sohn geboren wurde, fand in Paris sieben Tage lang eine Festbeleuchtung statt, desgleichen 1215, als derselbe König einen Sieg über Kaiser Otto IV. davongetragen hatte[22]. In Deutschland kennen wir als früheste Illumination jene in der zweiten Hälfte des 14. Jahrhunderts beim Einzuge Kaiser Karls IV. in Lübeck: „des Nachts weren die Luchten bernde ut allen Husen unde was so licht in der Nacht als in dem Dage", wie es bei dem Chronisten heißt[23].

In welcher Form sich eine Feuerwerksvorstellung in Italien um die Mitte des 18. Jahrhunderts abzuwickeln hatte, davon gibt Giuseppe Antonio Alberti Anweisung in seinem schon erwähnten Lehrbuche. Sie wird durch Aufsteigen einer großen Anzahl von Raketen eingeleitet. Sodann entzündet man die Flammenfeuer an den Hauptlinien des Aufbaues (*Abb. 5*), so daß dieser während der Vorstellung in allen Teilen beleuchtet ist. Und nun beginnt das eigentliche Feuerwerk mit dem inmitten hoch angebrachten Stern, worauf abwechselnd größere und kleinere Stücke dieser besonders reichen Zusammenstellung folgen, aber stets in gleichseitiger Anordnung, bis schließlich das Feuerwerk in dem größten Stern in der Mitte seinen Gipfelpunkt erreicht. Raketen begleiten dieses Feuerspiel, jedoch in mäßigen Grenzen, nur zuletzt steigen sie noch einmal in großer Fülle auf.

Abweichend von der sehr beliebten Form des architektonischen Aufbaues, dem Tempel, und in Rom der ihr verwandten des Wohngebäudes, wurden vereinzelt noch andere Bauwerke, die dem Sinn eines Weihedenkmals, wie es der Tempel ist, gerecht werden, für Feuerwerkszwecke verwendet, so Triumphbogen, Obelisken, Säulen und monumentale Brücken. Alle diese Bauwerke sind Nachahmungen, wenn auch oft in starken Abwandlungen, von früher schon für andere Zwecke benutzten Gebäudegattungen bzw. Denkmälern. Aber ein hoher, schmaler Aufbau, der einige Male in Italien vorkommt (Modena 1696, Novara 1711, Pavia 1716), mit üppigem ornamentalen und figürlichen Schmuck ist eigens für Feuerwerksfeste geschaffen und hat mit bisherigen Nutz- oder Denkmalsbauten nichts mehr zu tun. Der hier abgebildete (*Abb. 6*) ist ein Phantasiebau von ungewöhnlicher Form, in leidenschaftlichem Fortissimo abgestimmt auf die ihn umflackernde Feuersglut.

Wie bei den Wasserkünsten die Strahlen aus architektonischen Gebilden herausspringen, so wurde auch beim Tempel und anderen Aufbauten das sprühende und leuchtende Feuer als belebendes Element in enge Beziehung zum Bauwerk gesetzt. Feuerwerk und architektonischer Aufbau steigerten sich so gegenseitig in ihrer Wirkung und gelangten, miteinander verbunden, zu neuen künstlerischen Ausdrucksmöglichkeiten. In Kirchen und Kapellen vereinigten sich Baukunst, Bildnerei, Malerei, Kerzenschimmer und Musik, die in diesen Räumen versammelten Gläubigen selige Schauer erleben zu lassen, bei den Feuerwerksvorstellungen vermochte die pyrotechnische Kunst dem für Festtage errichteten Schaugepränge durch flammendes und sprühendes Feuer und lautes Donnern und Prasseln erhöhten Glanz zu verleihen und die zuschauenden Menschenmassen in Staunen und in beglückte und freudige Stimmung zu versetzen.

Im Vergleich mit der Menge der Feuerwerksveranstaltungen, die an einem kunstvoll errichteten Aufbau irgendeiner der verschiedenen Arten, die hierfür geschaffen wurden, vor sich gingen, ist die Zahl derjenigen gering, die sich mit einem schon bestehenden Gebäude als Bühne für die Schaustellung begnügten. Jedoch sind solche Feuerwerke, die sich mit Verzicht auf jede für den Zweck entworfene besondere Kunstform der Bühne abspielten, schon sehr zeitig in Erscheinung getreten; sie sind, soweit man aus den doch immer nur gelegentlichen Berichten ersehen kann, beinahe so alt wie das Johannisfeuerwerk in Florenz, dessen frühester Feuerwerksträger ein schwebend aufgehängtes Vasengebilde war. Das bekannteste Beispiel dieser oben gekennzeichneten Feuerwerke ist die „Girandola" (*Abb. 7*), die auf den Dächern der Engelsburg in Rom am Ufer des Tiber jahrhundertelang an bestimmten Tagen abgebrannt wurde und die auch Biringuccio kennt[24]. Ihre erste geschichtliche Erwähnung geschieht aber weit vor Ausgabe seines Buches, nämlich schon im Jahre 1481, doch mag sie auch bereits vorher üblich gewesen sein, wie man aus noch vorhandenen Abrechnungen über Stoffe für Feuerwerk und Beleuchtung schließen kann[25]. Dieses durch die Jahrhunderte hindurch immer an derselben Stelle ausgeführte Feuerwerk ist offenbar hier in Rom unabhängig von den so ganz anders gearteten Florentiner Schaustellungen entstanden, barg aber in sich kaum Möglichkeit zu weiterer Entwicklung. Am Bauwerk, das ja keine Gelegenheitsarchitektur war, sondern seit dem Altertum unwandelbar feststand, konnte nichts geändert werden, nur die pyrotechnische Ausführung wurde im Laufe der Zeit reichhaltiger. Zum Glanzstück dieser Girandola wurde dann das gleichzeitige Entzünden einer sehr großen Anzahl von Raketen, 4000 bis 6000, ein gigantisches Bombardement, das die päpstlichen Kanoniere von diesem massigen Bau aus auf das Himmelsgewölbe eröffneten, ein Schauspiel, das in seiner Gewaltigkeit und einfachen Größe eine Wirkung sondergleichen erzielte und auch immer wieder abgebildet wurde. Und auch heute noch zischen hier und da aus italienischen Campanilen an Festtagen Schwärmer und Raketen. So kann man mit Recht Florenz als die Geburtsstätte des europäischen Feuerwerks in selbständiger Vorführung bezeichnen, während Rom der Ort war, an dem es sich später bis in das 19. Jahrhundert hinein vielseitig entwickelte, oft mit Hilfe der verschiedensten phantasievollen und prunkthaften Aufbauten.

Was bisher an Feuerwerksvorstellungen beschrieben wurde – abgesehen von jenen auf der Engelsburg oder ähnlichen –, stellt die eine der Entwicklungslinien dar, die wir seit dem ersten uns bekannten, auf europäischem Boden entstandenen Feuerwerk in Vicenza 1379 verfolgen können und die zu dem Spiel des Feuers an oder auf einem hierfür errichteten Bauwerk führte. Brachte man nun Gestalten, die sich bewegen konnten, mit dem Feuerwerk in Verbindung, Menschen oder Tiere, lebendige Wesen oder Figuren mit irgendeinem mechanischen Antrieb, so näherte sich die Feuerwerksvorstellung immer mehr dem eigentlichen Theaterspiel. Schon bei der Veranstaltung in Vicenza fährt eine feurige Taube auf die Bühne herab und bezeichnet den Höhepunkt des hier aufgeführten Mysterienspiels. Wie schon früher gesagt, wird es sich um ein sogenanntes Schnurfeuer gehandelt haben, das darin bestand, eine aus leichten Stoffen hergestellte Figur, später meist in Form eines Drachens, auf Rädchen laufend an einer Schnur anzuhängen und mit Feuerwerkskörpern zu laden. Durch den Stoß einer an ihrem Körper angebrachten und entzündeten Rakete wurde sie vorwärts getrieben, während aus den verschiedenen Körperöffnungen Feuer sprühte (*Seite 19*). Nach den Worten der Apostelgeschichte erfolgte am Pfingsttage unter Feuererscheinungen die Ausgießung des Heiligen Geistes, dessen Verbildlichung ja die Taube war, und der Drache war jenes Untier, das höllisches Feuer spie. Die Figuren wurden hier also zur sinnfälligen Begründung des Feuerwerks verwendet. Die Menschen vergangener, technisch noch wenig entwickelter Zeiten fanden Geschmack an solchen mechanischen Kunststücken. Es sei daran erinnert, daß selbst große Künstler nicht verschmähten, ihr Können an derartigen Aufgaben zu erweisen. So zum Beispiel schuf Brunelleschi die große Schwebemaschine für Mariä Verkündigung in San Felice in Piazza zu Florenz[26]. Und Leonardo da Vinci fertigte einen Löwen, der einige Schritte gehen konnte und dem sich dann die mit Lilien gefüllte Brust öffnete[27]. Vasari, der es berichtet, macht keinen Unterschied in der Bewertung dieser Arbeiten und der Werke der höheren Kunst der beiden Meister.

Es soll hier nun nicht gesprochen werden von den Lichteffekten und dem Feuerwerk auf der Theaterbühne, soweit sie Theaterstücken als besondere Anziehungsmittel eingefügt sind. Sie erhalten ihre volle Entwicklung zu wirksamen szenischen Ausdrucksmitteln seit der ersten Hälfte des 15. Jahrhunderts[28]. Und zwar geschieht das ebenfalls wieder in Florenz. Auch bei anderen Festveranstaltungen ließ man sich die Gelegenheit, durch beigegebenes Feuerwerk den Reiz der Vorführung zu steigern, nicht entgehen. Das war zum Beispiel der Fall bei Aufzügen, bei denen man Drachen und ähnliche Ungetüme Feuer speien ließ. Nun aber erscheint Feuerwerk auch bei den seit dem 15. Jahrhundert in Italien, jedoch auch in Spanien und im Norden beliebten Kampfspielen, die sich um eine eigens für diesen Zweck erbaute Burg abwickelten. Aufgabe und Ziel war die Erstürmung dieser Feste. Im Jahre 1549 zu Rom und in demselben Jahre zu Bologna dürften die ersten dieser Veranstaltungen gewesen sein, bei denen auch Feuerwerk, aber in bescheidenem Maße, verwendet wurde. In Florenz fanden derartige Kampfspiele statt 1589 im Hofe des Palazzo Pitti und 1619, als auf dem Arno eine Battaglia del Re Tessi e del Re Tinta, das heißt eine Schlacht zwischen den Gilden der Weber und der Färber, geschlagen wurde, ferner 1683 als Siegesfeier zur Befreiung Wiens von der Türkengefahr.

Es ist seltsam, daß aus Italien, wo die Festkultur in hoher Blüte stand, umfangreiche, phantasievolle und prunkthafte Festspiele aufgeführt wurden, in denen man bisweilen auch Feuerwerk, allerdings nur als Beigabe, verwendete, so wenige Berichte von echten Feuerwerkspantomimen zu finden sind, in denen also die Feuerwerkserscheinungen in den Mittelpunkt der Aufführung gerückt waren, das Spiel eben nur ein mit Figuren oder menschlichen Darstellern betriebenes Feuerwerk sein sollte. Diese Feuerwerkspantomimen scheinen nach dem Vorbilde italienischer Festspiele hauptsächlich erst in anderen Ländern in weiterer Entwicklung nach der pyrotechnischen Seite hin zustandegekommen zu sein. Aus Italien ist hauptsächlich nur von folgenden Veranstaltungen zu berichten. In Rom fanden zur Feier der Wahl Kaiser Ferdinands III. im Jahre 1637 auf Veranlassung des Kardinals von Savoyen drei solcher Spiele statt. Es wurde hier der über einem mit allerhand Getier besetzten Felsen schwebende Doppeladler, das Sinnbild des Kaisers, nacheinander von dem Höllenhund Zerberus und einem Drachen, Personifikationen von Aufruhr bzw. Ketzerei, sowie von einem Halbmond, das heißt vom Sultan, bestürmt unter Vorwärts- und Schwebebewegungen und unter Entwicklung eines aus diesen Gebilden lebhaft hervorbrechenden Feuerwerks. Der Doppeladler trug natürlich den Sieg über seine Feinde davon, sowohl die inneren wie auch den äußeren. Als Erfinder der drei Aufbauten, stets ein Felsen in verschiedener Ausgestaltung, wird der aus Siena stammende Maler Niccolò Tornioli genannt, während Giovanni Andrea Ghiberto der „Ingegniere e Sovraintendente all' esecuzione di tutte le macchine" war. Damit den Zuschauern auch der Sinn der Aufführung zum Bewußtsein kam, wurde vorher eine Erläuterung der Handlung verlesen. Auch in Deutschland, wo unter Umständen eine noch verwickeltere allegorische Bedeutung in das Spiel hineingeheimnist wird, wie wir noch hören werden, druckt man „Kartelle", das heißt Erklärungen und Inhaltsangaben der Feuerwerkspantomimen, und verteilt sie vor Beginn unter die Anwesenden.

Geschlossener im Aufbau und mannigfaltiger in der Handlung als diese römischen Feuerspiele stellt sich eine Vorführung in Verona dar, die 1709 bei Gelegenheit der Krönung eines Marienbildes stattfand. Ein achtseitiger Kuppelbau mit den Standbildern der heidnischen Götter, als Pantheon bezeichnet, befand sich im Mittelpunkt des Geschehens. Bevor das Feuerwerk beginnt, wird zunächst das urtümliche Freudenfeuer in Gestalt eines lodernden Reisighaufens abgebrannt. Und erst nach diesem „Fuoco rozzo e triviale" kommt das „Fuoco studiato, fuoco d'arte, di gioia e di trionfo". Aus Vasen und in Rädern an dem Kunstbau sprüht das Feuer, aber nun fährt es wie ein Blitz vom Himmel herab auf das Jupiterstandbild, das die Kuppel krönt, und es verschwindet in der Versenkung. Sofort gehen Raketen hoch, und das Standbild der Mutter Gottes steigt an des ersteren Stelle aus der Kuppel auf, die heidnischen Sinnbilder an den Wänden fallen herab, christliche erscheinen dafür als Transparente in den Füllungen. Die Inschrift „Pantheon" am Gesims verlöscht, und eine neue leuchtet auf. Nun aber stürzen die bewaffneten Tempelwächter aus dem Gebäude heraus, der Kampf beginnt mit den christlichen Kriegern, wird wechselvoll unter dem Donner der Geschütze fortgesetzt und endet natürlich mit der Niederlage der Heiden. Sie zerstreuen sich, den Tempel, auf dem die übrigen antiken Götterbilder durch Explosionen zerstört werden, dem christlichen Gotte überlassend. Die Idee dieser Pantomime stammte von dem Ingenieur Cavaliere Giacopo Binar, der Aufbau von den Architekten Giacopo Triverio und Paolo Giacometti, beide aus Verona.

Bei den Feuerwerkspantomimen erschienen Figuren als Träger der Handlung, aber man stellte in Italien für pyrotechnische Vorführungen schon frühzeitig Bildwerke auch in der Form von Denkmälern auf, die inmitten des Tobens der Feuerwerksergüsse den ruhenden Pol zu bilden hatten (*Abb. 9, 11*). Lebende Bilder, von Menschen dargestellt, oder modellierte Figuren waren bereits ein Bestandteil des Schaugepränges der Feste, bevor sich ihre Verwendung in Feuerwerken nachweisen läßt[29]. Aber es ist bemerkenswert für die Geschichte des Feuerwerks in Italien, daß denkmalartige Bildwerke bereits zu einer Zeit verwendet wurden, als in Florenz am Johannisfest die architektonische Feuerwerksdekoration meist noch nicht auf der Erde aufgebaut wurde, sondern höchstens als Hängefeuerwerk in der Luft schwebte. Vasari berichtet aus Florenz von Darstellungen aus biblischer Geschichte, Sage oder Dichtung, die irgend etwas mit Feuer zu tun hatten, und die bei Feuerwerken in die Erscheinung traten[30]. Es werden hier genannt Lot und seine Töchter beim Untergange von Sodom, Dante mit Virgil in der Hölle, Orpheus, aus der Unterwelt Eurydike führend. Da er über die Art der Feuerwerksvorstellungen keine Auskunft gibt, könnte man auf den Gedanken kommen, sie seien als Feuerwerkspantomimen aufgeführt worden, wenn andere sichere Beispiele dieser Art in jener frühen Zeit bekannt wären. Aber ein Bericht vom Feuerwerk zur Hochzeit Cosimo I. mit Eleonora von Toledo, darstellend den Kampf der Giganten mit Zeus, spricht von einer „figura", und das bedeutet hier eine plastische Gruppe. Das Feuerwerk fand statt im Jahre 1539, demnach ungefähr zu derselben Zeit, aus der Vasari über ähnliche Dinge schreibt. Aber vielleicht gab es derartiges schon vorher. Bereits im Jahre 1514 spielte sich die Girandola in Florenz am 24. Juni an einem „hedificio", also an einem Aufbau, ab, an dem Herkules, nach einem anderen Bericht Teseus, bei seinem Abstiege in die Hölle dargestellt war, und es ist wohl möglich, daß es sich hier auch um ein Bildwerk handelte. Bei den Feuerwerksfiguren konnte man, wie bei den Laufbrunnen aus Öffnungen Wasser, hier an geeigneten Stellen Feuer sprühen lassen. Auch bestand die Möglichkeit, die Feuerwerksfiguren durch die verschiedenen Arten von Feuerwerksentladungen wirkungsvoll in Erscheinung zu setzen. Bald konnte man sie von wild aufschießenden Feuerstrahlen glutvoll erleuchten, bald in ruhigem Licht aus dem Dunkel der Nacht geheimnisvoll auftauchen oder unter einem Schleier zerstäubender Funken oder in Rauchschwaden verschwinden lassen (*Abb. 8*). Außer den für den Augenblick des Festes geschaffenen Denkmälern bediente man sich aber auch vorhandener, was allerdings seltener vorkam, als Mittel- und Ausgangspunkt von Feuerwerken, zum Beispiel des Neptunbrunnens in Bologna 1598. Ähnlich wurden ja auch bei den architektonischen Feuerwerken bereits bestehende Bauwerke als Bühne benutzt.

Diese Denkmäler waren auf architektonischen Sockeln aufgestellt oder die Figuren wurden auf einem aus Felsen zusammengesetzten, ganz naturalistischen Gebilde, das allerdings auch auf einem architektonischen Unterteil ruhte, angebracht. Vasari erwähnt diese Feuerwerksaufbauten in „forma di scogli" bereits aus der ersten Hälfte des 16. Jahrhunderts[31]. In der Steinplastik Italiens gelangt dieser landschaftliche Stil zu voller Ausbildung im Bernini-Brunnen auf Piazza Navona in Rom und errreicht seinen Höhepunkt in der Fontana di Trevi des Niccolò Salvi, dessen endgültiger Entwurf aus dem Jahre 1732 stammt, aus einer Zeit, als sich in Rom auch ähnlich geartete Feuerwerksaufbauten häufen. Sie sind entweder mit mythologischen und allegorischen Gestalten bevölkert, dann sind den Felsen wohl auch noch Wolkengebilde hinzugefügt, oder aus ihren Höhlen schleudern Drachen, Schlangen und andere Unholde, Personifikationen von Ketzerei, Empörung und Lastern, Feuerstrahlen heraus. Derartige Denkmalberge steigen oft zu beträchtlicher Höhe auf, betrug diese doch bei dem Feuerwerksaufbau in Rom 1725 zur Hochzeit Ludwigs XV., darstellend die Hochzeit von Amor und Psyche nach dem Entwurfe von Pietro Leone Ghezzi, rund 150 Palmi (ungefähr 35 m). Eine andere Feuerwerksdekoration in Rom, errichtet 1728 von Niccolò Salvi, stieg 210 Palmi (ungefähr 45 m) in die Höhe. Sie zeichnete sich noch dadurch aus, daß dieses Riesengebilde von einem reich gegliederten Tempel gekrönt wurde. Ob es wirklich in plastischer Ausführung aufgestellt wurde oder vielmehr als Kulisse gemalt war, läßt sich jedoch aus dem Kupferstiche nicht mit Bestimmtheit feststellen.

Die auf solchen Bergen in die Höhe steigende, naturalistisch aufgebaute Szenerie wurde bei anderen Gelegenheiten mehr auf eine waagerechte Fläche verteilt, wie zum Beispiel bei der hier abgebildeten Schmiede des Vulkan *(Abb. 10)* nach einem Entwurf von Pietro Campore, die 1775 in Rom als Dekorationsstück für eine Feuerwerksvorstellung diente. Oder es schwillt die rein landschaftliche Szenerie zu solcher Ausdehnung an, daß die in ihr befindlichen Figuren nur noch als untergeordnetes Beiwerk auftreten oder gänzlich verschwinden. Die von Vasari kurz erwähnten Feuerwerke, darstellend eine Stadt oder die Hölle[32], werden in eine dieser Gruppen gehört haben. Unter diesen Feuerwerken ist eines in Bologna 1738 dadurch bemerkenswert, daß man sich nicht mit einer 50 Fuß hohen Nachformung des Vesuvs begnügte, sondern die Szenerie, die als Bühne für das Feuerwerk und die Musiker der Serenade bestimmt war, mit der Dekoration des Festplatzes innig verknüpfte. Letzterer bestand in einem rechteckigen Amphitheater, allerdings von nur wenigen Stufen. An der einen Schmalseite war der Pavillon für die Ehrengäste angebracht, dem gegenüber sich der Feuerwerksaufbau erhob. Die dazwischen liegende Arena war als großes Teppichbeet ausgestaltet, dessen Ornamente durch mehr als 8000 Glaslämpchen gebildet waren, die in grünem Licht erstrahlten. Der Entwurf zu dieser Anlage stammte von dem Maler Stefano Orlandi. In diesem Zusammenhange sei noch erwähnt, daß bereits im Jahre 1545 bei einem Aufzuge während des Karnevals in Rom ein Wagen mit der Nachbildung eines Berges gefahren wurde. Er war mit Feuerwerkskörpern geladen, die bei der Ankunft auf Piazza Navona entzündet wurden und das Schauspiel eines Vulkans abgaben.

Bei Beschreibung der verschiedenen Feuerwerke, die in Italien zu beobachten waren, fanden sich auch mehrfach solche, die zur Ausschmückung von kirchlichen Festen dienten, ein jetzt im Norden ungewöhnlicher Brauch, der jedoch in südlichen Ländern nicht dem Begriff und Inhalt eines Feuerwerks widerspricht. Als am Pfingsttage 1379 zum ersten Male eine Rakete als Schnurfeuer zischend und funkensprühend zur Schaubühne eines Mysterienspiels herniederfuhr, warfen sich nach dem Bericht des Chronisten die Zuschauer, gepackt von dem Wunder, auf das Angesicht und redeten in fremden Zungen wie ehemals an diesem Tage die erste Christengemeinde, erfüllt vom Heiligen Geiste. Noch im Jahre 1627, als in Nancy bei einem festlichen Aufzuge eines der Bilder die Hölle mit zuckenden Blitzen und Flammen darstellte, machte der Anblick des feuerspeienden Höllenrachens auf einige der Anwesenden einen derartig tiefen Eindruck, daß sie das Verlangen faßte, auf der Stelle einen Beichtvater aufzusuchen[33]. Und dieses Mittels, Menschenscharen zu fesseln und sie durch das Verblüffende des Kunststücks religiös zu beeinflussen, bediente sich noch manches Mal die katholische Kirche. Noch heute, länger als ein halbes Jahrtausend nach dem Mysterienspiel in Vicenza, schwebt am Pfingsttage in Orvieto eine Feuerwerkstaube zum Altar hernieder, der vor der Kathedrale aufgebaut ist. Und in Florenz wird immer noch am Ostersonnabend wie seit Jahrhunderten eine solche am Altar des Domes vom Erzbischof mit heiligem Feuer entzündet und an einer Schnur zu einem vor den Domtüren stehenden, mit Feuerwerkskörpern besetzten Wagen geschickt, der in seinem hohen Aufbau ein Nachklang der Prunkwagen früherer Festzüge ist. Glückt hier das Abbrennen des Feuerwerks durch die Taube, so erwartet der toskanische Bauer eine gute Ernte. Ähnliches geschieht in Frankreich, und das möge sogleich hier eingeschaltet werden. Für die Wallfahrt am Johannistage nach dem Kalvarienberge bei Saint Jean-Du-Doigt in der Bretagne, wo am Vorabend überall die Johannisfeuer aufleuchten, ist dort ein großer Haufen Stechginster, dem Brennstoff jener Gegend, aufgeschichtet worden. Durch einen Draht ist er mit dem Turm der Kirche verbunden. Wenn die Prozession mit der Hauptreliquie der Kirche, dem Zeigefinger des Täufers, die dem Ort den Namen gegeben hat, an dem Kalvarienberge angekommen ist, gleitet ein Feuerwerksdrache vom Turme herab zum Scheiterhaufen und setzt ihn in Flammen unter den Zurufen der Menge[34]. Das Fest Johannis des Täufers, bei dem sich dies in der Bretagne zuträgt, gab ja unmittelbar den Anstoß zur Entstehung der Feuerwerksvorstellungen.

Von einem Osterfeuerwerk in Rom erzählt C. F. Menestrier, daß aus dem Grabe Christi Feuer hervorbrach, während die Figur des Heilands in die Höhe schwebte[35]. Vielfach wurde in Italien der Sitte gehuldigt, zu Ehren der Schutzheiligen von Häusern oder Stadtvierteln an ihrem Namenstage ein Feuerwerk bescheidenen Umfanges darzubringen. Wenigstens liegt aus der Zeit zwischen 1721 und 1786 eine ganze Anzahl von Gesuchen an den Governatore von Rom um Erlaubnis zum Abbrennen von Feuerwerkskörpern vor[36]. Auch heute ereignet es sich in Italien noch immer, daß kirchliche Feste mit Veranstaltung von Feuerwerk gefeiert werden, daß Marienfeste mit einer Kanonade beginnen und in einem Feuerwerke enden.

Große Feuerwerke wurden in Rom an vier bestimmten Tagen des Jahres ausgeführt, und zwar am Tage der Wahl und an dem der Krönung des jeweiligen Papstes bzw. an ihrer jährlichen Wiederkehr – das waren die Girandolen auf der Engelsburg – und am Abend des den beiden Apostelfürsten Petrus und Paulus geweihten Tages, am 29. Juni, und an dessen Vorabend, entweder bei Palazzo Colonna oder vor Palazzo Farnese. Die Feuerwerksdarbietungen auf der Engelsburg fanden eine Ergänzung in der Festbeleuchtung der Vorderseite und der Kuppel von St. Peter (*Abb. 7*). Zunächst erschien der Bau in Umrißbeleuchtung. Dann aber sprangen auf ein Glockenzeichen die bereitstehenden Bediensteten, die Sampietrini, in großer Zahl hervor und zündeten in kürzester Zeit die an der Kuppel befestigten Pechpfannen und Fackeln an, so daß die Kuppel hoch über den anderen Gebäuden der Stadt wie durch einen Zauberschlag mit Feuer übergossen schien, ein Schauspiel, das auf die temperamentvollen Römer sowie die Fremden seinen Eindruck nicht verfehlte[37]. Übrigens wird auch heute noch bei besonderen Gelegenheiten die Beleuchtung der Peterskirche in ziemlich gleicher Art bewerkstelligt.

Am Peter- und Pauls-Tage fand die Überreichung des Tributs des vom Papste mit seinem Reiche belehnten Königs beider Sizilien statt, dargebracht vom sizilianischen Gesandten in Rom. Außer dem Gelde wurde noch ein weißer Zelter bzw. ein solches Maultier übergeben, die so abgerichtet waren, daß sie vor dem Heiligen Vater in die Knie sanken. Dieser Schimmel gab dem Feste seinen Namen, Festa della Chinea, von dem Abbildungen von Feuerwerken aus den Jahren 1724 bis 1785 mit einigen Lücken bekannt sind. In den fehlenden Jahren ist die Festlichkeit vielleicht unterblieben. Wahrscheinlich hörten die Veranstaltungen 1788 auf, als sich in diesem Jahre der König weigerte, den Tribut weiter zu entrichten. Von den Aufbauten für diese Feste ist schon vorher gesprochen worden. Mitunter wurden auch am Vorabend und Abend von Mariä Geburt, am 8. und 9. September, derartige Feuerwerke abgebrannt. Im 19. Jahrhundert lebten diese Feuerwerke, jetzt am Peter- und Pauls-Tage und zu Ostern, wieder auf. Wie ehemals wurden wieder Monumentalbauten, antike und neuere, gezeigt, jedoch im Gegensatz zu früher vermutlich meist in Umrißbeleuchtung an Fronten auf dem Monte Pincio oder bei S. Pietro in Montorio. Das letzte dieser Feuerwerke ist das vom 29. Juni 1870, bei dem die Villa d'Este in Tivoli als Feuerbild erschien. Aber bald, nachdem Rom die Hauptstadt des neuen italienischen Königreiches geworden war, wurden diese Veranstaltungen noch ziemlich lange fortgesetzt in der Girandola am Nationalfeste, Festa dello Statuto, am ersten Sonntage des Juni, und zwar wieder auf dem Monte Pincio. Auch hier sind es wieder Gebäude aller Art, die dargestellt wurden; nach einem Leuchtturm, einer chinesischen Pagode kommen ein Ausstellungspalast für Garten- und Obstbau, ein Museum usw. zur Entzündung. Die Entwürfe zu diesen Feuerwerksbildern stammen in den Jahren 1872—1889 von dem römischen Architekten G. Ersoch. Hier in Rom wurden also schließlich aus den ehemals mehr oder minder kirchlichen Feuerwerken rein weltliche.

Feuerwerk war in früherer Zeit vornehmlich eine kirchliche oder höfische bzw. staatliche Angelegenheit. Mehr noch als für kirchliche Feste bedurfte man seiner für weltliche. Beinahe keine der öffentlichen Feiern bedeutungsvoller Staatsereignisse wie Siege, Friedensschlüsse, Einzüge hoher Persönlichkeiten, Kaiserwahlen, Krönungen, Hochzeiten und Geburten von Fürstlichkeiten verging ohne Feuerwerk und Festbeleuchtung. So waren die Hauptstätten der Feuerwerkskunst naturgemäß die fürstlichen Höfe. Veranstalter waren die Fürsten bzw. im Auslande an ihrer Stelle die bevollmächtigten Gesandten, oder es waren die Stadtverwaltungen. Die Feuerwerke und mit ihnen alle anderen höfischen Feste wie Aufzüge, ritterliche Spiele, Theateraufführungen dienten der Unterhaltung und Verherrlichung des Fürsten und seines Hauses, sei es, daß sie von ihm selbst veranstaltet waren, sei es, daß in ihnen die Untertanen ihrem Herrscher huldigten. Durch sie sollte den Zuschauern die Macht, der Reichtum und der Glanz des Herrscherhauses oder die Ergebenheit des Volkes zum Bewußtsein gebracht werden. So waren sie nicht nur ein Zeitvertreib, sie sind wohl ebenso sehr als Staatsakt aufzufassen. Der preußische Hofdichter Johann von Besser, der 1717 nach Dresden berufen wurde, sagte, der Fürst müsse in allen seinen äußerlichen Werken strahlen und glänzen[38]. Und in Julius Bernhard von Rohrs Ceremoniel-Wissenschaft der großen Herren vom Jahre 1733 liest man: „Bisweilen sind besondere Umstände vorhanden, da große Herren mehr ihren Bedienten und Untertanen zu Gefallen, als zu ihrem eigenen Plaisir, Divertissemens anstellen. Sie wollen die Liebe der Höheren und des Pöbels erlangen, weil die Gemüter der Menschen bei dergleichen Lustbarkeiten, die den äußeren Sinnen schmeicheln, am ehesten gelenkt werden können." Und das Volk war ja von diesen Festen nicht ausgeschlossen, es bildete vielmehr die lebendige Umrahmung und den Resonanzboden für die Veranstaltungen. Beim Feuerwerk, das sich zum Teil hoch in den Lüften abspielte, kamen sogar noch die entferntesten Zaungäste auf ihre Rechnung.

Aus Italien liegen Berichte über nichtkirchliche Feuerwerke außerhalb Roms von den Höfen der vielen kleinen Staatsgebilde vor bzw. aus anderen Städten gelegentlich fürstlicher Besuche, Hochzeiten u. dergl., so aus Bologna, Ferrara, Mantua, Modena, Parma, Mailand, Turin, Neapel usw. In Florenz wurde Feuerwerk außer den regelmäßigen Girandolen am Vorabend des Johannistages bisweilen auch für weltliche Feste abgebrannt, kam hier aber doch nicht häufig vor, dagegen spielte es in Rom, auch bei nichtkirchlichen Gelegenheiten, eine beträchtliche Rolle. Freudenfeuer waren hier wie anderwärts schon frühzeitig bekannt. Als im Jahre 1515 die Nachricht von dem Siege Franz I. über die Schweizer bei Marignano nach Rom kommt, erwirbt ein Orsini einen ganzen Block von Häusern, die er mit brennbaren Stoffen und Pulver vollstopft und als Freudenfeuer beinahe neronischen Ausmaßes anzündet. Hier in Rom residierten die beim Vatikan beglaubigten Gesandten der großen Staaten, die bei freudigen Ereignissen im Kreise ihres Herrscherhauses durch umfangreiche „Macchine" sich gegenseitig zu überbieten und die Zuschauer dieser Vorstellungen durch immer wieder neue und kunstvolle Aufbauten von der Größe und Bedeutung ihres Fürsten zu überzeugen suchten. Am Schluß dieses Buches sind die Schriften über Feuerwerke oder Abbildungen von ihnen nach Ländern und Orten zusammengestellt und unter letzteren zeitlich geordnet, so daß sich aus dieser Übersicht ein Bild von der Bedeutung jeder dieser Kunststätten ergibt.

Auf zwei der italienischen Feuerwerksvorstellungen sei aber noch besonders hingewiesen, da es seltene Beispiele sind, wie es auch auf diesen Bühnen möglich war, Szenenwechsel zu bewerkstelligen. Aus Anlaß der Wahl Ferdinands III. zum römischen König im Jahre 1637 veranstaltete der spanische Gesandte in Rom große Festlichkeiten während fünf Tagen. An einem von ihnen war ein viereckiges Kastell zu sehen, aus dem sich Feuerwerk ergoß. Dann öffneten sich die Wände — sie wurden wohl abgehoben —, und ein runder Turm erschien, an dem nun wieder das Feuerwerk spielte. Aber auch er war nur eine Umhüllung, nach deren Beseitigung ein Reiterstandbild Ferdinands III. sichtbar wurde, das sich, wahrscheinlich durch Männer, die unter dem Sockel verborgen waren, inmitten eines Trupps von Soldaten in nächste Nähe des Hauses des Gesandten vorwärts bewegte. Außerdem war bei diesem Fest ein Denkmal mit dem knienden Atlas aufgestellt, der auf seinen Schultern die Erdkugel trug *(Abb. 11)*. Auch dieser Aufbau wandelte sich im Laufe der Feuerausbrüche. Die Erdkugel klappte auf, und eine besternte Kugel trat nun hervor. Ähnlicher Szenenwechsel wurde in Mantua 1626 vorgeführt, wo sich ein ziemlich schmuckloser Turm in einen prächtigen Tempel verwandelte.

Schnurfeuerwerk in Gestalt eines Drachens aus dem Werk von Joseph Furttenbach: Halinitro, Pyrobolia Ulm 1627.

Deutschland

Das europäische Lustfeuerwerk ist in Italien entstanden und dort seit dem 14. Jahrhundert in mannigfaltigen Formen ausgebildet worden, wie in dem vorhergehenden Abschnitte des näheren dargelegt wurde. Und so ist es ein natürlicher Vorgang, daß in den anderen Ländern, die in der Feuerwerkskunst später folgten, manches an Ausgestaltungsmöglichkeiten vom Ursprungslande übernommen wurde. Bevor jedoch die auf italienischem Boden für diese Zwecke benutzten Bauformen auf die Feuerwerksvorstellungen in Deutschland zu wirken begannen, hatte sich hier schon ganz selbständig eine eigene Art, Feuerwerke zu veranstalten, entwickelt. Auch hier war die Sitte, Freudenfeuer anzufachen, weit verbreitet[1]. In älterer Zeit mögen es nur Oster- und Sonnwendfeuer gewesen sein, aber später fand wohl auch zu anderen Festen das Abbrennen eines Holzstoßes statt. Und nun versuchte man, die Wirkung der Flammen mit Hilfe von Schwärmern, Raketen und anderem zu verstärken. Aus Berichten, Lehrbüchern und Abbildungen des 16. Jahrhunderts läßt sich das allmähliche Werden des bisherigen Freudenfeuers zur Feuerwerkskunstform verfolgen.

Als Grundbestandteil dieser frühen deutschen Feuerwerke kann der mit Feuerwerkskörpern besetzte Rahmenkasten angesehen werden. Ein solcher rechteckiger Feuerwerkskasten (*Abb. 12*)

*

ist abgebildet in dem Buche des Franz Helm, einer nur handschriftlich erhaltenen Anleitung, deren Niederschrift im Jahre 1535 abgeschlossen wurde. Dieses Datum trägt die in Heidelberg befindliche Handschrift, während eine der verschiedenen anderen (Berlin, Zeughaus, Handschrift Nr. 9), der unsere Abbildung entnommen ist, etwas später entstanden sein dürfte; auf dem Einband letzterer findet sich die Jahreszahl 1557. Wenn auch zu dieser Zeit die Feuerwerksaufbauten in Deutschland architektonisch schon weiter fortgeschritten waren, wie wir bald sehen werden, so ist doch anzunehmen, daß diese ganz einfache Vorrichtung zur Ausführung eines Feuerwerks die erste Stufe der sich hieraus entwickelnden Form bildete und um 1535 bei kleineren Feuerwerken immer noch in Gebrauch war. Indem man mehrere, bisweilen immer kleiner werdende Kästen dieser oder ähnlicher Art übereinander stockt, entsteht ein turmförmiges Gebilde, wie es zum Beispiel (*Abb. 14*) in dem handschriftlichen Lehrbuche des Grafen Johann des Älteren zu Nassau vom Jahre 1610 (Berlin, Staatsbibliothek, Ms. germ. 2° Nr. 4) und im zweiten Teile des Buches von Casimir Siemienowicz, der 1676 von dem deutschen Stückhauptmann Daniel Elrich besorgt wurde, in Abbildungen vorgeführt und schon in dieser noch immer unfertigen Gestalt ein „Schloß" genannt wird. Durch Umkleidung dieses rohen technischen Kerns erhebt sich ein solches Gestell zur Kunstform.

Statt des Kastens, der mit Feuerwerkskörpern bestückt ist, kommt als Grundelement auch das Faß vor. Davon legt das vorgenannte Buch des Grafen Johann zu Nassau ebenfalls Zeugnis ab, und ferner lernen wir es als Urform eines deutschen Feuerwerks in einem Bericht kennen, den wir aus Konstanz vom Jahre 1506 haben. Dort werden während des Reichstages zu Ehren des Kaisers Maximilian von den Bürgern drei mit Sägespänen angefüllte Fässer, in deren durchlöcherte Wandung 350 Feuerwerkskörper gesteckt worden waren, mit einem Schiff auf den Bodensee gefahren und zur Entzündung gebracht. Dieses primitive Schaustück ist die früheste Kunde von einem Lustfeuerwerk in Deutschland. Im Jahre 1519 zur Feier der Wahl Kaiser Karls V. läßt der Rat von Augsburg ein Freudenfeuer abbrennen. Der Bericht, den wir hierüber besitzen, sagt: „sind also zugericht worden etlich Faß auf einander hoch in Zwiling genat wie ein Thurm, darauf groß Bildniß gemacht in Pärtn und mit einem Fahn in der Hand und mit vier besondern Erkern, auch Faß in Zwiling genet und durchaus mit Geschoß zugericht, in einem Feuer 300—400 schuß getan." Die Form, die nun lange die deutschen Feuerwerke beherrschen sollte, war hier gefunden, es war der Turm mit vier Erkern bzw. die Feste mit Hauptturm und vier Ecktürmen, das Feuerwerkschloß. Das Blitzen, Krachen und Knattern, der Rauch und Dampf der explodierenden Feuerwerkskörper erinnerte an den Lärm und Anblick einer Schlacht, und der Gedanke lag nahe, diese Art des Feuerwerks als Belagerung und Verteidigung einer Burg oder Festung aufzufassen und auszugestalten, zumal wenn die Veranlassung zur Feier ein Sieg oder ein Friedensschluß war. In Italien lag, wie wir gesehen haben, dem dekorativen Aufbau die Anschauung eines mit feurigen Ornamenten verzierten Denkmals zu Grunde, während das deutsche Feuerwerkschloß, wenigstens im Anfange seiner Verwendung, als Stätte eines pyrotechnisch ausgeschmückten Kriegschauspiels zu betrachten ist. Das wird auch bestätigt durch die Anweisung, die Josef Furttenbach für die Ausführung eines solchen

Schloßfeuerwerks gibt[2]. Er läßt es mit einem „pomposischen Feldgeschrey von Trompeten und Heerpauken" beginnen, das am Anfang der zweiten Hälfte wiederholt wird und auch die Vorstellung beschließt. In dem Schloß werden nach Furttenbach Schlagkästen aufgestellt, die angezündet Salven ertönen lassen, „als ob eine Compagnia Musquetierer in guter Ordnung Gliederweiß schiessen thete."

Vielleicht war die Form des Feuerwerkschlosses in Nürnberg, einer Bildungstätte tüchtiger Feuerwerker, schon erheblich früher entstanden, als sich aus den doch nicht lückenlos erhaltenen Berichten über derartige Festlichkeiten entnehmen läßt, denn in dem Nürnberger Schembartbuch sehen wir Wiedergaben von Burgen, die als verkleinerte Nachbildungen von Feuerwerkschlössern gedeutet werden könnten. Am Fastnachtsdienstag fand in Nürnberg beinahe ein Jahrhundert lang der sogenannte Schönbart- oder Schembartlauf, ein Aufzug, statt, in dem als Abschluß ein „Hölle" genanntes Gebilde mitgeführt wurde. Im Jahre 1493 und dann später noch mehrfach hatte man ihm die Gestalt einer Burg gegeben. Aus den Berichten ist aber nicht zu ersehen, ob diese den Feuerwerkschlössern sehr ähnlich sehenden Burgen von 1493 und den nächsten Jahren auch schon mit Feuerwerkskörpern geladen waren. Erst von der Hölle des Jahres 1503 wird dies einwandfrei in einer der Ausfertigungen des Schembartbuches gesagt: „Hetten eine Hell, war ein Elephant, darauff ein Thurn, mit feuerwerck"[3] (*Abb. 17*). Sollte er auch nicht die Nachbildung größerer Feuerwerksaufbauten dieser Form sein, so ergibt sich doch daraus, wie schnell und ungezwungen man in Deutschland bei der Ausgestaltung von Feuerwerken zu dieser architektonischen Lösung gelangte.

Eine gute Vorstellung von der Einrichtung eines Feuerwerkschlosses geben die Abbildungen in dem Lehrbuche des Grafen Johann zu Nassau (*Abb. 13, 14*) und jene, die Joseph Furttenbach seiner Architectura universalis von 1635 beigegeben hat (*Abb. 15, 16*). Des letzteren Grundriß und Durchschnitte zeigen in der Umwehrung der „Vestung mit vier Pasteyen" den nach außen abgeschrägten Wall, der mit Raketen und Mörsern zum Abschießen der Lustkugeln bestückt war. Hinter ihm konnten sich die Feuerwerker ungesehen von den Zuschauern bewegen und die Feuerwerkskörper zur Entzündung bringen. Alle diese Aufbauten waren aus Holz errichtet und mit Leinwand, die bemalt wurde, beschlagen. Im Mittelturm auf einem der Furttenbachschen Durchschnitte sind die übereinander geschichteten Kästen leicht erkennbar. Wenn wir jetzt den Gang der Entwicklung zurückverfolgen, so sehen wir, daß das Schema des Feuerwerkschlosses in den Grundlinien schon in dem einfachen Rahmenkasten des Franz Helm enthalten ist. (*Abb. 12.*) Dort ist inmitten des rechteckigen Rahmens, wo sich später der Hauptturm erhebt, eine dicke Röhre in die Erde eingelassen, aus der die Ladung von Feuerwerkskörpern in die Höhe fliegt.

Die älteste Abbildung eines Feuerwerks ist uns aus Nürnberg überliefert (*Abb. 18*). Der Holzschnitt zeigt einen Aufbau vom Jahre 1535 in der Form der vorher beschriebenen Burg mit breitem quadratischen Mittelturm und vier kleinen Ecktürmen. Seit diesem Freudenfeuer von 1535 ist eine große Anzahl von Feuerwerkschlössern in bildlichen Darstellungen und Beschreibungen nachzuweisen; sie waren durch zwei Jahrhunderte hindurch beliebt. Die Form des

Feuerwerkschlosses weicht im Gegensatz zum mannigfaltig gegliederten Tempel meist nicht von dem üblichen einfachen Schema ab, nur wenige Beispiele, die sich von dem Typus der wehrhaften Burg entfernen, lassen sich aufzählen. So macht Graf Johann zu Nassau in seinem bereits erwähnten Buch Vorschläge zu prächtigen Feuerwerkschlössern. Der Bau ist noch immer burgartig, er ist hier aber reich verziert im Sinne der deutschen Renaissance und oft besetzt mit derb volkstümlichen feuerspeienden Figuren. Und das 1732 in der Spittelau bei Wien errichtete stattliche Schloß mit den verschiedenartig gebauten Türmen gleicht auch nicht mehr dem einfachen Wehrbau früherer Zeit.

Bis gegen Mitte des 18. Jahrhunderts wird das Feuerwerkschloß verwendet. Es lebt noch bei dem Siegesfeuerwerk 1742 im fernen Gumbinnen. Allerdings sind hier der Festung nach zwei Seiten hin Alleen grüner Bäume und an deren Enden zwei Pyramiden beigefügt, wie die Beschreibung sagt. Das Schloß wird also hier wohl als Mittelstück einer perspektivischen Bühne gedient haben, die damals gang und gäbe in Deutschland war und die wir weiterhin kennenlernen werden. Die beiden frühen Feuerwerkschlösser von 1535 und 1570 standen im Bezirk der Burg von Nürnberg, und noch viel später, nachdem man schon zu anderen Formen übergegangen war, wurden in Deutschland Feuerwerke zum Teil auf dem Festungsgelände der Städte abgebrannt, so zum Beispiel in Berlin, Dresden, Münster, Würzburg. Das Feuerwerk war eben hier im Gegensatz zum Süden zunächst als kriegerische Veranstaltung in Erscheinung getreten und wurde später auch noch häufig als zumindest halbmilitärische Angelegenheit gehandhabt. Diese Form des Feuerwerksaufbaus, die trutzige Feste, die Franz Joachim Brechtel in seinem Büchsenmeisterbuch von 1591 verglichen mit den plastischen Feuerwerksfiguren die vornehmste und berühmteste nennt, findet sich nicht nur in Deutschland, ihrer eigentlichen Heimat, auch in den Niederlanden und in England stellt sie sich später ein. Selbst in Frankreich, zum Beispiel noch 1756 in Lyon, und sogar in Spanien ist sie nicht unbekannt. Im italienischen Bereiche kommt das echte Feuerwerkschloß – nicht die Burg der Kampfspiele –, welches Biringuccio und Vasari noch nicht kennen, seit dem Ende des 16. Jahrhunderts vor, aber doch nur vereinzelt, so in Ferrara 1574 bei dem Besuche Heinrichs III. von Frankreich, in Rom 1637 bei dem Fest des spanischen Gesandten, in Florenz 1683 aus Anlaß der Befreiung Wiens von der Türkengefahr und in Poggio Mirteto 1777, hier allerdings nur als Schauseite einer Festung und merkwürdiger Weise bei einem kirchlichen Fest. Man kann wohl annehmen, daß diese Form des Feuerwerks, die, wie wir sahen, schon sehr zeitig in Deutschland auftritt, von hier aus in die anderen Länder und so auch nach Italien übergegangen ist. Sie findet sich auch in dem Feuerwerksbuche des Alessandro Capo Bianco, das 1598 in Venedig erschien. Aber dort handelt es sich nur um einen in pyrotechnischer Hinsicht einfachen Turm von sieben Fuß Höhe, der auf dem zugehörigen Holzschnitt als italienischer Campanile abgebildet ist.

Der Aufbau für das Schloßfeuerwerk verliert in der weiteren Fortbildung den Charakter als Stätte eines kriegerisch gedachten Schauspiels und nimmt denkmalmäßige Form an, wie wir sogleich hier und später noch in den Niederlanden sehen werden. Das Bestreben geht dahin, die Umwehrung des Schlosses fallen zu lassen oder umzuwandeln und nur die fünf Hauptpunkte, die Mitte und die vier Ecken, zu betonen sowie später das Festungsartige ganz aufzugeben. Auf deutschem Boden können wir frühzeitig den Übergang vom Feuerwerkschloß zu diesem fünfteiligen Aufbau beobachten, und zwar an einem Entwurfe, der um 1600 in Nürnberg entstanden sein dürfte (Zeichnung im Kreisarchiv Nürnberg). Auf einer schräg ansteigenden Bastion stehen noch die vier Ecktürme, hier aber zusammengeschrumpft, während sich in der Mitte ein Brunnen in Renaissanceformen zu beherrschender Höhe erhebt. Oft kommen derartige Abwandelungen von der Grundform nicht vor. Fünfteilige Aufbauten sind bekannt aus Danzig 1691, Frankfurt am Main 1741, letzterer unter Verwendung von Pyramiden nach dem Entwurfe des französischen Ingenieurs de Mouy, und ebenfalls ein Pyramidenaufbau aus Berlin, wohin im Jahre 1750 der Bologneser Pyrotechniker Angelo Galiani berufen worden war, der ihn zum Geburtstage der preußischen Königin errichtet hatte. Auch im außerdeutschen Gebiete stößt man gelegentlich auf diese Art des Aufbaues.

Die nicht häufigen Feuerwerke, die auf Schiffen abgebrannt wurden, sollten wohl meist wie die Schloßfeuerwerke kriegerische Schauspiele darstellen. Das ist sicher der Fall bei dem Schiff, das in Stuttgart 1616 auf dem Lande errichtet wurde (*Abb. 19*). Aus dem Rumpf steigt ein festungsartiger Aufbau, mit Kanonen bestückt, in die Höhe. Dem Schiffsfeuerwerk in Florenz von 1615 auf dem Arno dürfte auch der gleiche Sinn zu Grunde gelegen haben. Und in Furttenbachs Lehrbuch von 1627 wird ein Feuerwerkschiff beschrieben und abgebildet, das als Kriegschiff gedacht ist[4].

Die ersten Feuerwerksvorstellungen waren aus dem Lichterglanz des Johannisfestes in Florenz hervorgegangen. In Deutschland läßt sich eine Verknüpfung von Feuerwerk mit den Freudenfeuern an diesem Tage nur an einem Orte feststellen, in München. In früheren Jahrhunderten fanden die Sonnwendfeuer in Deutschland nicht wie später auf Höhen statt, sondern auf Weideplätzen und in Ortschaften. Aus dem Jahre 1401 wird berichtet, daß der Herzog Stephan mit seiner Gemahlin auf dem Markt zu München bei dem „Sunbent Fwr" tanzte[5]. Hier wird es sich aber nur um einen gewöhnlichen Scheiterhaufen gehandelt haben. In einem Briefe an den Oberhofmeister vom Jahre 1584 ordnet der Herzog Wilhelm von Bayern an, das „Sommetfeuer" diesmal zu unterlassen, weil es in der kurzen zur Verfügung stehenden Zeit nicht stattlich genug zugerichtet werden könne. Das Sonnwendfeuer muß demnach als ständige Einrichtung jener Zeit betrachtet werden. Für dieses 1584 geplante, aber nicht zustandegekommene Sonnwendfeuer hatte der damals in bayerischen Diensten stehende Niederländer Friedrich Sustris einen Entwurf geliefert. Sustris, der sich von 1565—1568 in Florenz aufhielt, bildet die Feuerwerksdekoration wohl in Anlehnung an italienische Formen, von denen schon früher gesprochen wurde, als Felsen, an dem aus einer Höhle eine Unholdin hervortritt. Diesen Aufbau umgibt Sustris mit Bögen und Zaun, aus dem eiförmig geschnittene Bäume herausragen. Der Grundriß dieser Umrahmung mit dem Mittelstück gleicht demjenigen eines quadratisch angelegten Feuerwerkschlosses mit ausgebuchteten Eckbastionen. Aus der Spitze des Felsens schlägt Feuer empor, und in der beigegebenen Anweisung für den Zeugmeister lesen wir von Lustfeuerkugeln. Auch die Schloßfeuerwerke waren in München bekannt, so wurde eines 1613 abgebrannt und ferner 1660, als man den Fürsterzbischof von Salzburg, der 18 Tage lang in der bayerischen Hauptstadt weilte, mit Turnieren und anderen Ritterspielen, mit Opern und Schauspielen, mit Jagden, Feuerwerk und anderen Dingen mehr unterhielt.

Im Jahre 1652 hatte sich der bayerische Kurfürst Ferdinand Maria mit der Prinzessin Henriette Adelaide von Savoyen vermählt, die als eine geistvolle Frau mit aufgeschlossenem Sinn für künstlerische Dinge geschildert wird. Schon seit dem Ausgange des Mittelalters war der italienische Einfluß auf die Kunst in den bayerischen Landen fühlbar, der sich unter der Schirmherrschaft dieser aus Italien stammenden Kurfürstin verstärkte. Verschiedene italienische Künstler wurden in das Land gerufen. Und als im Jahre 1660 die Kurfürstin ihrem ersten Kinde, einer Prinzessin, das Leben schenkte, wurden aus diesem Anlaß große Feste gefeiert, unter anderem wurde auch ein Festspiel aufgeführt, verfaßt von Graf Pietro Paolo Bissari aus Vicenza. In dem Plan zu dem Spiel (Bayerisches Hausarchiv, Akt Nr. 664) ist zu lesen, daß „die Comödie solcher Gestalten angetragen werde, daß mit deroselben Argument alle Ritterspiele, Aufzüge, Feuerwerke wie zu Turin geschehen, füglich korrespondieren mögen." Es scheint sich hier aber nur um das als Beigabe bei den italienischen Theateraufführungen übliche Feuerwerk gehandelt zu haben: Drache bzw. Zerberus, Hölle, Troja in Flammen[6]. Dann gab im Jahre 1662 die langersehnte Geburt des Thronerben, des späteren Kurfürsten Max Emanuel, wieder Veranlassung zu noch pomphafteren Festen, deren Inszenierung ebenfalls wieder dem Grafen Bissari übertragen worden war, den man eigens zu diesem Zwecke aus Vicenza herbeigeholt hatte[7]. So wurden an drei Tagen kurz hintereinander drei Festspiele aufgeführt, als erstes ein Drama musicale: Fedra incoronata, dann ein Waffenspiel: Antiopa giustificata und schließlich am 1. Oktober das Drama di fuoco: Medea vendicativa mit einer Reihe von Szenenbildern, in denen überall Feuerbrände eine Rolle spielten, bis im letzten Akt ein Kampf auf dem Wasser und das eigentliche Feuerwerk als Belagerung von Kolchis vor sich ging *(Abb. 20)*, wobei Türme und Schiffe nebst ihren Besatzungen in die Luft flogen oder untergingen. Auch der Erfinder der Aufbauten dieses Stückes war ein Italiener, Francesco Santurini, der seit 1654 in München als Architekt und als leitender Festveranstalter wirkte. Sein Hauptwerk war das Opernhaus am Salvatorplatz, der älteste freistehende Theaterbau in Deutschland. Für das Münchener Feuerwerk am 1. Oktober 1662 als Abschluß des vorgenannten Drama di fuoco stellte nun Santurini eine Bühne auf, die von dem bisher in Deutschland üblichem Feuerwerkschloß grundsätzlich abweicht.

Das im Freien vor sich gehende Stück setzte sich aus vielerlei Bühnenbildern zusammen, für die zwei breite, plastisch geschmückte Pfeiler das unveränderliche Theaterproszenium darstellten. Und hier sollte sich auch das Schlußfeuerwerk abspielen. Während sich die bisher beschriebenen architektonischen Feuerwerksaufbauten, wenigstens in den ersten Zeiten, inmitten der sie umgebenden Zuschauermenge in allseitig ausgebildeter Körperhaftigkeit erhoben, ergab sich jetzt die Notwendigkeit, das Feuerwerksgerüst nur für eine einzige Blickrichtung aufzustellen unter Verwendung der gleichen Proszeniumspfeiler wie für die Bühnenbilder. Es war naheliegend, daß der Architekt das bereitstehende Vorbild für seine Zwecke benutzte und die

Dekoration im Sinne der zentralperspektivischen Theaterbühne jener Zeit gestaltete, also die Tiefenwirkung durch perspektivische Raumgestaltung verstärkte. Obgleich von einem Italiener, Francesco Santurini, mit Hilfe der damals gebräuchlichen, italienisch beeinflußten Theaterdekorationen geschaffen, kann man diesen Aufbau doch als deutsche Feuerwerksbühne im eigentlichen Sinne des Wortes bezeichnen. Denn sie bürgerte sich vornehmlich in Deutschland ein, abgesehen von späteren Nachahmungen im Auslande, namentlich in Rußland, wo sie sich bis gegen Ende des 18. Jahrhunderts erhielt. In Italien kommt sie überhaupt nicht vor. Im Gegensatz zu dem Feuerwerkschloß, einem Aufbau, der nur die Begründung einer kriegerisch erscheinenden pyrotechnischen Vorstellung abgeben sollte, kommt durch diese neue Form nun auch in Deutschland das feurige Ehrenmal weitgehend in Aufnahme, wenn auch ersteres nicht sogleich verschwindet. Abweichend von der italienischen Auffassung eines solchen architektonisch gestalteten Feuermales wurde es hier jedoch nach dem Vorbilde der Theaterbühne aufgebaut; alle Blicke sollten durch die schräg zum Hintergrunde gestellten Seitenstücke auf das inmitten errichtete Kernstück hingelenkt werden und sollten von ihm, das in Beleuchtung erstrahlte, aufgefangen werden.

Es wird schon vor dem Jahre 1662 nicht an Versuchen gefehlt haben, den Feuerwerksaufbau bühnenmäßig zu gestalten, so zum Beispiel 1630 in sehr einfacher Form zu Dresden. Ein Felsen bildete den Hintergrund, vor ihm befanden sich rechts und links je drei Fässer mit Feuerfontänen, schräg nach vorn und außen gestellt. Aber erst mit dem Heimischwerden der italienischen Prunkoper in Deutschland nach Beendigung des Dreißigjährigen Krieges wandelte sich hier in weitestem Maße die Feuerwerksdekoration, die von dem Münchener Feuerdrama am 1. Oktober 1662 ihren Ausgang nahm. Jetzt fiel der Gedanke der perspektivisch räumlichen Aufstellung auf fruchtbaren Boden. Schon das nächste Feuerwerk, am 20. Dezember desselben Jahres, auf dem Hirschanger in München, das unabhängig von Theaterspiel abgebrannt wird, verarbeitet dieses Schema weiter. Der Grundriß ist hier hufeisenförmig, und wieder werden, wie vorher selbst von dem italienischen Architekten, auch jetzt noch die neuen Stilformen mit Befestigungstürmen, Resten des alten Feuerwerkschlosses, vermengt. Diese beiden Feuerwerksaufbauten von 1662 in München, vom Erfinder des zweiten, dem Oberfeuerwerksmeister Christoph Helle, auch Tempel wie die italienischen Vorläufer genannt, haben eine lange Reihe solcher zentralperspektivischer Bühnen im Gefolge. Den Hintergrund schließt gewöhnlich ein Triumphbogen, bisweilen auch ein tempelartiger Bau ab; seitlich springen Flügelbauten stumpfwinkelig oder halbkreisförmig vor, die an ihren äußeren Enden sehr oft parallel den Zuschauerplätzen abbiegen entsprechend dem Theaterproszenium. Diese Flügelbauten sind Säulenhallen oder Wandungen mit Bogenstellungen, Nischen und anderem, die durch einzelne Schmuckstücke wie Obelisken, Standbilder, Bäume pyramidalen Wuchses oder Schnittes und dergleichen ersetzt werden können, alles Formen, die auf italienische Vorbilder zurückgehen. In dem Bogen der Ehrenpforte erscheint häufig das Wappen und der Namenszug des durch das Feuerwerk zu Feiernden, bei der Bühne Santurinis war es eine Nachbildung der Wiege mit dem kleinen Kurprinzen. Es kommt auch vor, daß der Triumphbogen nicht den Abschluß bildet, sondern daß sich hinter ihm, sichtbar durch die Bogenöffnung die Perspektive fortsetzt. Die Form dieser Feuerwerksbühne vereinfacht sich bisweilen dadurch, daß die Flügelbauten ganz fortfallen. Dann bleibt nur noch der Triumphbogen übrig, neben den man symmetrisch rechts und links in derselben Linie das eine oder andere Zierstück setzt. Selbst der Triumphbogen schrumpft manchmal bis auf Wappen oder Namenszug zusammen. Aber stets kennzeichnet sich diese Art des Feuerwerksaufbaues dadurch, daß er nur für Sicht nach einer einzigen Seite hin berechnet ist. Selbst wo man in späterer Zeit noch Schloßfeuerwerke macht, ist das Bestreben erkennbar, die Bühne mit dem Schloß im Hintergrund nach einer einzigen Seite hin zu öffnen. Feuerwerks- und Zierstücke werden davor oder daneben aufgestellt wie zum Beispiel bei dem schon erwähnten Schloßfeuerwerk in Gumbinnen 1742.

Die Anlage der zentralperspektivisch aufgestellten Bühne brachte es mit sich, daß die rohen Gestelle und Kästen für die Raketen, die bisher meist innerhalb des Feuerwerkschlosses ihren Platz fanden und daher den Blicken der Zuschauer entzogen waren, jetzt inmitten der Zierstücke als störend empfunden worden wären, ebenso wie die Mörser, aus denen Leuchtkugeln geschossen wurden. Man bringt daher diese Gerüste usw. zum Teil hinter den Dekorationen an, zum Teil aber auch beiderseits im Anschluß an die aufgestellten Zierstücke, die bei dieser Form der Aufbauten nicht Feuerwerksträger sind, sondern ihre Bedeutung als schmückender Mittelpunkt der Vorstellung durch Beleuchtung vielfacher Art erhalten. Einige Male werden aber auch hier die Gerüste oder mindestens die Kästen für die Aufstellung der Raketen miteinbezogen in die Dekoration, so zum Beispiel 1680 in München, wo ein Raketenzaun als erster Halbkreis und Raketenkästen abwechselnd mit Bäumen als zweiter einen inmitten untergebrachten Brunnen umschließen. Dann macht sich gegen die Mitte des 18. Jahrhunderts, wohl nach dem Vorbilde der später noch zu beschreibenden holländischen Raketenzaunbühne, hier und da das Bestreben geltend, die Feuerwerkstücke selbst künstlerisch auszugestalten oder zu umkleiden und mit dem Aufbau fest zu verbinden. Das zeigt zum Beispiel das Titelbild des Stövesandtschen Lehrbuches von 1748 (*Abb. 21*), das den Entwurf eines Feuerwerks für eine braunschweigische Fürstlichkeit darstellt. Der Zaun mit den Pfeilern und die Vasen auf den Sockeln entpuppen sich hier als Feuerwerksträger.

Die deutsche Feuerwerksbühne erreicht in ihrer Heimat den Höhepunkt um die Mitte des 18. Jahrhunderts. Die Feuerwerke von Hamburg und Zerbst, beide vom Jahre 1745, das eine aus Anlaß der Kaiserkrönung, das andere zur Hochzeit der nachmaligen Zarin Katharina II., einer anhaltinischen Prinzessin, stellen wohl das Prunkvollste dar, das für die späte, weit ausgebildete Feuerwerksbühne in Deutschland geleistet wurde. Der Architekt der Zerbster Bühne, der anhaltinische Hofbaumeister Johann Christoph Schütze, begnügt sich nicht mit dem üblichen Halbrund, er schließt vielmehr auf jeder Seite noch weitere Bogen aus grünen Laubwänden an und fügt auch Gärtnerisches wie Teppichbeete, Orangenbäumchen in Töpfen und anderes in reichem Maße hinzu. Der Erbauer der Hamburger Bühne, angeblich der Pyrotechniker Spanniger, legt das Halbrund seiner Dekoration beiderseits eines schmalen Wasserarmes an, der die Bühne in eine rechte und linke Hälfte trennt und der weit hinten mit einem Triumphbogen abschließt. Wenn sich auch gemäß den zeitgenössischen Abbildungen diese beiden Feuerwerksaufbauten in einer Anhäufung von Dekorationsmotiven zu verzetteln scheinen, so muß man bedenken, daß die vielen einzelnen Stücke, die wir dort mit einem Blick erfassen können, bei der Vorstellung nacheinander durch Beleuchtung bzw. Abbrennen in die Erscheinung traten, während die anderen Teile der Bühne im Halbdunkel verborgen lagen.

Wie schon früher gesagt wurde, schwanden im Laufe des 19. Jahrhunderts in allen Ländern die schmückenden Aufbauten dahin. In Deutschland hielt immerhin noch lange das Bewußtsein an, daß sie zum Wesen einer Feuerwerksvorstellung gehörten. So wird in dem „Taschenbuch für Kunst- und Lustfeuerwerker" von L. v. L-e, das 1820 in Pest erschien, nach den umfangreichen pyrotechnischen Anweisungen nachdrücklich für einen Aufbau als Mittelpunkt einer Feuerwerksvorstellung eingetreten, in erster Linie für einen Tempel mit Seitengebäuden und einer großen stehenden Sonne über der Mitte des Hauptgebäudes. Ferner werden als hierfür geeignet noch erwähnt Berg, Fels, Insel, Garten. Der unbekannte Verfasser obigen Buches gibt auch einige Fingerzeige für die Ausgestaltung eines solchen Feuerwerks. Vor allem sei für schöne und gute Beleuchtung des Theaters, das heißt des Aufbaues, zu sorgen durch Lampen, Feuerlanzen, Fontänen, Beleuchtungskugeln, Sonnen, brennende Namen und Figuren, die zum Teil vor ihm, zum Teil auf Gesimsen und anderen Teilen des Gebäudes selbst anzubringen seien. Vor oder neben ihm müsse man auch die übrigen Feuerwerkstücke symmetrisch und in abwechselnder Reihung aufstellen, nur die Raketen hinter dem Gebäude, und zwar so, daß es bei ihrem Abbrennen schiene, als stiegen sie aus ihm in die Höhe. Die Girande, das heißt das gleichzeitige Aufsteigen einer großen Anzahl von Raketen, nie unter 600–800 Raketen, wie der Verfasser sagt, müsse sich dort genau in der Mitte entfalten. Von diesem packenden Finale eines Feuerwerks, wie es besonders in Rom und Versailles in die Erscheinung getreten ist, werden wir noch später hören. Der Verfasser rät dann noch, Böller für die Lustkugeln solle man am besten hinten rechts und links der übrigen Kunstfeuer unterbringen, damit ihre Abschüsse gut zu sehen seien, dagegen Kanonen und Böller für die Salven an der Rückseite des Aufbaues, unsichtbar für die Zuschauer. Und auch noch später, ungefähr hundert Jahre nach der Blütezeit der zentralperspektivischen Bühne wird in der Enzyklopädie der Wissenschaften und Künste, erschienen 1846[8], das Theater oder Gerüst, das von Holz aufgeführt, mit Leinwand überzogen und mit Farben bunt übermalt sein soll, als erstes Erfordernis für eine Feuerwerksvorstellung genannt. Das Hauptgebäude in der Mitte trage gewöhnlich den Namenszug und eine stehende Sonne. Ehemals hätte man alle Teile des Gebäudes mit Feuerwerkskörpern gefüllt, jetzt besetze man es nur mit brennenden Lampen und Näpfen und beleuchte es durch bengalisches Licht. Solchen Ausführungen entspricht der Aufbau für das Feuerwerk in Weimar 1804 zur Hochzeit des Erbgroßherzogs Karl Friedrich mit der Großfürstin Maria Paulowna, die letzte zentralperspektivische Bühne, die uns in Abbildung überliefert worden ist (*Abb. 22*). Auch hier finden sich feststehende Sonne und Namenszug am Tempel in der Mitte, der hier wie bei den später noch zu beschreibenden russischen Bühnen vor das Halbrund gestellt ist.

Im vorigen Abschnitte war von den in Italien für Feuerwerksdenkmäler geschaffenen Bildwerken gesprochen worden. Auch in Deutschland gab es schon vom 16. Jahrhundert an Ähnliches, so 1585 zu Landshut in Bayern bei Gelegenheit der Aufnahme Kaiser Rudolfs II. in den Orden des Goldenen Vließes. Der Kupferstich in dem Festbericht, der uns hiervon Kunde gibt, zeigt einen denkmalartigen Aufbau, eine große Weltkugel mit darüber aufgestelltem Wappen und Krone, um die Wolkengebilde gelagert sind, besetzt mit menschlichen Gestalten, wohl den vier als Engel verkleideten Knaben, die „schöne lateinische lange Verß" vortrugen. Aus der Weltkugel drang eine „verborgene schöne zierliche Music von Singern und Instrumenten". Das Ganze wird durch Kerzen oder Fackeln beleuchtet, aus den Wolken schwärmen Raketen.

Aber auch die deutschen architektonischen Feuerwerksaufbauten späterer Zeit verlangten plastische Figuren als fast unentbehrliche Beigabe, das Feuerwerkschloß hingegen bedurfte ihrer nicht. Nur in einigen seltenen Fällen finden sie sich auch hier, wo sie aber nichts mit dem Wesen des Bauwerks zu tun haben, wie die Entwürfe des Grafen Johann von Nassau zeigen, auf die schon früher hingewiesen wurde. Von ihm stammt auch ein Brunnen, der mit seiner Überfülle launiger Figuren (*Abb. 23*), die hier vornehmlich aber in keiner inneren Beziehung zum Bauwerk stehen, ein treffliches Beispiel für die Freude an phantastischer Ausgestaltung von Feuerwerken bildet, die in Deutschland öfter zu beobachten ist. Die Kunstform eines solchen Feuerbrunnens unterscheidet sich, abgesehen von dem belebenden Element, in nichts Wesentlichem von einem Springbrunnen mit Wasserauslauf. Ebenso phantastisch mag auch die Ausschmükkung des Feuerwerks gewesen sein, das bei der Hochzeit des Zeugmeisters Graf Lynar 1588 in Spandau zur Ausführung gelangte. Um ein Feuerwerkschloß gruppierten sich Türken, Moskowiter, Spanier, Italiener und eine Reihe zahmer und wilder Tiere. Eine Abbildung hiervon ist nicht bekannt. Aber nach dem, was wir von ähnlichen Aufbauten, allerdings auf einem ganz anderen Gebiete, wissen, können wir doch etwas bestimmter auf das Aussehen dieses Feuerwerkschlosses und seiner Umgebung schließen. Bis in das Mittelalter zurück läßt sich die Sitte verfolgen, bei höfischen Festen die Speisetafeln mit Aufsätzen verschiedenster Art zu schmükken. Von der sogenannten Jülichschen Hochzeit in Düsseldorf 1585 ist uns ein Kupferstich überliefert, der als Tafelaufsatz eine Burg mit Beigabe von Bäumen und allerhand Getier, auch einige menschliche Gestalten zeigt (*Abb. 24*). Als eine ganz willkürlich-naturgemäße Zusammenstellung dürfen wir uns auch den Spandauer Feuerwerksaufbau, der drei Jahre später errichtet wurde, vorstellen. Derartige Tafelaufsätze wurden aus Zucker oder Wachs gebildet, sie waren die Vorläufer der späteren Porzellanaufsätze mit ihren Ehrentempeln, Ehrenpforten, Obelisken, Wappen und Figuren, die in ihren Architekturstücken den ausgeführten Festbauten entsprachen.

Bei der deutschen Feuerwerksbühne verdrängen bisweilen Bildwerke das Architektonische dermaßen, daß letzteres vollständig in den Hintergrund tritt und daß der zentralperspektivische Aufbau in eine plastische Denkmalsgruppe umgewandelt wird. Das zeigen ein Entwurf von Johann Conrad Schlaun in Münster aus dem Jahre 1722, der allerdings nicht zur Ausführung gelangte, dann ein Feuerwerksaufbau des Balthasar Neumann in Würzburg 1725 und schließlich ein Feuerwerk vom Jahre 1728 im Charlottenburger Park bei Berlin (*Abb. 30*). Von dem ersten Akt, dessen Dekoration eben in der zentralperspektivischen, kulissenartigen Aufstellung verschiedener Figuren bestand, hat sich eine Werkzeichnung erhalten, die in mehrfacher Hinsicht lehrreicher ist als die nach solchen Aufbauten und Aufführungen hergestellten Kupferstiche. Es geht aus ihr hervor, daß die Figuren dieses Feuerwerks nicht frei standen, sondern an Gerüsten, die teilweise über sie hinausragten, mittelst Tauen und Krammen befestigt wurden. Es bleibe dahingestellt, ob hier der figürliche Schmuck wirklich vollrund, wie es uns der Kupferstich glauben macht, oder mehr flächig behandelt war. Jedenfalls mußte man die Gestalten, deren größte ungefähr 15 m hoch waren, während die Trophäen gar 20 m in der Höhe maßen, an ein standhaftes Gerüst anlehnen. Und die etwa 40 m über der Erde schwebende Fama war natürlich ohne ein Gestell nicht denkbar. Wenn die Zuschauer diese unschönen Holzgerüste nicht als illusionstörend empfanden, so kann man nur zu dem Schlusse gelangen, daß die Menschen jener Zeit unbefangener als heute solchen Vorstellungen gegenüberstanden und einfach über derartige Hilfskonstruktionen hinwegsahen.

Noch möge einer Nebenfigur bei Feuerwerken gedacht werden, die jedenfalls weite Verbreitung, nicht nur in Deutschland, gefunden hat. Es ist der Riesenkopf eines Ungeheuers mit aufgesperrtem, feuersprühendem Rachen, so 1634 in Kopenhagen und 1635 in Gent, desgleichen 1665 in Nürnberg bei einem Probefeuerwerk, wo wir noch händeringende Menschlein in dem Maule erblicken. Das ist die Versinnbildlichung der Hölle, wie sie uns schon aus der Abbildung der Passionsbühne von Valenciennes auf der Miniatur des Hubert Cailleau von 1547 bekannt ist[9], die aber in dieser Form wahrscheinlich bereits aus dem Mittelalter stammt und die sich in gleicher Gestalt bei den Feuerwerken bis in die zweite Hälfte des 17. Jahrhunderts erhält.

Es fragt sich nun, wie die Feuerwerksvorstellungen am Schlosse und auf der zentralperspektivischen Bühne vor sich gingen. Das im Jahre 1591 zu Nürnberg erschienene Lehrbuch „Büchsenmeisterey" von Franz Joachim Brechtel spricht hauptsächlich und ausführlich von „Schloßröhrlein" (Hülsen mit Funkenfeuersatz) zur Verwendung für die Schloßfeuerwerke, man wird also annehmen können, daß sich die frühen Veranstaltungen dieser Art mit den einfachsten Feuerwerkskörpern begnügten. Betrachtet man die nach Schloßfeuerwerken des 16. Jahrhunderts gemachten Abbildungen, den Holzschnitt des Erhard Schön und die Radierung des Jost Amman, Nürnberg 1535 bzw. 1570, so kann der Eindruck nicht aufkommen, daß hier eine harmonische Ordnung der Feuererscheinungen beabsichtigt gewesen wäre. Brechtel sagt in seinem Buch hierzu: „dann etliche begeren, das die schläg inn dergleichen Feuerwerk auffs geschwindest und schnellest nacheinander abgehen, andere aber haben ein besser gefallen daran, wenn sie gleichsam etwas langsam, doch in rechter ordnung beschehen." Der Baumeister Joseph Furttenbach der Ältere gibt für das in seiner „Architectura universalis" von 1635 entworfene Schloß (*Abb. 15, 16*) auch nur Raketen, Schwärmer, Feuerkugeln, Kanonenschläge und dergleichen an. Aber im Gegensatz zu der früheren Gepflogenheit hält er darauf, daß ein solches Feuerwerk, wie schon Brechtel andeutete, nicht planlos abgebrannt werde, sondern in wohlüberlegter Reihenfolge der einzelnen Feuerausbrüche. Zunächst sollen sich die hoch oben im Mittelturm angebrachten Schlagkästen, einer nach dem andern, entladen. Die kleinen Türmchen, je zwei zusammen, sprühen Feuer, dann kommt der Hauptturm mit ausfahrenden Feuern, und von dort steigen dann auch Raketen in die Lüfte. Ein zweiter Akt, der wieder wie der erste durch Trompetengeschmetter und Paukenschall eingeleitet wird, läßt Feuerkugeln, die aus Böllern geschossen werden, auffahren, denen die am Walle aufgestellten Raketen folgen. Hier macht sich also schon bei dem Schloßfeuerwerk, das ja ursprünglich nur die Vorstellung einer kriegerischen Handlung erweckt, ein Streben nach Rhythmisierung deutlich bemerkbar.

Es ist Furttenbach so sehr an Ordnung und guter Zurschaustellung der Feuerergüsse gelegen, daß er 1663 in seinem letzten Buch, dem „Mannhafften Kunstspiegel" von den Schloß-, Schiffs- und ähnlichen Feuerwerken beinahe gänzlich abrät, weil dort alles „in großer Confusion durcheinander spilet" und man darum nicht wahrnehmen könne, „was dises oder jenes Stuck für ein effectum erreichet". Die Blütezeit der Schloßfeuerwerke war eben damals vorbei, wenn sie auch noch einzeln immer wieder aufgeführt wurden, und von der neuen Erfindung der zentralperspektivischen Bühne, die ein Jahr vorher in München zustande gekommen war, hatte Furttenbach in seinem Wohnsitz zu Ulm wohl noch nichts gehört. Er empfiehlt daher eine Aufstellung von Feuerwerkstücken ohne jede Dekoration. Auch schon in seinem Buch „Halinitro-Pyrobolia" vom Jahre 1627 hatte er eine solche beschrieben und abgebildet. Und der Wiedergabe in diesem Buch, das 1643 in neuer Auflage erschien, entspricht ziemlich die Aufstellung, die auf einem Gemälde Furttenbachs, einem Doppelbild im Germanischen Museum zu Nürnberg (Nr. 645, 646) zu sehen ist. Die eine der Hälften zeigt das Feuerwerk, das 1644 in Ulm abgebrannt wurde (*Abb. 49*), während die andere eine Beschreibung in Versen bringt. Auf dem Gemälde begrenzen die Rückseite des Schauplatzes Figuren: in der Mitte auf erhöhtem Sitz ein Mann in Zeittracht, links davon sieben weibliche, rechts sieben männliche allegorische Gestalten, antikisch gekleidet, mit den verschiedensten Attributen, beide Reihen auf Sockeln, die nach der Mitte stufenförmig ansteigen. Diese Figuren sind von Furttenbach sicher nur als Schmuck auf das Gemälde gesetzt worden, bildeten aber nicht etwa einen dekorativen Abschluß für die Schaustätte des Feuerwerks. Sie sind in der gleichen Weise wie hier auch als Titelkupfer in Furttenbachs „Reiß-Laden", erschienen in demselben Jahre 1644, in dem das Feuerwerk stattfand, verwendet worden. Der Text zu diesem Kupfer ist überschrieben: „Mechanica an ihre lieben Söhne und Töchter." Übrigens war das von Furttenbach auf seinem Gemälde dargestellte Feuerwerk kein öffentliches, sondern fand als gesellschaftliche Veranstaltung im Garten des Johann Khonn in Ulm statt, in dessen kaufmännischem Geschäfte Furttenbach Teilhaber gewesen oder zu jener Zeit noch war. Schon aus diesem Grunde verzichtete man wohl hierbei auf die umständlichen Aufbauten, die bei höfischen Festen unumgänglich notwendig erschienen. Furttenbach erweitert in seinem vorgenannten letzten Buch vom Jahre 1663 die Ausgestaltung eines Feuerwerks. Der Entwurf „nach rechter planimetrischer Art", auch wieder ohne Aufbau, zeigt gegenüber den früheren Vorschlägen eine große Reichhaltigkeit der Stücke, deren Vorführung auf acht Akte verteilt ist, in denen er sich sichtlich bemüht, Abwechslung in der Aufeinanderfolge der in ihrer Wirkung verschiedenen Stücke zu bringen.

Über die pyrotechnischen Vorstellungen auf der deutschen Feuerwerksbühne gibt das Stövesandtsche Buch vom Jahre 1748 Auskunft. Der Verfasser schreibt für ein Feuerwerk auf der Abbildung 21 gezeigten Bühne folgendes Programm vor. Kanonenschläge oder Musketensalven kündigen seinen Beginn an, und sofort wird der ganze Aufbau durch im Halbrund eingesteckte Fackeln beleuchtet. Wenn letztere beinahe abgebrannt sind, „zündet man die in den Ehrentempel gesetzte Minerva an". Ob dies durch Anstrahlung geschah oder ob die Figur an gewissen Stellen mit Funkenfeuersätzen geladen oder etwa mit Klebefeuer überzogen war, wird nicht gesagt. Es folgen der in der Mitte oben angebrachte Namenszug und die beiden Figuren links und rechts. Darauf entwickelt sich das eigentliche Feuerwerk. Raketen, die hinter der Dekoration an zwei Orten aufgestellt waren, steigen empor, und die verschiedenartigen Feuerwerkstücke, an den Seiten und in dem vom Aufbau umschlossenen Halbrund untergebracht, gelangen jetzt zur Entladung. Ehe das Mittelstück ganz verlöscht ist, setzt man die Figuren in den beiden Flügelbauten in Beleuchtung und fährt mit dem Spiel der Feuerwerkstücke fort. Auch die im inneren Halbkreise stehenden Feuervasen kommen jetzt an die Reihe. Zuletzt erfolgt die besondere Beleuchtung der zwischen den Vasen stehenden vier Wappen, und dieser Teil des Feuerwerks wird durch Kanonenschläge und Salven beendet. Den Abschluß bildet dann ein Wasserfeuerwerk.

Wie vorher schon gesagt wurde, waren die Furttenbachschen Feuerwerke in zwei bzw. acht Akte eingeteilt. Und so finden wir vielfach, daß ein Feuerwerk gleich einem Theaterspiel in mehrere Abschnitte zerlegt wurde. Die Darbietungen mußten mannigfaltig und abwechselnd sein, sie mußten stufenweise anschwellen und möglichst gegen den Schluß ihren Höhepunkt erreichen. So ist das von Stövesandt vorgeschlagene Feuerwerk ja auch in verschiedene Teile zerlegt durch die Beleuchtung zuerst des Mittelstückes, dann der Seitenflügel des Aufbaues. Bei den preußischen Feuerwerken wurde die Einteilung in Akte, gewöhnlich drei bis vier, wieder dadurch erreicht, daß für jeden Akt eine eigene Dekoration vorgesehen war und eine neben die andere gestellt wurde. Nacheinander wurden sie dann beleuchtet, der Aufbau des einen Aktes in weißem Licht, der des nächsten in blauem, während sich der letzte Akt auf dem Wasser abspielte. Das Kupfer mit der Darstellung des Charlottenburger Feuerwerks von 1728 zeigt die Dekorationstücke der beiden ersten Akte (*Abb. 30*) nebeneinander und beide erleuchtet. Das widerspricht natürlich dem Hergange. Bei der Aufführung des ersten Aktes blieb der Aufbau des zweiten Aktes im Dunkel verborgen und wurde erst entzündet, als der vorhergehende Akt beendet war. Dann wendeten sich ihm die Zuschauer zu. Ebenso finden sich ja auf der Abbildung sämtliche Feuerwerkstücke gleichzeitig in Tätigkeit, was auch nicht mit den Tatsachen übereinstimmt. Das Stövesandtsche Buch von 1748 schlägt, wie schon gesagt, Kanonendonner und Musketensalven vor, und so spielten sich auch in Wirklichkeit die Vorführungen ab. Sehr oft genügte das Krachen und Knattern der Feuerwerkskörper noch nicht dem akustischen Bedürfnis. Die Artillerie mit ihren Geschützen wurde zur Mitwirkung herangezogen, durch Kanonenschüsse hatte sie das Feuerwerk anzukündigen. Auch mußten bisweilen Infanteristen mit Gewehren antreten. So wurden zum Beispiel 1719 in Dresden bei einem später noch ausführlicher zu besprechenden Feuerwerk zwei Salven von je tausend Gewehren abgeschossen, und in Wien gibt es 1666 eine Salve aus dreitausend Musketen. Als Begleitung des Feuerwerks erschollen Trompeten und Pauken, besonders dort, wo sich, wie meist in Deutschland, die Freudenfeuer als Schloßfeuerwerk entwickelt hatten. Bei dem besonders prunkvollen Feuerwerk in Zerbst 1745 trug nach dem einleitenden Trompeten- und Paukenschall und nach den Kanonenschüssen, als die erste Beleuchtung der Dekoration vor sich ging, ein Bassist eine Arie mit Rezitativ vor, dem sich ein stark besetzter Chor und Instrumentalmusik mit Hymnen auf die Fürstlichkeiten anschloß. Vielfach war es Sitte, daß die Persönlichkeit, zu deren Ehren man das Feuerwerk gab, oder der Höchststehende und Würdigste der Anwesenden mittelst Schnurfeuer das erste Feuerwerkstück oder die Beleuchtung zur Entzündung brachte. Die Länge der Vorstellungen war in älterer Zeit oft beträchtlich, bisweilen ein oder mehrere Stunden, so dauerte zum Beispiel das Feuerwerk zu Zeithain in Sachsen im Jahre 1730 von neun Uhr abends bis zwei Uhr nachts. Für solche langwährenden Vorstellungen wurden aber auch große Mengen von Feuerwerkskörpern benötigt. So brannte man zum Beispiel in Charlottenburg 1728 allein während des ersten Aktes unter anderen 38758 Schwärmer, 20110 Raketen und 16200 Feuerwerkslichte ab. Im Jahre 1596 waren es in Kassel 60000 Feuerwerkskörper und 1666 in Wien 73000. Bei diesen langandauernden Feuerwerken mit reichgestaltetem Programm mußte für die Ausführung, die nur durch ein größeres Personal bewältigt werden konnte, wohl stets die Reihenfolge des Abbrennens der einzelnen Stücke schriftlich festgelegt werden, damit die vorbedachte Ordnung gewährleistet wurde. Es mußte also gewissermaßen ein Regiebuch für das feurige Schauspiel abgefaßt werden. Eine derartige Disposition hat sich für ein Feuerwerk von vier Akten erhalten, das in Holzheim bei Ulm (?) wahrscheinlich von Joseph Furttenbach dem Älteren angerichtet wurde[10]. Auch von Berliner Feuerwerken sind noch einige Dispositionen aus den Jahren zwischen 1783 und 1787 im Berliner Zeughause vorhanden.

Wie das Schloßfeuerwerk als kriegerische Schaustellung unbeeinflußt von südlichen Vorbildern in Deutschland entstand, scheint sich hier das Kampfspiel als pyrotechnisches Schaustück ausgebildet zu haben, das dann auch nach dem Süden gelangte. Es war der Feuerwerkskampf, der von Kriegern, bewaffnet mit Lanzen, Schwertern, Keulen und Schilden, die mit Feuerwerkskörpern geladen waren, ausgefochten wurde. Derartige Spiele waren beliebt vom 16. bis in das 18. Jahrhundert hinein; in verschiedenen Feuerwerksbüchern wird die Herstellung solcher Waffen beschrieben. Diese Kampfspiele wurden in Verbindung mit Feuerwerkschlössern oder ohne sie veranstaltet. Zum Teil sind die Vorführungen nur einfache Kampfhandlungen, die ohne jede innere Bedeutung nur der Freude am kriegerischen Handgemenge, am Aufblitzen der Waffen galten. Aber in anderen Fällen liegt dem Spiel eine moralische Absicht zugrunde, das Gute siegt über das Böse; die Türken, die Mauren, die Ketzer, die Dämonen der Hölle müssen regelmäßig unterliegen. Religiösen Vorstellungen und der

Sagenwelt des Altertums werden gern die Vorwürfe zu den Spielen entnommen, bezogen auf Zeitereignisse. Im Laufe der Zeit erweitert sich die Ausgestaltung solcher Feuerwerkspantomimen bisweilen zu einer Reihe von Handlungen in sinnvoller Aufeinanderfolge, zu größeren theatralischen Vorstellungen mit Begleitung von Instrumentalmusik, wohl auch Rezitation und Gesang, oder zum wirkungsvollen, dem Inhalte entsprechenden Abschluß eines im Freien gespielten Theaterstücks wie zum Beispiel bei dem Feuerdrama in München 1662. So verbanden sich dekorative Bühnenkunst, Feuerwerk, Dichtung, Musik und mimische Kunst zu einem großen Schaugepränge, wie es besonders im 17. Jahrhundert dem Zeitgeschmacke, dem Verlangen nach prunkvollen Ausstattungsstücken auf der Bühne, entsprach.

Bevor in Deutschland solche Spiele in Aufnahme kamen, versuchte man bisweilen auf andere Weise eine Handlung darzustellen und das Feuerwerk inhaltreicher zu gestalten. Man ließ die Bildnisse mißliebiger Personen, die am Feuerwerksaufbau angebracht waren, verbrennen oder in die Luft fliegen zum Gaudium der schaulustigen Menge. Die Vorstellung des Scheiterhaufens, auf dem Verbrecher, Ketzer und Hexen verbrannt wurden, verband sich hier mit der Idee des Freudenfeuers. So geschah es 1535 in Nürnberg mit Türken nach der Eroberung von Tunis und 1586 in Küstrin mit dem Zaren, dem Sultan, dem Tatarenkhan und dem Papste. Die ersten wirklichen Feuerwerkspantomimen sind in Deutschland am Hofe des Herzogs Wilhelm von Jülich, Kleve und Berg 1585 in Düsseldorf nachweisbar. Hier fand zur Hochzeit des Herzogs an drei Abenden Feuerwerk statt. Es wurde ein größeres Schiff auf dem Rhein von anderen Schiffen bekriegt, die Mannschaft verjagt und das Schiff selbst verbrannt. Diese Seeschlacht war betitelt – man staune –: der Fall Adams, und sie hatte den Sinn: der Böse greift die Menschheit an und läßt sie nicht in Ruhe. Für den zweiten Abend hatte man über Booten im Rhein eine Burg erbaut *(Abb. 25)*, die von Teufeln, vom Höllenhund Zerberus und von der Hydra verteidigt, von Herkules aber angegriffen und erobert wurde, worauf ein Nachen mit Sängern erschien; auch zwei Sirenen schwammen singend im Rhein. Der Inhalt dieser zweiten Feuerwerkspantomime war dem dritten Akt des Hercules furens von Seneca entnommen, aber „Bedeutung und Geheimnuß" des Schaustücks waren nach dem zeitgenössischen Bericht die Erstürmung der Hölle und die Erlösung der Menschheit. Und schließlich ließ man am dritten Abend einen Walfisch und einen Drachen gegeneinander kämpfen, und das hatte die Bedeutung: die Kinder des Mißtrauens, die sich selbst zerfleischen. Alle diese Pantomimen vollzogen sich unter Abbrennen von Feuerwerkskörpern, mit Feuerwerkswaffen wurde gekämpft. Ferner ist aus Deutschland im 16. Jahrhundert noch bekannt ein Feuerwerk zu Kassel 1596 im Anschluß an ein abenteuerliches Ritterspiel. In der zweiten Hälfte des 17. Jahrhunderts erlebt die Feuerwerkspantomime an den Fürstenhöfen Deutschlands ihre Glanzzeit als Parallelerscheinung zu den Prunkopern auf der Theaterbühne. In Dresden wird 1650, 1662 und 1719 die Eroberung des Goldenen Vließes aufgeführt, ebenso 1714 in Preßburg. Ferner wurde gegeben das schon besprochene Feuerwerk als Abschluß des Festspiels Medea vendicativa in München 1662, „von Himmeln entzündete und durch allgemeinen Zuruf der Erde sich himmelwärts erschwingende Frolokhungs-Flammen" in Wien 1666, „Irrgarten Daedali" in Wien 1673,

„die überwindende Liebe" in Hannover 1668, „Opera von denen übergroßen tapferen Helden-Thaten Cimons von Athen" ebenda 1674, „des Herculis Feuer-Werk" in Dresden 1678. Der Schauplatz, auf dem sich derartige Feuerwerke abspielten, war entweder architektonisch stilisiert oder naturalistisch gebildet. Wie man das Feuerwerkschloß zum Ausgangspunkt der Kampfspiele machte, wurde schon angedeutet, aber auch die deutsche Feuerwerksbühne wußte man als geeignete Dekoration zu schätzen.

An einer der berühmtesten dieser Feuerwerkspantomimen möge der Verlauf eines solchen Stückes veranschaulicht werden. Am 8. Dezember 1666 zur Hochzeitsfeier des Kaisers Leopold I. wurde das schon vorher genannte aus drei Teilen bestehende Spiel in Wien vor der Burg aufgeführt. Als oberster Leiter wird genannt der General-Land- und Haus-Zeugmeister Ernst Graf von Abensperg und Traun und als Ausführender Bartholomäus Peißker, Stückhauptmann und Zeugwart der Festung Glatz. Im ersten Teil, der „flammenden Anleitung" erscheint Merkur mit der Hochzeitsfackel in der Hand, um die auf Befehl der Götter im Himmel entzündeten Vermählungsflammen der Erde zu verkünden. Das Stück spielt vor einer der oben beschriebenen in der Art der Bühnendekoration perspektivisch aufgestellten Säulenhalle mit dem Tempel des Ehegottes Hymen in der Mitte des Hintergrundes und einem Festungsturm als Abschluß auf jeder Seite. Im Vordergrunde links wird die Bühne von einem hohen Berg begrenzt, dem Ätna, an dessen Fuß in einer Höhle Vulkan mit seinen Gesellen Kriegswaffen schmiedet. Cupido schwebt aus den Lüften nieder, verjagt die Schmiedenden, zerbricht die Waffen und schmiedet selbst den goldenen Ehering. Auf der anderen Seite schließt die Bühne ab ein ebenso hoher Berg, der Parnaß, auf dem die neun Musen verteilt sitzen und singen. Der zweite Teil, im Berichtswerk „flammende Darstellung" genannt, bringt einen der üblichen Feuerwerkskämpfe. Aus dem Ätna heraus stürmen Zentauern (*Abb. 26*), aber Herkules geht auf Jupiters Befehl gegen sie vor; mit Feuerwerkskeulen wird gekämpft, bis die Zentauern besiegt verschwinden. Im dritten Teil, der „flammenden Anwünschung", schickt Jupiter seinen Adler hernieder zur Erde, wo er auf einem Altar Freudenflammen entzündet. Auf der Kuppel des Tempels wird der Vogel Phönix in Flammen sichtbar als Sinnbild des Kaisers, der sich für das Wohl seiner Untertanen verzehrt. Diese recht magere Handlung spielt sich ab unter Explosion der riesigen Menge von 73 000 Feuerwerkskörpern aller Art, unter dem Krachen von Kanonen- und Gewehrschüssen und unter Trompeten- und Paukenschall.

Es war schon darauf hingewiesen worden, daß in älteren Zeiten Feuerwerk vornehmlich eine höfische oder staatliche Angelegenheit war und demgemäß die Residenzstädte hauptsächlich als Stätten der Feuerwerkskunst in Betracht kamen. Noch zahlreicher als in Italien waren in Deutschland die Einzelstaaten, aus denen sich das Reich zusammensetzte, und in den großen, aber auch in den kleineren Hauptstädten wurden die Feste je nach der Leistungsfähigkeit der einzelnen Höfe mit mehr oder minder umfangreichen Feuerwerken begangen, im 16. Jahrhundert mit Schloß- und Figurenfeuerwerken, vereinzelt auch schon mit Pantomimen. Als dann nach dem Dreißigjährigen Kriege italienische Künstler in das zu neuem Leben erwachende Deutschland einzogen und im Theaterwesen an den deutschen Höfen Beschäftigung fanden, wirkten die fremden Formen auch auf die Feuerwerksdekorationen umgestaltend, wie bereits dargetan wurde, und das sachlich und einfach gehaltene Feuerwerkschloß wird durch die zentralperspektivisch aufgestellte Feuerwerksbühne abgelöst, die Säulen, Arkaden, Triumphbögen, Obelisken und andere Bauglieder von der italienischen Baukunst übernahm. Gleichzeitig mit dem Eindringen der italienischen Prunkoper, die an den deutschen Höfen gepflegt wurde, wuchsen sich dort auch die Feuerwerke zu pomphaften Veranstaltungen aus, deren Inszenierung phantasiebegabter Künstler bedurfte. Das prägte sich am augenfälligsten in der kaiserlichen Residenzstadt Wien und an den kurfürstlichen Höfen von Dresden und München aus.

Aus Wien sind zunächst nur einfache Freudenfeuer bekannt, urkundlich werden sie 1438 zum ersten Male erwähnt[11]. Auch Sonnwendfeuer fanden dort wahrscheinlich regelmäßig statt, im Jahre 1724 wurden sie aber verboten[12]. Im 16. Jahrhundert beginnen die eigentlichen Feuerwerke. Während vom Einzuge Kaiser Ferdinand I. in Wien nach der Krönung im Jahre 1558 nur von festlichen Ritterspielen, Zerstörung einer hölzernen Festung auf dem Burgplatze und von Feuergarben auf dem Stephansturme berichtet wird, gab es bei dieses Kaisers Einreiten in Prag in demselben Jahre an zwei Abenden Feuerwerk, das eine Mal auf dem Wasser, das andere Mal ein „feurwerck mit figuren". Und im Jahre 1563 wurde dem Kaiser Maximilian II. nach seiner Krönung das im vorigen Abschnitt schon erwähnte Hängefeuerwerk in Wien dargebracht, diese sonst nur aus Italien bekannte Feuerwerksart frühester Zeit. Dann folgte noch die Entzündung einer Feuerwerksfigur, und auch die Freudenfeuer auf dem Stephansturme leuchteten wieder auf. Aus dem Jahre 1565 wissen wir von einem Schloßfeuerwerk in Wien, dessen Aufbau wohl nur geringe Abmessungen hatte. Er bestand nur aus einem Felsen, einem Turm und einem Galgen, und die ganze Dekoration wurde auf einem Gerüst nach dem Festplatz gefahren. Von dem Turm flogen mehr als tausend Raketen in die Höhe. Hundert Jahre später gab man sich in Wien mit solchen Geringfügigkeiten nicht mehr ab.

Als im Jahre 1666 die Hochzeit Leopolds I. mit der fünfzehnjährigen spanischen Infantin Margarete gefeiert wurde, bedeutete die soeben beschriebene, unter dem Namen „Frolokhungs-Flammen" inszenierte Feuerwerkspantomime nicht wie gewöhnlich den Abschluß, sondern den Auftakt der festlichen Ereignisse. Es folgten Schlittenfahrten, Aufzüge, Jagden, Tanzfeste, sogenannte Wirtschaften, ein „Roßballet" genanntes, pantomimisch-dramatisches Festspiel zu Pferde[13] und schließlich die Oper Pomo d'oro[14], für die der italienische Dekorationskünstler Ludovico Burnacini, seit 1652 in Wien ansässig, Bühnenbilder und Kostüme geschaffen hatte. Man möchte glauben, daß die Entwürfe auch für die Feuerwerksaufbauten von ihm herrührten. Sieben Jahre später bei der Hochzeit Kaiser Leopold I. mit seiner zweiten Gemahlin fand wieder eine Feuerwerkspantomime statt, betitelt Irrgarten Daedali, die als Bühne keinen architektonischen Aufbau zeigte, sondern ein aus Buschwerk hergestelltes Labyrinth, allerdings mit vier Türmen an den Ecken als Überbleibsel aus dem Feuerwerkschloß. Es wurde zuerst der Flug des Ikarus, dann aber in zwei Akten die Befreiung der Ariadne aus dem Labyrinth des Minotaurus durch Theseus dargestellt. Auch der Einzug der dritten Gemahlin des Kaisers im Jahre 1677 wurde mit einem Feuerwerk in Wien gefeiert, das in einer Pantomime einfachsten

Inhalts vor einer zentralperspektivischen Dekoration bestand; sie war benannt „des Prometheus Fackel". Ein ähnlicher Feuerwerksaufbau, reich mit Standbildern ausgestattet und unter Zuhilfenahme von pyramidenförmig geschnittenen Bäumen, entstand im Jahre 1705 zur Huldigungsfeier des Kaisers Josef I. Nach vorn wird der Aufbau, ebenso derjenige von 1673, durch eine Brüstung abgeschlossen, wie sie später für die russischen Feuerwerke kennzeichnend wird.

Nach Burnacinis Tode im Jahre 1707 treten an seine Stelle die Brüder Galli Bibiena, die aus Bologna nach Wien gekommen waren. Der eine von ihnen, Ferdinando, 1717 zum ersten Theatral-Ingenieur ernannt, führte im nächsten Jahre die geschmackvolle Festbeleuchtung des Palais Liechtenstein *(Abb. 27)* aus, die von August II., König von Polen und Kurfürst von Sachsen, der es bei seiner Anwesenheit in Wien bewohnte, anläßlich der Geburtstagsfeier des Kaisers Karl VI. angeordnet worden war.

Für die Außenbeleuchtung der Gebäude genügten in älterer Zeit die vor ihnen aufgestellten bzw. aus den Fenstern heraushängenden Pechpfannen oder Kerzen und Lampen, die man in die Fenster setzte. Später wurden einzelne oder zu Gruppen verbundene Fackeln, ornamental an der Hauswand verteilt; in den geöffneten Fenstern wurden Kronleuchter aufgehängt, bisweilen Spiegel oder Aufbauten von Pflanzen dahintergestellt. Schließlich wurden die Hauptlinien des Gebäudes durch Reihen kleiner Flämmchen hervorgehoben. Erschien die Architektur des Bauwerks für die Umrißbeleuchtung zu nüchtern, so errichtete man vor ihm eine prächtigere Scheinfassade, die nun beleuchtet wurde. Selbst Tempel und Dekorationen in annähernd zentralperspektivischem Aufbau, wie sie für Feuerwerke zur Verwendung kamen, benutzte man in Straßen oder auf Plätzen auch nur für Illuminationszwecke, desgleichen Ehrenpforten und Obelisken. Neben der architektonisch-rhythmischen Richtung, die sich am reinsten in der Umrißbeleuchtung ausspricht, kommt, wie beim Feuerwerk eine naturalistische, hier eine freiere, malerische Art zu Worte, die sich in der Ausschmückung der Hausfassaden mit Plastik und Malerei ergeht. Die auf diese Weise festlich belebte Schauseite wurde dann auf irgendeine Art in strahlende Beleuchtung gesetzt, wobei die Malereien oft als Transparente erschienen. Ein gutes Beispiel der verschiedenen Beleuchtungs- bzw. Schmuckmittel: Fackeln, Umrißzeichnung durch Lämpchen, Plastik, Transparente, Feuervasen und Feuerbeete im Garten bietet die Illumination des Palais Liechtenstein.

In der ersten Hälfte des 18. Jahrhunderts betätigten sich dann weiter die Söhne Ferdinando Bibienas, Antonio und Giuseppe, in Feuerwerksdekoration und Festbeleuchtung[15]. Schließlich sei noch die Illumination des Schlosses Schönbrunn bei Wien zur Vermählung des Kaisers Josef II. im Jahre 1765 erwähnt. In früheren Zeiten, als an elektrisches Licht, das man mit einer Schalterdrehung allerorts aufflammen läßt, noch nicht zu denken war, hatte man doch schon das Bestreben, die Lichtwirkung an den Baulichkeiten oder Gartenbeeten durch möglichst schnelles Eintreten der Anstrahlung zu steigern. Die technischen Schwierigkeiten, die sich diesem Bemühen entgegenstellten, galt es zu überwinden. Bei der Beleuchtung des Schlosses Schönbrunn bestand nun die Aufgabe im hurtigen Entzünden von 200 000 dort angebrachten Lampen. Das geschah mit Hilfe von 44 fahrbaren Leitern, zu deren Bedienung je 8 Mann gehörten. Trotz dieses großen Aufwandes an Personal erforderte das Anbrennen immer noch 22 Minuten. Als Erfinder dieser Festbeleuchtung wird der „Ober-Hof-Architector" Niclas von Paccassi genannt.

Dem Wiener Hofe an Prachtentfaltung stand der kursächsische keineswegs nach, an feuerwerklicher Betätigung übertraf er vielleicht ersteren sogar. Mehrfach hören wir von den in ganz Deutschland üblichen Feuerwerkschlössern, die auf dem Elbstrome schwimmend errichtet waren. Bereits im Jahre 1548 wird anläßlich einer Hochzeit im Fürstenhause ein solches bei Torgau in einem Kampfspiele angegriffen und erstürmt. In Dresden wirkte schon seit 1575 ein italienischer Bildhauer und Maler Giovanni Maria Nosseni, dessen Aufgabe vornehmlich auch die „Inventionen" nach italienischem Vorbilde waren, das heißt Aufzüge zu Fuß, zu Pferde und auf phantastischen Wagen in glänzenden Kostümen. Jahrzehntelang war er der Regisseur der Dresdener Hoffeste[16]. Bei einem Kaiserbesuche stellte man in Dresden 1575 Feuerwerksfiguren, Herkules und wilde Männer mit Tieren, auf. Aus dem Jahre 1582 ist als Abschluß einer fünftägigen Festlichkeit zur Hochzeit eines Prinzen ein Feuerwerk bekannt, bei dem nahezu 8000 Feuerwerkskörper zur Entladung kamen. Dann fand 1604 zur Hochzeit des Bruders des Kurfürsten ein Feuerwerk statt, das als Aufbau einen wunderlich mit Tierköpfen und Drachen besetzten Felsen zeigte, ähnlich den italienischen Feuerwerksdekorationen dieser Art. Vor ihm erhoben sich Standbilder von Kriegern in antiker Rüstung und von allegorischen Frauengestalten. Alle diese Figuren blitzten Feuer. Die Feuerwerksaufbauten dieser drei Veranstaltungen dürften von Nosseni geschaffen worden sein, wenn auch die Radierung, die uns von letzterem Fest Kunde gibt, nur den Zeugmeister Georg Buchner nennt, der es geordnet, bestellt und vollbracht habe. Er ist zu Pferde sitzend und so das Feuerwerk leitend auf dem Blatte dargestellt. Das war eben der Pyrotechniker, während der Name des Dekorationskünstlers verschwiegen wird.

Es folgen dann in Dresden die vielen Feuerwerke zu den Hochzeiten der Kurfürsten und Prinzen und aus anderen freudigen Anlässen. Schon der Großvater Augusts des Starken, Johann Georg II., war ein geschickter Festgestalter, der sich auch besonders für die Feuerwerksvorstellungen begeisterte. Davon zeugt ein im Jahre 1671 von einem Schreibmeister IBZ kunstvoll geschriebener Folioband, der sich jetzt in der Preußischen Staatsbibliothek zu Berlin befindet (Ms. germ. 2° Nr. 297). Darin sind auf 47 Blättern Inhalt und Abfolge von fünf Feuerwerken sehr genau geschildert, die laut Titelaufschrift der Kurfürst, zuerst noch als Kurprinz, „selbst angegeben und fertigen laßen, auch theils selbst laboriren helffen und verbrandt" hat. Es handelt sich um Feuerwerke in den Jahren 1635, 1637, 1638, 1650 und 1662. Drei von ihnen sind allegorisch-moralische Vorstellungen, die beiden letzten weisen als Thema die Sage von der Eroberung des Goldenen Vließes durch Jason auf. Meist erfolgt die Vorführung als Pantomime mit Feuerwerkskämpfen, eine dieser fünf Schaustellungen ist ein Feuerwerk mit plastischen Figuren, ähnlich dem von 1604. Verschiedene dieser Feuerwerke entwickeln sich an einer Burganlage.

Die Festlichkeiten am sächsischen Hofe nehmen nun Riesenmaße an. Im Februar 1678, gegen Ende der Regierung des festfreudigen Johann Georg II., kommen die Angehörigen des

Hauses Wettin zu einer „durchlauchtigsten Zusammenkunft" nach Dresden, und einen ganzen Monat lang reiht sich Fest an Fest. Aufzüge, Tierhetzen, Ringstechen und andere ritterliche Spiele, Opern, Ballette lösen einander ab. Und auch eine Feuerwerkspantomime wird aufgeführt: „des Herculis Feuer-Werck auf dem hohen Walle in der churfürstlichen Residenz-Stadt Dresden." Die drei Furien, die wegen ihrer Schandtaten in die Hölle verbannt worden waren, haben sich nebst dem Höllenhund Zerberus wieder in die Welt eingeschlichen, die sie mit Rachgier, Haß, Neid, Krieg usw. verwirren, so daß die Gefahr besteht, „die ganze Machina der Welt werde zu Sumpff und Boden getrieben." Herkules erhält den Befehl, die Furien und Zerberus zu vertreiben, und kämpfend besiegt er sie unter großem Aufwand explodierender Feuerwerkskörper.

Unter August dem Starken, diesem typischen Herrscher der Barockzeit, gibt die Anwesenheit des dänischen Königs in Dresden 1709 wieder Gelegenheit, einen Monat lang zu feiern. Die verschiedenen Festlichkeiten wurden in Gouachemalereien der Maler Johann Samuel Mock und Johann Gottlob Schoene festgehalten, die sich heute im Dresdener Kupferstichkabinett befinden. In diesem Festmonat wird auf der Elbe auch ein Feuerwerk abgebrannt, das die Belagerung von Ryssel darstellen sollte. Der sächsische Kurfürst hatte es nach dem gleichzeitig gedruckten Bericht „selbst inventiret und also ordiniret". Es war wie schon frühere Dresdener Feuerwerke in mehrere Akte eingeteilt. Zunächst wurde von Schiffen aus eine italienische Serenade gesungen, dann erst begann das Feuerwerk, der Angriff vom Lande her und die Abwehr vom Kastell aus mit Geschützen und unter Verwendung von Feuerwerkskörpern — es sollen 150 000 gewesen sein. Das Kastell, ein Abkömmling des alten Feuerwerkschlosses, bestand aus einem dicken zweistöckigen Turme und aus Festungsmauern.

Die Hochzeit des Kurprinzen mit der Erzherzogin Maria Josepha im Jahre 1719 zeigt den sächsischen Hof abermals in vollem Glanze, allerdings zu einer Zeit, als schlimme Teuerung im Lande herrschte. Vorsorglicher Weise wurden in Dresden Bürgermiliz und Militär aufgeboten, damit nicht etwa die Veranstaltungen des Hofes und die Schaulust der herbeiströmenden Fremden durch Unruhen des darbenden Volkes gestört werden möchten. Diese Festlichkeiten, die alles bisher in Dresden Dagewesene in den Schatten stellten, wurden ebenfalls von August II. selbst bis in die Einzelheiten erdacht und geleitet; sie dauerten wieder einen Monat. Auch jetzt noch traten die Fürstlichkeiten und der Adel nicht nur als Zuschauer, sondern als Mitwirkende bei den Wettkämpfen und theatralischen Vorführungen auf. Die künstlerische Ausführung der Dekorationen, Kostüme usw. wurde dem Theaterarchitekten Alessandro Mauro übertragen, der im Jahre 1718 aus Venedig nach Dresden berufen worden war. Nach den Aufzügen, den verschiedenen Arten der Leibesübungen, den Jagden und den Theaterspielen bildete ein prächtiges Feuerwerk auf der Elbe und auf dem Ufer gegenüber dem holländischen oder, wie es jetzt genannt wird, japanischen Paiais den Auftakt zu den nun unter der Bezeichnung der sieben Planeten folgenden und einheitlich zusammengefaßten Festlichkeiten. Das Land- und Wasserfeuerwerk ging als Pantomime von statten, und zwar wiederum wie schon früher war es die Sage von der Eroberung des Goldenen Vließes, die ihr zu Grunde lag. Das Spiel stand diesmal in besonderer Beziehung zu den Geschehnissen, da soeben dem Kurprinzen der Orden des Goldenen Vließes vom Kaiser verliehen worden war. Man sah das Schloß des Königs Aietes auf Kolchis, den Sieg der Flotte der Argonauten über die des Königs, die Verteidigung des Vließes durch den Drachen und Seeungeheuer, Jasons Kampf gegen die feuerspeienden Stiere, gegen die aus den Schlangenzähnen erwachsenen Krieger, die Überwindung des Drachens mit Hilfe von Medea und schließlich die Siegesfeier Jasons[17].

Im Januar 1747 wurde die Vermählung der sächsischen Prinzessin Maria Josepha mit dem französischen Dauphin gefeiert. Auf einem Riesenkupfer aus zwei Blättern bestehend, ungefähr 1¼ m breit und 80 cm hoch, ist der prunkvolle halbrunde Aufbau für das aus diesem Anlasse abgebrannte Feuerwerk wiedergegeben. Im Juni desselben Jahres veranlaßte die Doppelhochzeit des sächsischen Kurprinzen mit einer bayerischen Prinzessin und des bayerischen Kurfürsten mit einer sächsischen Prinzessin ein Feuerwerk in Pillnitz, bei dem der Aufbau auch in Form der deutschen Feuerwerksbühne erfolgte. Es sollen dabei über 23 000 Raketen in die Höhe geschossen sein. Selbst das sogenannte Lustlager in Mühlberg 1730 mit Manövern und Paraden des sächsischen Heeres in Anwesenheit des Königs August II. und des Königs von Preußen wurde durch ein ausgiebiges Feuerwerk von neun Uhr abends bis zwei Uhr nachts abgeschlossen. Zu den verschiedensten Gelegenheiten, die das Herrscherhaus oder Staatsereignisse betrafen, fanden auch umfangreiche Festbeleuchtungen in Dresden statt, so besonders im Jahre 1738 bei der Vermählung der Prinzessin Amalia mit König Karl von Sizilien.

Die Anfänge der Feuerwerkskunst in München am Hofe der bayerischen Herzöge bzw. Kurfürsten wurden schon ausführlich besprochen. Diese Veranstaltungen gelangten ja dadurch zu größter Bedeutung, daß von dem Aufbau der Festvorstellung am 1. Oktober 1662, bewirkt durch Francesco Santurini, die neue Form der zentralperspektivischen, bühnenmäßigen Aufstellung der Dekorationen ausging und für die Zukunft in Deutschland maßgebend wurde. Noch entscheidender als in Wien und Dresden griffen hier in München italienische Einflüsse in die Entwicklung ein. Jedoch der eigentliche Leiter der Münchener Feuerwerke zu Santurinis Zeit war der Oberfeuerwerksmeister Christoph Helle, der zwei Jahrzehnte hindurch, 1662 bis 1682, die regelmäßig an den Geburtstagen des Landesherrn oder auch die zu Ehren anderer Fürsten und geistlicher Würdenträger stattfindenden Feuerwerke besorgte. Und es scheinen nicht nur die pyrotechnische Ausstattung, sondern auch die Aufbauten sein Werk gewesen zu sein. Wohl geht er für seine Dekorationen in Einzelheiten gelegentlich noch auf das Schloßfeuerwerk zurück, aber im allgemeinen ist sein Bestreben doch, das von Santurini in der Medea vendicativa gegebene Vorbild zur deutschen Feuerwerksbühne voll zu entwickeln. Eine solche wird auch 1688 zur Hochzeit einer bayerischen Prinzessin mit dem Erbprinzen von Toskana wieder aufgebaut. Als besonders reizvoller Schauplatz wurde sodann im Jahre 1722 zur Hochzeit des Kurprinzen mit der Erzherzogin Marie Amalie das Gestade des Starnberger Sees gewählt, an dem sich das Abbrennen der Feuerwerkskörper um eine Gruppe allegorischer Figuren abspielte. Für ein zweites Feuerwerk zu derselben Gelegenheit wird die deutsche Feuerwerksbühne benutzt. Im Jahre 1747 bei der Vermählung des Kurfürsten Maximilian Joseph III. und

1765 bei jener des Kaisers Joseph II. mit einer bayerischen Prinzessin fanden in Nymphenburg Feuerwerke statt. Beide Male wurde die gerade Schauseite des Aufbaues gegenüber der Rückseite des Schlosses mit Anlehnung an die davor befindlichen Wasserbecken errichtet. Die reich gegliederte Dekoration des Jahres 1747 mit den mannigfaltigen Feuerausbrüchen ist auf einem Kupferstiche von beinahe 1 m Höhe und 60 cm Breite zu sehen, den der „Tormentarius", also der Feuerwerksmeister, Matthias Wieland selbst gestochen hat. Der Aufbau von 1765 ist nach der Aufschrift eines Kupferstiches von dem Oberbaumeister Ch. A. de Lespilliez entworfen worden. Auch der neben letzterem mit demselben Titel am bayerischen Hofe tätige François de Cuvilliés der Jüngere hat im Jahre 1770 einen prachtvollen zweigeschossigen Säulenbau mit Kuppel, Bildwerken und Springbrunnen für ein Nymphenburger Feuerwerk geschaffen (*Abb. 28*). Es ist einer der in Deutschland seltenen Feuerwerkstempel reiner Form.

Im 19. Jahrhundert scheint in München die Sitte, Feiern des Königshauses durch großangelegte Feuerwerke zu betonen, beträchtlich nachgelassen zu haben. Vom 25jährigen Regierungsjubiläum des Königs Maximilian Joseph I. im Februar 1824 hören wir nur von einer umfangreichen Festbeleuchtung, in deren Mittelpunkt der Maximilianplatz stand, der von Bögen im italienischen Renaissancestil umgeben war. Dazwischen waren größere Wandflächen mit erleuchteten Transparentgemälden und Pylonen, auf denen Feuervasen brannten, angebracht. Entworfen waren diese Aufbauten vom Baurat Johann Ulrich Himbsel. Aber gegen Ende des Jahrhunderts erlebt München ein Feuerwerkschauspiel, wie es mit solchem Aufwande wohl noch nie in Deutschland gesehen worden war, eine Vorführung alten römischen Stils, die von G. Ersoch und V. Ribacchi aus Rom, von denen ersterer auch die dortigen großen Feuerwerke am Nationalfeste leitete, entworfen wurde. Es fand statt zur Zentenarfeier der Geburt König Ludwigs I. von Bayern im Jahre 1888 und war von der römischen Stadtverwaltung der Stadt München gestiftet worden. Die Kosten sollen 100 000 Lire betragen haben. Auf der Theresienwiese waren zu Seiten der Ruhmeshalle und der Bavaria in natürlicher Größe Nachbildungen der Befreiungshalle in Kehlheim und der Walhalla bei Regensburg entstanden, und die Ruhmeshalle wurde dann noch von einer Nachahmung des Germaniadenkmals auf dem Niederwald überragt. Um diese Monumentalbauten spielte das Feuerwerk in verschwenderischer Fülle. Nach römischem Muster stiegen Girandolen bis zu 4500 Raketen auf.

Wie wir von Italien her wissen, wurden und werden dort kirchliche Feste auch mit Feuerwerk gefeiert. Diesseits der Alpen kommt das seltener vor. Ein Beispiel hiervon aus älterer Zeit findet sich in Bayern. Im Jahre 1699 begehen die regulierten Chorherren des Augustinerordens zu Ranshofen in Bayern acht Tage lang das 800jährige Stiftungsfest ihres dortigen Klosters. Dabei gibt es auch zwei Feuerwerke, von denen das eine dem Ortspatron, dem heiligen Pancratius, gewidmet ist. Die Aufstellung hierzu erfolgte als deutsche Feuerwerksbühne, in der Mitte stand eine Ehrenpforte, durch deren Öffnung hindurch man die Fortsetzung der perspektivisch gesetzten Bäumchen der Dekoration sah. Für das andere Feuerwerk war ein kleines burgartiges Schloß inmitten eines Wasserbeckens hergestellt worden.

Ebenso wie in Wien, Dresden und München gehörte am brandenburgisch-preußischen Hofe

Feuerwerk zur Verschönerung der Feste. Auch hier haben wir Kenntnis von Feuerwerken aus der zweiten Hälfte des 16. Jahrhunderts, die anläßlich der Geburten von Prinzen oder der Besuche auswärtiger Fürsten bei dem kurfürstlichen Schloß in Berlin an oder auf der Spree abgebrannt wurden. Es handelte sich um Feuerwerkskämpfe, Schloßfeuerwerk, Land- und Wasserfeuerwerk mit Hilfe plastischer Figuren. Auch aus Küstrin vom Jahre 1595 ist ein Figurenfeuerwerk bekannt. Dargestellt war auf einer Weltkugel stehend ein römischer Held „mit viel seltsamen Schlägen vom Scheitel bis zur Sohle". Desgleichen aus dem 17. Jahrhundert wissen wir von einer Anzahl Feuerwerke. Unter den Vorstellungen des 18. Jahrhunderts sind die bedeutendsten das Feuerwerk, das als Abschluß der Einzugsfeierlichkeiten nach der Krönung Friedrichs I. in Königsberg 1701 in der Gegend des jetzigen Potsdamer Platzes zu Berlin vor sich ging, ferner diejenigen vom Jahre 1706 zur Hochzeit des Kronprinzen Friedrich Wilhelm, von 1708 zur Hochzeit des ersten Preußenkönigs mit seiner dritten Gemahlin und von 1728 in Charlottenburg (*Abb. 30*) anläßlich des Besuches des Königs von Polen. Die beiden letzten waren wohl die reichhaltigsten der preußischen Feuerwerke, obgleich das von 1728 gerade unter der Regierung des sparsamen Soldatenkönigs Friedrich Wilhelm I. stattfand.

Die Aufbauten der preußischen Feuerwerke des 17. und 18. Jahrhunderts sind gewöhnlich zentralperspektivisch angeordnet oder bestehen auch nur aus einem Wappen oder Namenszug zwischen zwei Säulen bzw. anderen Zierstücken. Architektonische Dekorationen besonderer Eigenart sind hierbei wohl kaum entstanden, dagegen macht sich viel allegorisches und emblematisches Beiwerk bemerkbar; Bildwerke werden gern verwendet. Von solchen für den Aufbau von 1728 ist schon gesprochen worden, auch bei dem Feuerwerk des Jahres 1708 wurden sie reichlich innerhalb der architektonischen Dekoration angebracht, die nach der schon vor dem Festtage abgefaßten Beschreibung eine Höhe von ungefähr 36 m erreichte, „also ein merkliches höher als das Königliche Schloß". Von den hierbei verwendeten Figuren heißt es: sie waren „weder gemahlt noch illuminiert, sondern nach ihren äußersten Umrissen mit Feuer gezeichnet, also daß alles, was andere Nationes in ihren Feuerwerken durch Hülfe der Lichter und Schildereien vorstellen, allhier mit lauter Feuer ausgedrücket sein wird." Der vierte Akt spielte sich auch hierbei auf dem Wasser ab. Gerade am preußischen Kurfürsten- bzw. Königshofe erfreute sich das Wasserfeuerwerk, eine durch das Zusammentreffen der beiden feindlichen Elemente besonders reizvolle Schaustellung, großer Beliebtheit. Im Gegensatze zum Feuerwerk auf festem Boden bedurfte das Wasserfeuerwerk keiner besonders hergerichteten Bühne bzw. Szenerie. Es genügte die spiegelnde Wasserfläche, auf der man diese oder jene Feuerwerkstücke abbrannte oder die man mit allerhand Wesen bevölkerte, mit feststehenden Figuren oder solchen, die sich dort schwimmend bewegten bzw. in Schiffen fuhren. Meer- und Flußgötter und phantastische Wassertiere waren das Gegebene, einerlei, ob sich das Feuerwerk auf der Spree oder anderwärts entlud. Eine der frühesten Veranstaltungen dieser Art in Deutschland war das Berliner Wasserfeuerwerk von 1595.

Unter der Regierung Friedrichs des Großen scheinen Feuerwerke großen Stils nur selten zur Ausführung gekommen zu sein. Wir hören von einem solchen im Rahmen von zwei

Festspielwochen, die im August 1750 zu Ehren hoher Gäste in Berlin veranstaltet wurden. Theateraufführungen standen hier jedoch im Mittelpunkt der Unterhaltung. Im nächsten Jahre wurde im Berliner Opernhause die Oper Armida, Text nach Tasso von Villati, Musik von Graun, aufgeführt. Die prächtigen Bühnenbilder schuf Giuseppe Galli Bibiena, der Sohn des Ferdinando, dessen Festbeleuchtung am Palais Liechtenstein in Wien wir kennengelernt haben. Das Spiel erfuhr nach altitalienischer Art eine Steigerung durch Verbindung mit Feuerwerk, in dessen Verlaufe der Palast der Armida in Flammen aufging. Für diese Veranstaltungen war der Pyrotechniker Angelo Galiani aus Bologna berufen worden[18], der auch den schon erwähnten fünfteiligen Pyramidenaufbau für ein Feuerwerk zu einem Geburtstage im Königshause hatte erstehen lassen. Das einzige Feuerwerk zu Zeiten Friedrichs des Großen, das sich in den Bahnen der preußischen Überlieferung bewegte, dürfte jenes zur Hochzeit des Thronfolgers, des späteren Königs Friedrich Wilhelm II., 1765 im Park von Charlottenburg gewesen sein, das sich jedoch gegen die früheren Veranstaltungen dieser Art bescheiden ausnimmt. Es bestand nur aus zwei Akten, dem einen auf dem Lande, dem anderen auf dem Wasser, unter ausgiebiger Verwendung schwimmender Bildwerke.

Die preußische Artillerie befaßte sich bis zum Jahre 1828 auch mit der Lustfeuerwerkerei und gab zur Feier des Geburtstages des Königs jedes Jahr eine Vorstellung als Probe ihrer Leistungsfähigkeit auf diesem Gebiete. Im Jahre 1820 stammte der Entwurf für den Feuerwerksaufbau der Gardeartillerie, die Propyläen mit Quadriga, von Karl Friedrich Schinkel. Außer Berlin sah dann noch die preußische Krönungstadt Königsberg namhafte Feuerwerke ähnlicher Art wie dort. In Berlin, aber auch in anderen preußischen und sonstigen deutschen Städten fand sich im 18. und beginnenden 19. Jahrhundert häufig Veranlassung zu Illuminationen, über die dann betriebsame Verleger gedruckte Berichte herausbrachten. In ihnen wurden Illuminationschmuck und Transparente, auf denen schriftlich oder bildlich die Untertanen gute Gesinnung, Gehorsam und Ergebenheit ihrem Landesvater gegenüber zum Ausdruck brachten, Haus für Haus genau registriert. Und das war keine schlechte Spekulation der Verleger, denn jeder wollte doch das Buch, in dem sein Name glänzte, auch besitzen.

Auch an den kleineren Höfen Deutschlands wie Stuttgart, Heidelberg, Würzburg, Kassel, Hannover, Münster, Paderborn, Bonn, Düsseldorf, Zerbst tat man es bei den Festen nicht ohne Feuerwerk. Balthasar Neumann, Johann Conrad Schlaun, Johann Christoph Schütze, Johann Christian von Mannlich und andere entwarfen die Dekorationen für sie, es entstehen Feuerwerkschlösser und Feuerwerksbühnen, auch Feuerwerkspantomimen werden gespielt. Nach bewährtem Schema wird gebaut, aber doch werden die üblichen Formen meist mit neuen künstlerischen Zügen ausgestattet. Den deutschen Residenzen schließt sich die Freie Reichsstadt Frankfurt am Main ebenbürtig an. Wenn dort Kaiserwahlen und Krönungen im Gange waren, erstrahlte sie zeitweilig in höfischem Glanze. Die Kurfürsten bzw. ihre Vertreter mit ihrem großen Gefolge quartierten sich in der Stadt ein, aber auch die Könige von Frankreich und Spanien schickten ihre Gesandten, die bei den Geburtstagsfeiern des Kaisers und anderer Herrscher die durch sie vertretene Macht recht augenfällig, hauptsächlich durch aufwändige Feuerwerke und Beleuchtungen, vorzustellen trachteten. Wie in Dresden und Berlin ist auch hier in einigen Fällen der Fluß die Schaustätte, auf der sich diese Feste abspielten. In früher Zeit handelte es sich um Schloßfeuerwerke, so bei den Kaiserwahlen 1558, 1562 und 1612 sowie am Geburtstage des Kaisers 1661. Auch der Gesandte des Königs von Frankreich feiert in demselben Jahre so die Geburt des französischen Thronfolgers. Selbst bei einem Schützenfeste 1671, also bei einer rein bürgerlichen Feier größeren Ausmaßes ohne Beziehung zu irgendeinem Staatsereignisse, bedient man sich dieser Form des Feuerwerksgerüstes. Zur Wahl und Krönung Karls VII. in den Jahren 1741 und 1742 war in Frankfurt das Prunkvollste des dort im Laufe der Zeiten Gebotenen zu sehen. Der spanische Gesandte, Graf von Montijo, der Großvater der nachmaligen Kaiserin Eugenie von Frankreich, und der französische, Graf de Belleisle, wetteiferten in festlichen Veranstaltungen miteinander. Während ersterer für seine Feuerwerke, von denen wenigstens das eine bestimmt von einem Deutschen, dem Artillerieoberst J. F. von Uffenbach, erfunden und geleitet wurde *(Abb. 29)*, die deutsche Feuerwerksbühne benutzte, beauftragte der Graf de Belleisle mit der Ausführung den französischen Ingenieur de Mouy, der einen fünfteiligen Pyramidenaufbau auf einer im Main schwimmenden Plattform errichtete.

Die beiden anderen bedeutenden Reichsstädte Süddeutschlands, Nürnberg und Augsburg, treten in Bezug auf feuerwerkliche Prachtentfaltung gegen Frankfurt zurück. Wohl ist Nürnberg eine Lehrstätte tüchtiger Feuerwerker gewesen, auch die erste bildliche Aufnahme eines Feuerwerks stammt von dort. Es ist der schon erwähnte Holzschnitt, der dem Erhard Schön zugeschrieben wird und ein Feuerwerkschloß von 1535 darstellt *(Abb. 18)*, wie solche später auch noch ein paarmal in Nürnberg vorkommen. Dagegen scheint auf reichere Ausstattung bei den dann folgenden Feuerwerken wenig Wert gelegt worden zu sein. Den Mittelpunkt des Feuerwerks, mit dem im Jahre 1650 die Ratifizierung des Friedensvertrages von Osnabrück, der den Dreißigjährigen Krieg beendete, durch den Vertreter des Kaisers, den General Ottavio Piccolomini, gefeiert wurde, bildete auch ein Feuerwerkschloß. Ihm war das „Kastell des Friedens", ein Pavillon mit Tannengrün bekleidet, gegenübergesetzt worden, in dem sich die Fürstlichkeiten und Gesandten versammelten. Von hier aus wurden mittels Schnurfeuer die am „Kastell des Unfriedens" angebrachten Feuerwerkskörper entzündet, bis letzteres schließlich die Flammen verzehrten. So wurde der Friede in den deutschen Landen nach dem langen, verwüstenden Kriege symbolisch besiegelt.

Das erste Buch, das nur von Lustfeuerwerk ohne Berücksichtigung des Kriegsfeuerwerks handelt, das Werkchen des Johann Schmidlapp mit dem Titel: „Künstliche und rechtschaffene Feuerwerck zum Schimpff", wurde in Nürnberg gedruckt. Geschrieben wurde es 1560, und wahrscheinlich stammt die erste Ausgabe ebenfalls aus diesem Jahre, während uns als früheste Ausgaben nur die von 1590 und 1591 erhalten geblieben bzw. bekannt zu sein scheinen[19]. Einer der Abschnitte ist überschrieben: „ein schöner Unterricht, wie du sammt einer Gesellschaft in Faßnacht, oder anderen gelegenen Zeiten, ein schöne Mummerey von vorgemelten Feuerwercken zurichten solt." Darin werden die Feuerwerkswaffen beschrieben und abgebildet. Die wilden Männer des Schembartlaufes waren ebenfalls mit dergleichen ausgestattet. Von derselben Nürnberger Druckerei wurde 1591 auch die „Büchsenmeisterey" des Franz Joachim Brechtel herausgebracht, in der zum ersten Male Beispiele von Feuerwerkschlössern gezeigt werden. Von Augsburg ist außer dem schon vorher erwähnten Feuerwerk vom Jahre 1519 kaum etwas zu berichten. Paul von Stetten sagt in seiner Kunstgeschichte Augsburgs: „nun kann man sich sehr leicht vorstellen, daß weder unsere Stadt noch ihre reichen Bürger und Inwohner jemals die oft übermäßigen Kosten darauf verwendet haben, die zu einem großen Lust-Feuerwerk erfordert werden[20]."

Die Herrichtung und Ausführung von Feuerwerken lag in Deutschland seit den frühesten Zeiten in Händen der Feuerwerker, die eine Zunft mit Meistern, Gesellen und Lehrlingen bildeten[21]. Vorzüglich und in erster Linie waren sie für das Ernst-, das heißt Kriegsfeuerwerk tätig, aber auch das „Schimpffeuerwerk" übten sie aus. Hiermit hängt zusammen, daß diese deutschen Pyrotechniker nach dem für sie Nächstliegenden griffen, wenn es galt, ein Lustfeuerwerk auszugestalten, und nun als Schauplatz eine Burg aufbauten, die sie mit Feuerwerkskörpern versahen, wie es ja ihr Beruf war, Festungen kriegsmäßig zu bestücken oder zu beschießen. So entstand das Feuerwerkschloß, und man muß sagen, daß diese Pyrotechniker hiermit eine Schaubühne schufen, die sachlich begründet dem verwendeten Stoff entsprach. Von den deutschen Feuerwerkern wurde als Probestück bei den Meisterprüfungen auch die Ausführung eines Lustfeuerwerks verlangt. Von ihnen sind uns etliche durch Abbildungen bekannt geworden, so von Nürnberg 1635, 1659, 1661 und 1665, ferner ähnliche Probestücke von Wien 1732, 1733, 1734 und 1745, wo städtische Beamte als Schüler des Artilleriehauptmanns und Zeugwarts Anton Ospel im Kanonier- und Feuerwerkswesen unterrichtet wurden.

Im Laufe des 17. Jahrhunderts wird die Artillerie hier und da militarisiert, das heißt die Leitung wird Offizieren übertragen, die nicht zur Zunft der Feuerwerker und Büchsenmeister gehörten, und es wird nun auch von der so umgestalteten Artillerie die Lustfeuerwerkerei besorgt, wie sie für die Festlichkeiten der deutschen Höfe benötigt wurde. Die berühmten Architekten Balthasar Neumann und Johann Conrad Schlaun waren Artillerieoffiziere, sie werden für ihre schon erwähnten Feuerwerke sich nicht nur den Aufbau, sondern auch den pyrotechnischen Teil sachkundig besorgt haben. Bei den so überaus reich und verwickelt bestückten Feuerwerken kam es darauf an, mit peinlichster Genauigkeit den richtigen Zeitpunkt für das Anzünden der Einzelstücke zu treffen und somit einen harmonisch-rhythmischen Verlauf zu gewährleisten. Das paßte zur straffen soldatischen Disziplin, und so sehen wir, wie in Norddeutschland das Abbrennen der großen Feuerwerke vollkommen militärisch organisiert war. Bei dem Feuerwerk in Charlottenburg 1728 waren 22 Offiziere, 12 Feuerwerker, 37 Bombardiere und 38 Feuerwerksbediente tätig, und in Herrenhausen 1821 am Jahrestage der Leipziger Völkerschlacht wurden die vier Akte des Feuerwerks je durch einen Kapitän und je zwei von ihnen wieder durch einen Stabsoffizier kommandiert. In Preußen wird die Lustfeuerwerkerei erst im Jahre 1828 als Ausbildungsgegenstand der Artillerie abgeschafft, aber, da der Hof ihrer immer noch bedurfte, wird sie dem Geheimen Raketen-Laboratorium in Spandau als neuer Betriebszweig hinzugefügt.

Schließlich sei noch einer besonderen Gattung von Illuminationsvorstellungen, die zuweilen auch mit Feuerwerk verbunden waren, gedacht. Sie traten einmalig in Erscheinung, doch war ihnen kein langes Dasein beschieden. Als Selbstzweck, nicht als dienendes Glied bei der Aufführung eines Stückes, wurden sie auf der Bühne eines geschlossenen Raumes veranstaltet. Thomas Lediard, Sekretär des englischen Gesandten in Hamburg, der auch von 1722–1728 Direktor des dortigen Opernhauses war, schaltete bei Gelegenheit fürstlicher Geburtstage und anderer Feiern in Opern oder Serenaden Zwischenszenen mit zentralperspektivischen Dekorationen in festlicher Beleuchtung ein. Meist waren auf ihnen auch Ansichten aus dem Lande des gefeierten Fürsten dargestellt, zum Beispiel London, davor Wache haltende Grenadiere, aus deren hohen Blechmützen kleine Raketen und andere Feuerwerkskörper aufstiegen. Lediard mag der Erfinder dieser besonderen Form von Illuminationen und Feuerwerken gewesen sein, er behauptet auch in dem Druckwerk, das von ihnen Kunde gibt, er „muste das Project eines illuminirten Theatri entwerffen, auch selbiges zur Execution bringen", weil „kein eigentlicher dazu bestellter Mahler . . . bei der Opera engagirt gewesen." Aber wir wissen jetzt, daß gerade zu jener Zeit, als diese Veranstaltungen stattfanden, 1724–28, Jacopo Fabris als Theatermaler am Hamburger Opernhause tätig war[22]. Und letzterer wird es wohl auch gewesen sein, der die Bühnendekorationen nach den Angaben Lediards ausführte.

Die Niederlande, die nordischen Reiche und England

Die Feuerwerkskunst, die ihren Ursprung in Italien genommen und sich in Deutschland kräftig und auf eigenen Wegen weiter entwickelt hatte, griff von hier auch auf die Nachbarländer über, wo sie in den Niederlanden auf den ihr vom deutschen Vorbilde gegebenen Unterlagen eine weitere Ausbildung erfuhr. Zunächst mögen jedoch noch einige Worte über die Festbeleuchtungen gesagt werden, die dort in dem lebensfrohen flämischen Teil schon früh und vielfach bei feierlichen Anlässen gang und gäbe waren. Ehrenpforten und lebende Bilder wurden mit Fackeln, Kerzen und anderem illuminiert. Im Jahre 1635 beim Einzuge des spanischen Infanten Ferdinand in Antwerpen sah man eine ganze Reihe solcher Triumphbogen in reichster Aufmachung nach Entwürfen von Peter Paul Rubens. Sogar bewegliche Illuminationseinrichtungen kamen vor, so 1549 in Antwerpen, wo an einer Ehrenpforte ein großes drehbares Rund, den Himmel darstellend, angebracht war. Daran waren, in Kreisen angeordnet, mehr als hundert Lämpchen aufgehängt. Zur Festbeleuchtung in den Straßen verwendete man schon frühzeitig in verschiedenen Ländern Fässer, mit Pech oder Reisig gefüllt, die man in den Straßen aufstellte und anzündete. Vornehmer war es, in den Fässern oder auch Pfannen Ambra, Weihrauch und Mastix zu verbrennen, deren Düfte vom Winde weit in die Umgebung getragen wurden. Wie man von dem einfachen Rahmenkasten oder dem mit Feuerwerkskörpern vollgestopften Faß zu einer Kunstform, dem Feuerwerkschlosse, gelangte, so entwickelte sich auch aus dem primitiven Pechfasse das kunstvollere Gebilde der Feuerbäume, hoher Masten mit Pechtöpfen, auf mehreren quirlförmig übereinander angesetzten Gestellen verteilt, die vornehmlich in den Niederlanden zu Hause waren (*Abb. 31, 32*). Sie wuchsen weiter aus zu Obelisken oder turmartigen Gerüsten aus Lattenwerk, die mit Lämpchen besetzt waren wie zum Beispiel in Gent 1717.

Für Feuerwerk ist in den Niederlanden bis gegen Ende des 17. Jahrhunderts kein einheitlicher, organisch zusammenfassender Aufbau erkennbar. Am häufigsten sieht man noch die oft mit Wappen oder anderen Sinnbildern verzierten Feuerbäume aufgestellt, bei denen auch einige Raketen abgeschossen werden. Schloßfeuerwerke kennt man, wie es scheint, im 16. und beginnenden 17. Jahrhundert, als sie in Deutschland schon üblich waren, dort noch nicht. Erst im Lehrbuche des Daniel Manlyn, 1678 in Amsterdam gedruckt, werden sie beschrieben und abgebildet. Übrigens schwamm im Haag 1713 und 1746 auf dem Wasser neben dem großen Aufbau, wie er sogleich gezeigt werden wird, ein Miniaturfeuerwerkschloß der alten ursprünglichen Art, die zu jener Zeit gerade in den Niederlanden schon eine Weiterentwicklung und Umwandlung erfahren hatte. Schon dem unverfälschten Feuerwerkschlosse wohnt späterhin oftmals ein anderer Sinn inne als der eines Kampfschauplatzes. Das war der Fall bei den zur Feier der Befreiung Ofens von den Türken im Jahre 1685 zu Brüssel errichteten zwei Aufbauten, von denen der eine, ein mit Fahnen und Doppeladler geschmückter Turm, „Castrum triumphans, lucens et ardens" (*Abb. 31*) genannt wird. Und die in Antwerpen 1690 über Grottenwölbungen erbaute Burg für Feuerwerkzwecke, die in einer riesigen Kuppel endete, sprengte sichtbar die Fesseln alteingewurzelter Gewohnheit und schuf aus der kriegerischen Feste ein architektonisches Denkmal.

Dann tritt aber im Jahre darauf zum ersten Male voll ausgebildet die Form des Feuerwerksaufbaues in Erscheinung, die nun für die nördlichen Niederlande, das heutige Holland, charakteristisch werden sollte. Wie dort sehr häufig war er auf einer Plattform, die auf dem Wasser schwamm, errichtet worden. Bei dieser aus dem Schloß entstandenen Feuerwerksbühne im Haag vom Jahre 1691 (*Abb. 32*) ist der viereckige Grundriß geblieben, die Umwehrung besteht aber nur noch aus einem Raketenzaune, das heißt einem Zaune, an dem die Raketen mit ihren Stöcken eine neben der anderen befestigt sind; er ist hier an die Stelle des früheren Walles getreten. Die geschlossenen Mauern der Burg haben sich aufgelöst in einzelne schmuckhaft ausgestaltete Raketenkästen, in denen Raketen bis zur gleichzeitigen Abfeuerung von hier aus aufbewahrt wurden und die bis dahin mit einem Deckel verschlossen waren. Die vier Ecken dieses Mauerersatzes, an denen sich sonst die Nebentürme, die Bastionen, befanden, werden auch hier wieder betont, und zwar durch besonders große Raketenkästen. In der Mitte, wo sich bisher der Hauptturm erhob, stehen zwei Obelisken, die ein Monogramm mit Krone einfassen. Die Abkunft dieser holländischen Raketenzaunbühne, die so gar nichts Kriegerisches mehr an sich hat, aus dem Feuerwerkschloß wird erhärtet durch die Bezeichnung „Veldschans met vier Bolwerken" bzw. „Château ou Fort à quatre Bastions" in dem gleichzeitigen Bericht. Spätere Feuerwerke, meist im Haag, zeigen das Grundschema mit mannigfaltigen kleineren oder größeren Abänderungen. Die südlichen Bauformen werden übernommen, und so tritt der ursprünglich italienische Tempel hier auf, und zwar in der Mitte der Bühne innerhalb des Raketenzaunes, dessen vier Ecken eben durch Raketenkästen, Feuervasen oder andere Schmuckstücke stärker hervortreten.

Prüfen wir die verschiedenen Arten des architektonischen Feuerwerks auf ihre dem Zweck angepaßte Form, so werden wir in der holländischen Raketenzaunbühne eine der vollkommensten Lösungen erkennen, den architektonisch gehaltenen Aufbau mit den ornamental gestalteten und dekorativ verwendeten Feuerwerksbehältnissen und Feuerwerkstücken zu einer Einheit zu verschmelzen. Dagegen steht bei einigen anderen Feuerwerksformen der oft an sich recht kunstvolle Aufbau, an dem sich wohl manche Arten von Feuerwerkstücken sinnvoll zu den einzelnen Architekturteilen fügen, mit den Gestellen und Kästen für Raketen nur in losem Zusammenhange, ja man suchte sie bisweilen den Blicken der Zuschauer zu verbergen oder weitab von dem eigentlichen Aufbau unterzubringen, obgleich die Mitwirkung gerade der Raketen bei jedem Feuerwerk besonders stark in die Erscheinung tritt. Die holländische Raketenzaunbühne hatte sich zu ihrer besonderen Form offenbar unter dem Zwange der Verhältnisse ausgewachsen. Sie war gewöhnlich, wie bereits gesagt, auf einer im Wasser auf Schiffen oder auf andere Weise befestigten Plattform errichtet. Auf beschränktem Raume mußte eine große Anzahl von Feuerwerkstücken nebst dem Aufbau zusammengestellt werden. Sie konnten von allen Seiten gesehen werden, und es durften daher keine kunstlosen Gestänge gezeigt werden. Eine Umwehrung gegen das Abstürzen der Feuerwerker in das Wasser war auch erforderlich. Darum kam man auf den Gedanken, die Raketengestelle hierzu zu verwenden. In Fällen, in denen das Feuerwerk auf einer Fläche über dem Wasser aufgebaut werden sollte, gelangte man gelegentlich auch anderwärts zu ähnlichen, wenn auch nicht derartig ausgeglichenen Gestaltungen mit Einfassungen aus Feuerwerkskörpern, zum Beispiel in Lyon 1622 und in Paris 1623. Aber das waren nur Einzelerscheinungen, von denen keine richtungweisende Wirkung ausging.

Wie wir schon bei der deutschen Feuerwerksbühne gesehen hatten, wurden die Architekturteile in manchen Fällen beinahe restlos durch Bildwerke ersetzt; das ereignete sich auch bisweilen bei der holländischen Raketenzaunbühne. Ein Beispiel dieser Art ist das Feuerwerk im Haag vom Jahre 1702 (*Abb. 33*) nach dem Entwurfe des Jacob Roman, eine figurenreiche Gruppierung um eine Säule innerhalb der üblichen Umwehrung auf einer Plattform im Wasser. Desgleichen zeigt die Abbildung eines 1717 in Gent abgebrannten Feuerwerks ein Denkmal, und zwar ein schon bestehendes, das am Ende des 18. Jahrhunderts zerstörte Standbild Karls V. auf einer hohen Säule, um das die Feuerwerkstücke und Dekorationen in Form einer holländischen Raketenzaunbühne gestaltet waren.

Um die Mitte des 18. Jahrhunderts macht sich in den Niederlanden deutlich das Bestreben bemerkbar, den Aufbau, der bis dahin für ein von allen Seiten aus zu betrachtendes Schauspiel berechnet war, nach dem von Deutschland gegebenen Vorbilde in die zentralperspektivisch aufgestellte Feuerwerksbühne, die nur für eine Blickrichtung bestimmt war, überzuleiten, hier aber unter Beibehaltung der dekorativ behandelten Raketenkästen sowie des ebenso verwendeten Raketenzaunes, der unter Umständen in eine kunstvolle Brüstung umgewandelt wurde. Besonders großartig wurde der Aachener Friedensschluß nach einem Kriege, der hauptsächlich zwischen Spanien, Frankreich und Österreich geführt worden war, aber auch andere Staaten in Mitleidenschaft gezogen hatte, im Jahre 1749 durch ein Feuerwerk im Haag gefeiert. Der prächtige säulenreiche Aufbau hierfür (*Abb. 35*) ist das glänzendste Beispiel dieser besonderen Art der holländischen Raketenzaunbühne, bei der einheimisches Gut mit italienisch-französischen Architekturformen und deutscher Feuerwerksaufstellung zu geschlossener Wirkung gebracht wurde. Es ist recht bezeichnend für die Macht der Gewohnheit, daß der Tempel in der Mitte dieses Aufbaues nicht nur auf der Vorder-, sondern auch auf seiner Rückseite, die hier ja gar nicht mehr in der Blickrichtung lag, mit Transparentgemälden geschmückt war. Dieser Feuerwerksaufbau stand auf einer Plattform von 330 Fuß Länge und 111 Fuß Breite, die auf mehr als 3800 im Wasserbecken des Vyver eingerammten Pfählen ruhte.

Das schon vorher genannte Feuerwerk (*Abb. 29*), das im Auftrage des spanischen Gesandten im Jahre 1741 auf dem Main bei Frankfurt nach dem Entwurfe des Artillerieobersten Johann Friedrich von Uffenbach abgebrannt wurde, ist in der Form des Aufbaues offenbar eine Nachahmung der holländischen Raketenzaunbühne mit einigen Veränderungen und Vereinfachungen. Hinzugefügt wurden hier noch die Wassergötter und Nixen; für solche Figuren des Wasserfeuerwerks zeigte man in Deutschland große Vorliebe. Die Entwürfe zu den holländischen Feuerwerksaufbauten stammen wohl meist von einheimischen Künstlern, so der vorgenannte aus dem Jahre 1749 von dem Architekten P. de Swart, aber auch der bedeutende französische Baukünstler und Ornamentenerfinder Daniel Marot, der als Protestant nach der Aufhebung des Edikts von Nantes 1685 Frankreich verlassen mußte und in den Niederlanden Architekt Wilhelms von Oranien geworden war, ist mit drei Aufbauten vertreten: 1702 und 1713 im Haag und ebenfalls 1713 in Leeuwarden. Feuerwerkspantomimen gleichwie phantastische Aufzüge fanden keine Stätte in Holland.

Dem Deutschland benachbarten Dänemark waren Feuerwerke dieser und jener Art vertraut: Schlösser, teils in Verbindung mit Kampfspielen und auch Bildwerken, ferner fünfteilige Aufbauten. Es sind Formen, wie sie in Deutschland im Laufe des 16. Jahrhunderts entstanden waren. Aus Dänemark wird über sie seit dem letzten Jahrzehnt dieses Jahrhunderts berichtet. Besonders zur Feier der Krönung König Christians IV. im Jahre 1596 mußten Feuerwerksveranstaltungen beitragen. Ein fünfteiliger Aufbau, der künstlerisch beachtenswerteste seiner Art, wurde auch in Schweden errichtet auf den Gewässern bei Stockholm (*Abb. 34*) zum Regierungsantritt Karls XI. am 20. Dezember 1672, ferner eine derartige Feuerwerksbühne mit anderen Zutaten vermischt zur Feier des Tages, an dem jenem Könige im Jahre 1669 der englische Hosenbandorden verliehen wurde. Für die Illumination des Festes vom Jahre 1672 waren verschiedene Hauptpunkte von Stockholm nach einem einheitlichen Plane sehr geschmackvoll geschmückt. Vielleicht stammen die Aufbauten, auch die für das Feuerwerk, von dem deutschen Maler David Klöcker von Ehrenstrahl, von dem das Berichtswerk verfaßt wurde. Die deutsche Feuerwerksbühne mit ihrer zentralperspektivischen Aufstellung scheint in den nordischen Reichen nicht übernommen worden zu sein.

Aus England erhalten wir schon aus früher Zeit Kunde von Freudenfeuern, hier „Bonfires" genannt. Noch am Ende des 18. Jahrhunderts werden sie in London auf Kosten der Stadt und in Westminster auf Kosten des Hofes abgebrannt[1]. Im allgemeinen wird es sich nur um das Anzünden eines Holzstoßes gehandelt haben, wie das heute noch in ländlichen Ortschaften Englands bei Festlichkeiten vorkommt. Auch Festbeleuchtungen waren in London mindestens schon gegen Ende des 16. Jahrhunderts üblich[2]. Bei den eigentlichen Feuerwerken können wir nun erkennen, daß in der zweiten Hälfte des 16. Jahrhunderts und im frühen 17. Jahrhundert auch in England nach dem Vorgange Deutschlands das burgartige Schloß als Grundlage des Feuerwerks im Gebrauche war. In zwei englischen Lehrbüchern aus dieser Zeit wird es beschrieben bzw. abgebildet, nämlich in „Robert Norton, the Gunner, London 1628" und in „John Babington, Pyrotechnia, London 1635". Feuerwerksfiguren waren dort ebenfalls bekannt. So wurde im Jahre 1606 dem Könige Christian IV. von Dänemark während des Besuches bei seinem Schwager, König Jakob I., auf der Themse bei Gravesend ein Feuerwerk vorgeführt, in dessen Mittelpunkt die sieben in Figuren dargestellten Todsünden standen, die im Feuer höllische Qualen erlitten und schließlich in Flammen aufgingen. Dann hören wir von einer Art Wasserfeuerwerk im Jahre 1533, wohl dem frühesten bekannten. Als Anna Boleyn, die zweite der sechs Gemahlinnen König Heinrichs VIII., auf der Themse von Greenwich nach London zur Krönung geleitet wurde, fuhr dem Schiff des Lordmayors eine Barke voraus, in der sich ein roter, feuersprühender Drache und wilde Männer, sogenannte „green men", befanden, die lärmend Feuer warfen, wahrscheinlich aus Feuerwerkswaffen. Schon früher wurde darauf hingewiesen, daß man bisweilen Bildnisse von Personen, die der Verachtung preisgegeben werden sollten, während eines Feuerwerks verbrennen ließ. So erging es in London 1660 Oliver Cromwell, der damals nach der Restauration überhaupt nicht mehr unter den Lebenden weilte. Auch dem Papst widerfuhr in London während des 17. Jahrhunderts wiederholt das gleiche Schicksal[3].

Im Jahre 1613 wird bei der Vermählung der Prinzessin Elisabeth mit dem Pfalzgrafen Friedrich V., dem späteren Winterkönig, in London ein großes Fest in Szene gesetzt. Es finden nicht weniger als fünf verschiedene Feuerwerksvorstellungen auf der Themse statt, jede von einem anderen Feuerwerker eingerichtet, deren Namen der zeitgenössische Bericht getreulich bewahrt hat. In vier von diesen Feuerwerken ist der Schauplatz ein schwimmendes Schloß, das fünfte spielte sich um eine Pyramide ab. Die beiden ersten sind durch ein phantastisches Ritter- und Zauberspiel miteinander verknüpft, die beiden folgenden erweisen sich als Schloßfeuerwerk mit figürlichen Beigaben. Diese Prinzessin wurde übrigens bei ihrer Heimführung in Heidelberg wieder mit einem Schloßfeuerwerk empfangen, das aber trotz der mehr als 10000 schlagenden und steigenden Feuer gegen die vielgestaltigen, aufwändigen Veranstaltungen in London bescheiden angemutet haben wird. Aus den Jahren 1685, Krönung Jakobs II., und 1688, Geburt eines Thronerben, sind dann wieder Feuerwerke bekannt, von denen bei dem ersten zwei Obelisken nebst zwei allegorischen Figuren im Mittelpunkt standen, während das andere mit wenig Schmuckformen nach dem Schema der fünfteiligen Anordnung auf schwimmender Plattform in der Themse errichtet war. Es wurden hauptsächlich Raketen und Wasserfeuerwerk abgebrannt. Im allgemeinen traten in späterer Zeit die englischen Feuerwerke bei festlichen Veranstaltungen nicht so in den Vordergrund, wie es in anderen Ländern der Fall war. Nur der Aachener Friedensschluß, der auch den Anlaß zu dem vorher beschriebenen und abgebildeten vornehmen Aufbau im Haag gegeben hatte, zeitigte 1749 in London ein Riesenfeuerwerk, das bedeutendste und berühmteste englische, aber der Aufbau, ein großer Palast in klassizistischen Formen mit zwei anschließenden Säulenhallen, errichtet im Saint James's Park, stammte von Giovanni Niccolò Servandoni, der aus Paris nach London zur künstlerischen Leitung der Friedensfeier gekommen war. Der feuerwerkliche Teil lag in den Händen eines der Brüder Ruggieri, mit Vornamen Gaetano, unterstützt wurde er von Giuseppe Sarti. Auch sie waren also Ausländer. Ferner hatte Georg Friedrich Händel die Musik zu dem Feste komponiert, die mit ihren feierlich weihevollen, dann wieder jubelnden Klängen heute noch bisweilen gespielt wird. Die Kosten für den Aufbau, dessen Herstellung viele Monate, von Anfang November bis Ende April, gedauert hatte, und für das Feuerwerk betrugen 100 000 Pfund Sterling. Das Feuerwerk, das bis nach Mitternacht anhielt, wurde leider dadurch beeinträchtigt, daß einer der Seitenflügel Feuer fing[4]. Zur Siegesfeier 1814 nach der Niederlage Napoleons und zu den Königskrönungen 1821 und 1831 gab es ebenfalls Feuerwerke, und bei dem Feuerwerk zur Feier der Krönung der Königin Viktoria im Jahre 1837 wurde ihr zu Ehren ein Tempel errichtet, wohl der letzte seiner Art. Noch einmal flammen 1856 nach Beendigung des Krimkrieges öffentliche Feuerwerke an vier verschiedenen Stellen Londons auf, aber ohne Benutzung von Aufbauten. Später, ausgenommen die Riesenveranstaltung im Hyde Park nach Beendigung des Weltkrieges, ist Feuerwerk bei Nationalfesten nur noch im Londoner Kristall-Palast zu sehen.

Als einzigartiges Kuriosum sei noch ein Feuerwerk erwähnt, das die Herzogin von Kingston 1763 in London abbrennen ließ, wahrscheinlich im Hyde Park gegenüber ihrem Schlosse. Mit dem Worte Feuerwerk verbindet und verband man in aller Welt den Begriff eines Freudenfestes, aber dieser Dame blieb es vorbehalten, für die verstorbene Schwester des Königs ein Ehrenmal aufbauen zu lassen, versehen mit entsprechender Inschrift, aus dem sich krachend und zischend Feuerwerkskörper entluden.

Rußland

In Rußland scheint das Feuerwerkschloß unbekannt gewesen zu sein, obgleich die Feuerwerkskunst wahrscheinlich von Deutschland aus dort Eingang gefunden hat. Das dürfte schon daraus hervorgehen, daß die russische Sprache kein eigenes Wort für Feuerwerk besitzt, vielmehr das deutsche Wort für den Begriff entlehnt hat. Diese Kunst wird eben in Rußland erst spät in Aufnahme gekommen sein, das heißt zu einer Zeit, als das Schloßfeuerwerk veraltet und die neue Bühne zentralperspektivischer Aufstellung in Deutschland schon in Gebrauch war. Zum ersten Male wird von russischem Feuerwerk in einem zu Amsterdam erschienenen Buch gesprochen, das die Reisen des holländischen Gesandten Koenraad van Klenk im Jahre 1675 beschreibt. Tief im Innern Rußlands, zu Ustjug, wird ein Feuerwerk abgebrannt, ohne daß von Aufbauten irgend etwas gesagt würde. In Rußland waren zu Peter des Großen Zeiten deutsche, italienische, französische und holländische Künstler am Werke, die auch die russische Festarchitektur nicht unbeeinflußt ließen. So entdeckt man in einem der frühesten russischen Feuerwerke, 1704 zu Moskau, fremde und einheimische Elemente: den holländischen Raketenzaun, der hier den sechseckigen Schauplatz umschließt, ferner Figuren westeuropäischen Gepräges, dazu aber rahmenlose Transparente und im Hintergrunde als Abschluß einen gewaltigen russischen Doppeladler, den ganzen, auch hier streng symmetrisch gehaltenen Aufbau beschirmend.

Später wendet sich das russische Feuerwerk in der dekorativen Ausgestaltung vollständig der deutschen Feuerwerksbühne zu, die in Rußland bei den Festen der prachtliebenden Monarchen zu überreicher Entfaltung gelangt. Sie tritt hier wohl schon vom Ende des 17. Jahrhunderts auf, wird aber bestimmt seit dem zweiten Viertel des 18. Jahrhunderts heimisch. Das Kernstück ist auch in Rußland wie in Deutschland die zentralperspektivische bzw. halbrunde Aufstellung der Dekorationen. Kennzeichnend ist gewöhnlich eine mit Figuren oder Feuerwerkskörpern besetzte niedrige Brüstung (*Abb. 36*), die als Einfassung oder mindestens als vorderer Abschluß dient und die sich in der Mitte öffnet, wie es ähnlich auch schon in Deutschland zu beobachten ist, zum Beispiel in Wien 1673 und 1705, ferner in München 1688. Aber durchaus abweichend von dem deutschen Vorbilde sind in Rußland noch einige Zusätze und Besonderheiten. Zunächst verwendet man als Dekorationsstücke öfters die schon erwähnten großen Transparentmalereien, die ohne Rahmen hingestellt werden. Dann kommt ungefähr zwischen den Jahren 1730 und 1760 häufig ein aus Architektur- und stilisierten Naturformen gebildeter Aufbau auf erhöhtem Podium hinzu, der den ganzen Schauplatz im Hintergrunde abschließt und von der vorderen Bühne deutlich geschieden ist. Er wird Illuminationstheater genannt. Wie in Holland werden auch in Rußland die Raketengestelle und ornamental gestaltete Raketenkästen zur Ergänzung des Dekorationsaufbaues herangezogen. Ebenso werden andere Feuerwerkstücke dekorativ ausgestaltet: Feuerfontänen, Feuerbäume, Figuren als Feuerwerkshalter. In der zweiten Hälfte des 18. Jahrhunderts wird es üblich, den architektonisch betonten Mittelpunkt des Halbrundes freistehend nach vorn zu rücken. Bei den Feuerwerken der neunziger Jahre wird als Erfinder der Generalleutnant von Melissino angegeben, der schon in den sechziger Jahren als ausführender Feuerwerker bezeichnet wird. Er wird wohl die Ideen zur Feuerwerksgestaltung gegeben haben, die dann von Architekten oder anderen Künstlern geformt wurden. Von ihnen wird am häufigsten genannt J. von Stehlin.

Schon einmal war darauf hingewiesen worden, daß Feuerwerke nicht nur wie jetzt bei uns zur Sommerszeit abgebrannt wurden, da ja oft nicht an diese Zeit gebundene Ereignisse wie Geburten oder Siege Anlaß hierzu gaben. Aber in Petersburg fand während des 18. Jahrhunderts auch regelmäßig im Winter Feuerwerk statt, nämlich am russischen Neujahrstage. So wurde auf dem Eise der Newa mehr als ein Feuerwerk ausgeführt, und die Licht- und Feuererscheinungen auf Schnee und Eis mögen eigenartig reizvoll gewesen sein. Um die Mitte des 18. Jahrhunderts erschien in Leipzig eine Kunstgeschichte: Kern-Historie aller freien Künste und schönen Wissenschaften, deren siebenter Teil der Geschichte der Artillerie oder Büchsenmeister- und Lustfeuerkunst gewidmet ist. Auch hier werden die russischen Feuerwerke als besonders beachtlich hervorgehoben und die bedeutendsten von ihnen namhaft gemacht. Dort wird berichtet, es hätten für eines von diesen Feuerwerken 20 000 Menschen zehn Wochen hindurch gearbeitet.

In den Festberichten über Feuerwerke, nicht nur über die russischen, sondern im allgemeinen, wird ihr allegorischer Gehalt oft stark betont. Schon die verschiedenartigen Feuererscheinungen wurden allegorisch gedeutet. In einem Schriftchen „Moralische Gedanken" über ein Feuerwerk, das 1741 in Petersburg zum Geburtstage der Kaiserin Elisabeth Petrowna abgebrannt wurde, vergleicht der Verfasser das reinweiße Feuer mit der Treue, die emporlodernden Flammen mit der inbrünstigen Liebe der Untertanen zur Selbstherrscherin aller Reußen; und die Raketen sind für ihn das Sinnbild der zum Himmel aufsteigenden Wünsche für die Kaiserin.

In völligem Gegensatze zu dieser Schmuckkunst, die alle formalen und technischen Mittel beherrscht, einheitlich und ornamental wirkende Feuer- und Lichtspiele hervorzuzaubern, wie sie die russischen Feuerwerksvorstellungen zeigen, steht eine Parkillumination romantisch-sentimentalen Charakters, die 1770 in Zarskoje Selo vor sich ging. Dort wurde zur Feier des Besuches des Prinzen Heinrich von Preußen eine lange Illuminationsallee durch den Park angelegt. Durch eine Ehrenpforte betrat man sie, dann gab es in weiten Zwischenräumen die verschiedensten Aufbauten wie Tempel, Pyramide, Obelisk, Schloß, Brücke, Ruinen, Vulkan und andere, die im Strahlenglanze aus dem Dunkel der Nacht hervorleuchteten.

Spanien

Die Spanier waren ebensolche begeisterten Feuerwerksfreunde wie ihre beiden romanischen Nachbarn, Italiener und Franzosen, von denen wir letztere noch kennenlernen werden. Über viele und ausgiebige Festlichkeiten – bisweilen wurde acht Tage lang gefeiert – liegen Berichte vor. Es wurde die Nacht durch Kerzen, Fackeln und Flammenstöße, die in den Straßen brannten, zum hellen Tage gewandelt. Aus dem Jahre 1501 ist uns das erste spanische Feuerwerk bekannt, und zwar aus Barcelona. Es war nur ein Stern, mit Feuerwerkskörpern gefüllt, aufgestellt. In der Folge hören wir von Feuerwerkspantomimen, die sehr oft in Kampfspielen bestehen. Beliebt waren hier in Spanien Darstellungen der Kämpfe zwischen Christen und Mauren, und häufig stellt sich dann das „Castillo de fuego", auch „Castillo de polvora" genannt, ein. Leider scheinen uns von spanischen Feuerwerken keine Abbildungen überliefert zu sein, so daß über das Äußere und die Einrichtung einer solchen Feuer- oder Pulverfestung kaum etwas gesagt werden kann. Zunächst mag es sich um das deutsche Feuerwerkschloß gehandelt haben, was bei den regen politischen, militärischen und wirtschaftlichen Beziehungen zwischen Spanien und Deutschland im 16. Jahrhundert und bei dem ritterlichen Geist der Spanier, denen diese Form für ihre gern geübten Kampfspiele nur gelegen kommen konnte, nicht zu verwundern ist. Späterhin mag vielleicht der Feuerwerkstempel aus Italien oder Frankreich auch hier eingedrungen und immer noch als Castillo de fuego bezeichnet worden sein. Häufig werden auch mit Feuerwerkskörpern besetzte Pyramiden erwähnt.

Der Feuerwerksgarten, den man sich als Ableitung aus dem Schloß entstanden denken kann, ist wahrscheinlich eine spanische Erfindung. Im Jahre 1625 wurde in Madrid auf einem Schaugerüst ein Garten aufgepflanzt mit einem Springbrunnen in der Mitte, an dem sich Feuerräder drehten, während an den vier Ecken des Gartens ebenfalls je ein Springbrunnen mit künstlichen Feuern stand. Das Ganze war also ein fünfteiliger Aufbau, ähnlich den schon früher besprochenen. Derartige Feuerwerksgärten dürften laut Berichten auch in den Aufbauten von 1560 in Toledo und von 1722 in Madrid zu erblicken sein, ohne daß sich die Gestaltung genauer erkennen ließe. Auch die Gartenbeete (*Abb. 44*), die im Jahre 1730 bei einem großangelegten Feuerwerk zu Paris in die Erscheinung treten, haben vielleicht ihren Ursprung in Spanien. Diese Feuerwerksdekoration war von Giovanni Niccolò Servandoni im Auftrage der beiden spanischen Gesandten ausgeführt worden, die wahrscheinlich auch die Anregung zu dieser in Frankreich ungewöhnlichen Form gegeben hatten. Dann kennen wir vom Jahre 1649 aus Mailand, der Hauptstadt der damals spanischen Lombardei, noch ein Feuerwerk, das einen wirklichen Formgarten eines Palastes als Schauplatz benützt. Vier Pyramiden umgaben einen Springbrunnen, wie aus dem Bericht hervorgeht. Es scheint sich also auch hier um eine fünfteilige Gruppierung gehandelt zu haben. Aber auch noch die anderen Teile des Gartens wurden zu den Vorführungen herangezogen, aus Grotten und Nischen bricht der Feuerzauber hervor. Schließlich sei auch noch auf den „Jardin do fogo" hingewiesen, der 1793 in Lissabon zur Schau gestellt wurde und wahrscheinlich ein derartiger Feuerwerksgarten gewesen sein wird.

Die spanischen Feuerwerke, bei denen außer den genannten Aufbauten auch Feuerwerkschiffe zu Wasser und zu Lande vorkommen, verteilen sich auf die verschiedenen größeren und kleineren Städte des Landes wie Madrid, Barcelona, Toledo, Sevilla, Valencia, Valladolid und andere. Auch für die geistlichen Feste brauchten die Spanier Feuerwerk. Die Stärke des religiösen Gefühls verlangte laute Äußerungen und berauschenden Glanz. Wenn am Tage gepredigt worden war oder Prozessionen zu Ehren irgendeines Heiligen stattgefunden hatten, wurde die Nacht durch Feuerwerk und Illumination unter Tosen und Krachen in strahlende Helligkeit versetzt. So verschlang zum Beispiel die Feier der Seligsprechung des Ignacio de Loyola im Jahre 1609 in Murcia 300 Pfund Pulver, 60 000 Raketen flogen dabei in die Luft. Die Feuerwerksdekorationen stehen wohl meist in keiner Beziehung zum Anlaß des kirchlichen Festes. Mehrfach wird in den Berichten das Castillo de fuego erwähnt, aber auch der vorher genannte Feuerwerksgarten in Madrid 1625 war für die Feier der Seligsprechung des Jesuitengenerals Francisco de Borja aufgebaut worden. Daß bei Gelegenheit von derartigen kirchlichen Festen auch noch Stiergefechte und Ringelrennen vor sich gingen, war in Spanien keine Seltenheit.

Frankreich

Auf der Wanderung durch die einzelnen europäischen Länder konnten wir uns überzeugen, wie überall Feuerwerk den höfischen und vaterländischen Festen Jubel und Glanz verleihen mußte. Aber alle die Bestrebungen, die auf seine Prachtentfaltung und künstlerische Gestaltung abzielten, soweit wir sie bis jetzt kennengelernt haben, wurden überboten durch die Leistungen, zu denen man seit der Regierung Ludwigs XIV. in Frankreich gelangte. Die Entwicklung, die zu diesen aufwändigen Vorstellungen führte, ging langsam und allmählich vor sich. Zunächst wird es sich wie in Italien um Beigabe von Feuerwerk zum Theaterspiel gehandelt haben. Aus dem Rechnungsbuche der Stadt Amboise vom Jahre 1497 erfahren wir, daß für ein Mysterienspiel, die Geburt Christi darstellend, dreizehn Raketen gebraucht wurden. Mit zwölf von ihnen wurde ein Götzenbild geladen, nach dem die dreizehnte vom Paradies aus geleitet wurde, um es anzuzünden, wie die beigesetzte Erläuterung besagt. Auch 1501 zu Perpignan in Südfrankreich, das damals zum Königreiche Aragonien gehörte, gab es Spiele alt- und neutestamentlichen Inhalts mit Feuerwerk, unter anderem greifen Engel die Dämonen der Hölle an, wobei Feuerwerkskörper zur Entzündung gebracht werden, so daß man, wie es in der Beschreibung heißt, glauben konnte, Erde und Himmel brennen. Ferner sieht man Judas sich an einem Fenster erhängen, er wird vom Blitz getroffen und verschwindet, was wohl auch durch ein Feuerwerkskunststück bewerkstelligt wurde.

Die selbständigen Lustfeuerwerke entwickelten sich in Frankreich wie in Deutschland unabhängig von den italienischen, und zwar hier aus dem einfachen Holzstoß. Freudenfeuer lassen sich seit dem Anfange des 16. Jahrhunderts in Frankreich nachweisen, doch waren sie wohl schon lange in Übung. In Lyon werden solche 1515 auf der Saonebrücke und vor dem Rathause veranstaltet. Anläßlich der Geburt des zweiten Sohnes Heinrichs II., des späteren Karls IX., im Jahre 1548 wird in Paris ein Stoß aus Holzstücken, Reisigbündeln und Stroh, in Form eines runden Turmes geschichtet, verbrannt. Bei der Hochzeit des genannten Königs 1570 wird eine hohe Pyramide aus Holz aufgestellt, die mit Feuerwerkskörpern besetzt war. Auch hier scheint es sich in der Hauptsache immer noch um einen Holzstoß für ein Freudenfeuer gehandelt zu haben. In Frankreich steckt eben das Feuerwerk zur Zeit der Valois, als es in Italien und Deutschland schon feste, ausgebildete Formen angenommen hatte, noch in den Kinderschuhen. Erst gegen Ende des Jahrhunderts, im Jahre 1598, anläßlich der Feier des Friedens zwischen Frankreich und dem Hause Habsburg, entsteht zu Lyon ein wirklicher Feuerwerksaufbau, ein breiter, in vier Stockwerken sich stark verjüngender Turm oder vielmehr ein Mittelding zwischen Turm und Stufenpyramide mit hohen Bogenöffnungen und reichem Figurenschmuck. Er war mit vielen Feuerwerkstücken besetzt, deren Abbrennen auf eine Stunde berechnet war; darauf ließ man das ganze Bauwerk in Flammen aufgehen, wie man es früher mit dem Scheiterhaufen des ursprünglichen Freudenfeuers auch getan hatte. Aber dieses Niederbrennen des ganzen Aufbaues entsprach hier auch dem sinnbildlichen Inhalt, den man ihm gegeben hatte. Die auf drei der Stockwerke verteilten zwanzig Figuren personifizierten die Laster und Nöte, die ein Krieg im Gefolge hat, und gekrönt war die Baulichkeit von der Figur der Bellona mit einem vielköpfigen Drachen. Man begnügt sich hier also nicht mehr mit einem architektonisierten Freudenfeuer, sondern bringt den Aufbau durch seine Ausschmückung in Beziehung zu dem Ereignisse, deswegen er errichtet und abgebrannt wurde.

Der Zusammenhang zwischen dem Holzstoß des Freudenfeuers und dem eigentlichen Feuerwerk blieb in Frankreich lange Zeit hindurch lebendig. Noch im Frankreich des 18. Jahrhunderts wurde der Johannistag in jeder einigermaßen bedeutenden Stadt mit einem „Feu de joye complet", das heißt mit einem Freudenfeuer unter Verwendung von Feuerwerk, begangen[1]. Und in Paris war um die Mitte des 18. Jahrhunderts am Vorabende des Johannisfestes vor dem Hôtel de Ville neben dem kunstvollen Feuerwerksaufbau ein roher Holzstoß in Form einer Pyramide aufgestapelt, der, wie in Urzeiten an diesem Tage das Sonnwendfeuer, entzündet wurde[2]. Auch bei anderen Gelegenheiten, zu denen architektonisch reich ausgestaltete Feuerwerksaufbauten verlangt wurden, spielte das Freudenfeuer einfacher Art immer noch eine Rolle. Den „Bûcher" brannte man sofort am Abend des Tages ab, an dem die Kunde von dem zu feiernden Ereignisse eintraf. Bei nicht sicher vorauszusehenden Geschehnissen wie Siegen, Geburten und anderen konnte man die umfangreiche und umständliche Feuerwerksdekoration mit den vielen Feuerwerkstücken, deren Herstellung doch mindestens einige Tage erforderte, an demselben Abend noch nicht bereit haben. Um das aber bei plötzlich eintretenden Anlässen dennoch zu erreichen und die Kosten für diese aufwändigen Veranstaltungen herabzumindern, empfahl um die Mitte des 18. Jahrhunderts der Architekt Jacques François Blondel, Architekturteile verschiedenster Art nebst Schmuckstücken für Feuerwerksdekorationen auf Vorrat zu arbeiten, die dann bei gegebener Gelegenheit in beliebiger Zusammenstellung schnell aufgebaut werden könnten. Wenn das auch im Anfang teuerer zu stehen käme als das bisherige Verfahren, so machte es sich doch im Laufe der Zeit bezahlt. Dieser Vorschlag Blondels ist aber nicht zur Ausführung gelangt[3].

Noch bevor um das Jahr 1660 gleichzeitig mit dem Regierungsantritt Ludwigs XIV. die aus Italien übernommenen Bauformen sich zu dem klassischen französischen Nationalstil geklärt und gefestigt hatten, erschienen bereits in der leichter zu handhabenden Festarchitektur die Vorboten dieser Wandlung. Schon seit Beginn des 17. Jahrhunderts errichtete man in Frankreich für Festlichkeiten antikisch gestaltete Gebäude, Tempel genannt. Für Zwecke des Feuerwerks wird nun nach dem Vorgange Italiens zum ersten Male 1649 in Frankreich, und zwar in

Paris auf der Place de Grève beim Hôtel de Ville zum Geburtstage des Königs, ein Tempel (*Abb. 37*), ein achtseitiger, mit den Figuren der neun Musen besetzter, in einen hohen Obelisken auslaufender Zentralbau, aufgestellt; er war entworfen von dem Baumeister und Architekturstecher Jean Marot. Die Standbilder der Musen, vielleicht mitsamt dem Bauwerk, scheinen schließlich von den Flammen verzehrt worden zu sein, ob absichtlich oder unabsichtlich, bleibe dahingestellt. Hierauf bezieht sich jedenfalls der spöttische Vers des Dichters Colletet:

Dedans un siècle glorieux
On chérit les filles des dieux;
Mais dans un lâche et ridicule
On les mène en Grève, on les brûle.

Auch eine handschriftliche Anleitung zu Lustfeuerwerk, Traicté des feux artificielz de joye et de récréation (Paris, Bibliothèque Nationale, ms. français 1247), die nach der Datierung auf dem Titel in demselben Jahre 1649 zu Paris geschrieben wurde, zeigt neben einem Obelisken auch einen Rundtempel, gekrönt von der Friedensgöttin, als Feuerwerksaufbau. Auf dem Titel ist von anderer, aber zeitgenössischer Hand der damals in Frankreich tätige italienische Künstler Stefano della Bella als Zeichner der feinen, farbig getuschten Abbildungen dieses Traktats vermerkt.

In Frankreich ist der Tempel die bevorzugte Form des Aufbaues für die großen Feuerwerke geworden und erlebt hier seine Glanzzeit. Es entsteht die lange Reihe aller jener Tempel des Friedens, des Glücks, des Janus, des Ehegottes Hymen usw., die je nach der Veranlassung ihre Beigaben an Sinnbildern und Gleichnissen änderten und im Laufe der Zeiten in Aufbau, Gliederung und Schmuck gemäß dem jeweils herrschenden Kunststile Wandlungen unterworfen waren, aber doch den ursprünglichen Typus dieser Zentralbauten und ihre Bedeutung als Denkmal in Form heiter-festlicher Tempel nach antikem Vorbild wahrten. Außer dem schon vorher besprochenen Feuerwerkstempel aus dem Jahre 1649 wird hier noch einer der letzten vor der französischen Revolution errichteten gezeigt (*Abb. 38*), der 1782 an derselben Stelle wie jener erbaut wurde. Aber anders als der rein architektonische Aufbau von 1649 erhebt sich dieser Tempel majestätisch auf einer ausgedehnten naturhaft gehaltenen Felsenlandschaft, über die breite Treppen zu ihm hinaufführen. Wundervolle Feuerausbrüche an diesem edelgeformten Bau im Louis XVI-Stile entzücken die riesige auf dem Kupferstich angedeutete Menschenmenge. Das Werk wurde von dem, wie wir heute sagen würden, Stadtbaudirektor von Paris, Pierre Louis Moreau-Desproux, geschaffen. Auch eine Vorlagensammlung von Feuerwerkstempeln ist in Frankreich erschienen, die einzige ihrer Art, die jemals veröffentlicht wurde. Es sind sechs Entwürfe, bestehend aus je einem Grund- und einem Aufriß, im Stil Ludwig XVI. von dem Architekten Jean François de Neufforge entworfen; sie bilden einen Teil des 1766 in Paris gedruckten sechsten Bandes seines großen Werks: Recueil élémentaire d'architecture.

In Frankreich war das Bestreben, Macht und Ruhm zur Schau zu bringen, wohl unter allen Völkern am stärksten entwickelt, und in den strahlenden, bis hoch in den Himmel aufsteigenden Feuerwerksdarbietungen wurde eines der vorzüglichsten und einprägsamsten Mittel gesehen, diese Eigenschaften des Herrschers, namentlich Ludwigs XIV. als Verkörperung des Staates den staunenden Volksmassen – die Vorführungen waren ja öffentliche Feiern – sinnbildlich vor Augen zu bringen. Feuerwerk gab der Gottähnlichkeit des absoluten Fürsten den Nimbus. In Paris war der übliche Schauplatz für Feuerwerke, die von der Stadtverwaltung ausgingen, die Place de Grève vor dem Hôtel de Ville am Ufer der Seine. Hier fand, wie schon gesagt, das Feuerwerk zum Johannistage statt, und hier auch brannte man am Abend des Tages, an dem die Kunde von irgendeinem wichtigen Staatsereignisse freudiger Natur eingetroffen war, das einfache Freudenfeuer, den „Bûcher", ab, wahrscheinlich oft versehen mit Feuerwerkskörpern. Erst einige Zeit danach ging die eigentliche Feier von statten. Der König und sein Hofstaat nahmen an dem Te Deum in der Kirche Notre Dame teil, sie begaben sich hierauf in das Hôtel de Ville zum Festmahle und wohnten von da aus dem Feuerwerk bei. Ein Ball beschloß die Feier[4]. Es war Brauch gewesen, daß auch die Bewohner der verschiedenen Stadtteile von Paris an diesem Festabende besondere Freudenfeuer in Straßen und auf Plätzen anzündeten. Jedoch im Jahre 1739 wird das verboten, ebenso in Verbindung hiermit das Abbrennen von Raketen, Kanonenschlägen usw.[5]. Dafür wird aber den Bürgern aufgetragen, in die Fenster brennende Kerzen zu stellen, und wahrscheinlich wurde in der Folgezeit bei jeder Feier eines festlichen Ereignisses eine solche Polizeiverordnung erlassen. Bei Nichtbefolgung wurde Strafe angedroht[6]. Das Königsfest am 25. August, dem Tage des heiligen Ludwig, wurde bisweilen am Vorabend auch durch ein Feuerwerk eingeleitet, so 1718, 1719 und 1720, wo die Vorstellungen im Tuileriengarten stattfanden. Die Aufbauten, 1718 eine Festung, 1719 ein Felsen mit Grotten, über den sich Feuerkaskaden ergossen, waren von Jean Berain dem Jüngeren entworfen, dem im Jahre 1711 nach dem Tode seines Vaters dessen Stellung als Dessinateur de la Chambre et du Cabinet du Roi übertragen worden war. Die bedeutendsten Feuerwerksvorstellungen mit den kunstvollsten Aufbauten und Ausschmückungen gingen in Paris auf oder unmittelbar an der Seine vor sich.

In Versailles waren es die weit ausgedehnten Parkanlagen, in denen sich die Feuerwerke und Illuminationen seit dem 17. Jahrhundert vollzogen. Besonders berühmt und bekannt geworden durch besondere Veröffentlichungen sind hier die Feste Ludwigs XIV. von 1664, 1668 und 1674, über die noch Näheres gesagt werden wird. Bei einem derartigen Gartenfest, das als Divertissement, Unterhaltung, bezeichnet wurde, gab es Schauspiele, Opern- und andere Musikaufführungen, und natürlich ausgiebige Schmausereien, schließlich Feuerwerk und Festbeleuchtung. Als sich in Versailles der Brauch repräsentativer Freudenfeuer bei glückhaften Ereignissen einbürgerte, wurde es Sitte, bei Eintritt oder Bekanntwerden eines solchen, nicht auf den Tag genau bestimmbaren, sofort am ersten Abend ein „Bouquet d'artifice", ein einfaches Feuerwerk ohne Dekoration, auf der Place d'Armes vor dem Schlosse abzubrennen[7] und erst später zu gelegener Zeit das große Feuerwerk auf der Parkterrasse zu richten. Ungeheure Summen wurden für diese Veranstaltungen aufgewendet. So kam zum Beispiel das vorläufige Feuerwerk bei der Geburt des Duc de Bourgogne, des ersten Enkels Ludwigs XV., im Jahre 1751 auf mehr als 13 000 Livres zu stehen, während die Ausführung des Hauptfeuerwerks, ganz abgesehen von den Kosten des gewaltigen Aufbaues der Brüder Slodtz, über 85 000 Livres beanspruchte, das heißt ungefähr 68 000 Goldmark, in heutigen Wert umgerechnet jedoch ein Mehrfaches dieses Betrages[8]. Bis in die letzte Zeit des Königtums wurde der Brauch dieser kostspieligen, repräsentativen Feuerwerke beibehalten, obgleich sich die finanziellen Verhältnisse immer mehr verschlechtert hatten. Ganz besonders glanzvoll wurde die Hochzeit des Dauphin mit der Erzherzogin Marie Antoinette zu Versailles im Jahre 1770 gefeiert, tagelang folgten sich Schauspiel- und Opernaufführungen. Und dann wurde ein Feuerwerk mit anschließender Parkbeleuchtung veranstaltet, womit auch Volksbelustigungen verbunden waren. Der Eingang in den Park war jedermann gestattet, und bis um sechs Uhr morgens durchflutete ihn eine große Menschenmenge. Alle diese Feste zur Hochzeit des Jahres 1770 verschlangen die Riesensumme von 2 220 236 Livres, davon mußten für das Feuerwerk, die Illumination und die Gartenfeste 661 675 Livres aufgewendet werden[9].

Wenn auch, wie schon gesagt wurde, bei solchen öffentlichen Feuerwerken die bevorzugte Bühne meist der Tempel in verschiedenen Spielarten war, so schloß man doch auch andere Aufbauten nicht aus. Das im 16. Jahrhundert in Deutschland entstandene Feuerwerkschloß findet sich vom 17. Jahrhundert an auch in Frankreich; soeben war schon auf den als Festung bezeichneten Aufbau im Tuileriengarten für eine Veranstaltung zum Tage des heiligen Ludwig 1718 hingewiesen worden. Und noch im Lehrbuche des Frézier von 1747 ist es neben einem zierlichen Rokokotempel vertreten, und selbst noch bei dem Feuerwerk der Stadt Paris zur Hochzeit Napoleons I. im Jahre 1810, entworfen vom Architekten Jean Molinos, bestand der erste Akt aus einem Bombardement von zwei Festungen. Auch festlich geschmückte Schiffe als Bühne für Feuerwerksvorstellungen sah man auf der Seine und der Rhone, ebenso wurden Feuerwerkskämpfe in Frankreich veranstaltet.

Beinahe zu gleicher Zeit mit dem früher beschriebenen Feuerwerkspiele in München 1662, dessen Dekoration der Ausgangspunkt für die deutsche Feuerwerksbühne wurde, gab es in Frankreich eine Festaufführung, die ebenfalls in einem sich groß entfaltenden Feuerwerk endete. Das geschah 1664 während des schon erwähnten Festes im Park von Versailles, wo das Stück „Les plaisirs de l'île enchantée" nach Ariost gespielt wurde. Auf einer Insel erhob sich das Schloß der Königin Alcine, nach dem vom Platz der Zuschauer aus zwei als Kulissen bemalte Wände schräg hinführten. Im letzten Akt ging unter Entladung von Feuerwerkskörpern das nunmehr entzauberte Schloß in Flammen auf. Aber aus dieser zentralperspektivischen Aufstellung entwickelte sich hier nicht wie in Deutschland eine neue Gattung von Feuerwerksaufbauten, obgleich vereinzelt auch in Frankreich das Vorkommen der deutschen Feuerwerksbühne festzustellen ist, so zum Beispiel noch 1853 in Paris. Wohl gab es in Frankreich Feuerwerksdekorationen, die in ihrem halbkreisförmigen Grundriß dem deutschen zentralperspektivischen Aufbau sehr nahe kamen, nur kann man ihre Herkunft nicht von der Theaterbühne ableiten.

Das Ziel der Feuerwerksveranstaltungen in beiden Ländern war ja, ein Ehrenmal in feuriger Glorie entstehen zu lassen. Das erreichte man in Deutschland durch Aufstellung eines solchen auf einer eigens für diesen Zweck, aber meist ohne Rücksichtnahme auf die Umgebung erbauten, theatermäßigen Bühne. Dagegen bringt man dieses Ehrenmal in Frankreich, wo durch hohe künstlerische Leistungen in Städtebau und Gartenkunst der Sinn auf weitausgreifende schmuckhafte Gestaltungen gelenkt war, in engste Verbindung mit den vorhandenen architektonischen Anlagen, mit Stadtplätzen oder mit Gartenflächen samt ihren Teppichbeeten, Wasserbecken und Springbrunnen. Hier zeigte sich das Bestreben, diesen gegebenen Raum auszubauen, zu schmücken und hervorzuheben mittels lichtstrahlender und feuersprühender Verzierungen. Das konnte geschehen, indem man den Festplatz in zwei Hälften aufteilte, die eine für die Vorführung, die andere für die Zuschauer, so daß also hier wie bei der deutschen Feuerwerksbühne die Dekoration nur für die eine Blickrichtung entworfen wurde. Und auch hier waren die schmückenden Aufbauten für Beleuchtung bestimmt, während sich meist hinter ihnen das Feuerwerk abspielte und durch die offenen Bogen der Bühnendekoration und über ihr sichtbar wurde.

Diese in Frankreich herrschende Absicht zu schmücken, veranschaulicht ein für das Gartenfest von 1674 im Park von Versailles ausgeführtes Feuerwerk, das André Felibien des Avaux, der Historiograph der Schlösser und Feste Ludwigs XIV. schildert. Die Aufbauten, in der Mitte ein Obelisk, rechts und links davon kleinere Dekorationen, waren am Beginne des großen Kanals auf sieben Booten errichtet. Von da schwang eine in ruhigem Flammenfeuer brennende ornamentale Brüstung um das den Anfang des Kanals bildende Wasserbecken vor, an dem sich die Plätze der Zuschauer, inmitten das Königszelt, gegenüber den Aufbauten befanden. Der Obelisk, mit figürlichen Bildwerken reich ausgestattet, war ganz als Leuchtkörper eingerichtet. Unter ihm, beinahe erdrückt von seiner Last, lag ein Drache, aus dessen Rachen und Nase sprühendes Feuer stob. Aus dem Umkreise des Wasserbeckens, das sich mit Feuer bedeckte, brachen Blitze hervor. Ununterbrochen zischten von allen Seiten Raketen auf, einzeln, in Fächerform oder als Garben. Zuletzt aber schossen rings um das Becken gleichzeitig 5000 Raketen auf. Zaubergleich stiegen so die Wandungen eines funkelnden Saales empor und schlossen sich hoch oben in den Lüften zu einer mit glänzenden Sternen übersäten Kuppel zusammen, die nach wenigen Augenblicken wieder verging, als goldener Funkenregen zur Erde zurückfallend. Aus dieser Veranstaltung spricht nicht nur in der Art des Aufbaues, sondern auch in der durch ungefähr 30 000 Feuerwerkskörper bewirkten pyrotechnischen Ausführung überall die auf dekorative Raumgestaltung gerichtete Absicht des Künstlers, der am Ende das schöne Denkmal, das nun seine Dienste getan hatte, samt den Booten, auf denen es ruhte, als Abschluß des festlichen Tages in einem riesigen Freudenfeuer aufgehen ließ. Mit spielerischer Freiheit schaltete hier ein wahrer Künstler, der Leiter der Staatsmanufakturen Charles Le Brun, ohne der Veranstaltung den Charakter des repräsentativen Mals zu Ehren und zur Verherrlichung des Königs, wie sie an ihm durch verschiedene Allegorien angedeutet war, zu nehmen. War es in diesem Falle ein immerhin nur einfaches Geländer, das den Halbkreis umschloß, so erfüllen diese Aufgabe späterhin Säulenhallen oder Bogenstellungen, in deren Mitte sich bisweilen ein

Tempel, der übliche französische Feuerwerksaufbau, erhebt. Vervollständigt wurde diese Architektur durch Lichtständer, „Ifs de feu", und ähnliche Zierstücke. Außer in Frankreich entstand eine ähnliche Dekoration auch in Parma, entworfen 1769 von dem am dortigen Hofe tätigen französischen Architekten Ennemond Alexandre Petitot (*Abb. 40*).

Abweichend von dieser Art der halbrunden Feuerwerke, erweiterte sich bisweilen das Programm dahin, den gesamten Umkreis des Festplatzes in die Ausschmückung einzubeziehen, ihn mit Anlagen für festliche Beleuchtung und mit Aufbauten für Feuerwerk zu versehen unter Berücksichtigung der gegebenen Raumverhältnisse und mit Ausnutzung der bestehenden Baulichkeiten. Die frühesten Spuren der Herrichtung von Stadtplätzen zu Licht- und Feuerfesten finden sich in Italien schon im 16. Jahrhundert. Die bereits im ersten Abschnitt erwähnte Osterprozession auf Piazza Navona in Rom 1589 (*Abb. 2*) bewegte sich über den ganz einheitlich illuminierten Platz. Die Leuchtkörper waren auf den Dächern und Gesimsen der Häuser, auf einer Einfriedigung und auf einer den Platz umschließenden Baumreihe angebracht. Auf die Mittellinie des Platzes waren Säulenbauten und einzelne Säulen mit Beleuchtungskörpern gesetzt, während die Feuerwerksträger an Seilen befestigt über der Erde schwebten, ebenfalls in der Längsachse des Platzes. Es sei dahingestellt, ob diese Festlichkeit die erste ihrer Art war. Jedenfalls wurde die Ausschmückung der Umfassung und der Mittellinie von Piazza Navona vorbildlich für spätere Zeiten. Das lehren Abbildungen aus den Jahren 1592 und 1650. Und an derselben Stelle in Rom sah man auch das Schaustück, das der Kardinal de Polignac, französischer Gesandter beim päpstlichen Stuhle, zur Feier der Geburt des Dauphin im Jahre 1729 veranstaltete. Das Schema der Ausschmückung war dasselbe, wie es auf Piazza Navona mindestens seit 1589 üblich war. Die Aufstellung der Dekorationstücke in der Mittellinie des länglichen Platzes, ging vielleicht von der Vorstellung der ursprünglichen Bedeutung dieses Platzes, des antiken Zirkus, aus. An den Obeliskenbrunnen Berninis in der Mitte schloß sich im Jahre 1729 nach jeder der beiden Seiten hin zunächst ein Tempel an, dann folgte eine Fama, das Wappen des Königs bzw. der Königin haltend. Das nächste Schmuckstück bestand auf beiden Seiten aus dem Wappen des Dauphin, hierauf kam eine Säule mit dem Standbild des heiligen Ludwig bzw. Ludwigs XIV.; am Schaft jeder Säule waren die Taten der beiden dargestellt nach dem Vorbild der Trajansäule. Die Reihe dieser Aufbauten wurde begrenzt von den zwei seitlichen Brunnen des Platzes, von denen der eine noch mit Delphinen und anderem Schmuck versehen war. Neben letztere wurde schließlich an jeder Seite noch ein Brunnen angebracht, aus dem am Festtage Wein für das herbeiströmende Volk floß. Die Anregung zu dieser eigenartigen Aufstellung ging, wie der zeitgenössische Bericht versichert, von dem französischen Kardinal de Polignac aus, während den Entwurf zu den Festbauten der römische Maler Pietro Leone Ghezzi lieferte.

Glanzvolle Beispiele von Festplätzen dieser Art bietet Frankreich. So stattete im Jahre 1722 der als Baukünstler und Ornamenterfinder bedeutende Gilles Marie Oppenordt den Platz vor dem Palais Royal in Paris mit Dekorationen für Feuerwerk und Beleuchtung aus. Am 29. August 1739 veranstaltete die Stadt Paris zur Feier der Hochzeit der Prinzessin Elisabeth mit dem spanischen Infanten Philipp ein Feuerwerk auf der Seine zwischen Pont Neuf und Pont Royal (*Abb. 41*), das heißt auf einer Fläche von beinahe 900 m Länge, ein Feuerwerk von einer solchen Ausdehnung, wie es wohl nie wieder erreicht worden ist. In der Mitte dieses Festplatzes stieg aus dem Wasser ein schlanker Turm auf breiter Plattform empor, beide in der äußeren Wandung aus strahlenden Laternen bestehend. Am Fuße des Turmes nahmen auf Stufen die Musiker Platz. Gegenüber diesem „Salon des musiciens" war auf Pont Neuf ein Tempel errichtet worden, ein Peristyl dorischer Ordnung. Ihm schloß sich beiderseits die Brüstung der Brücke an, hohe Sockel abwechselnd mit vasenartigen Zierstücken. Eine große Anzahl von Booten, die an den Masten Gehänge verschiedenartiger Form von farbigen Laternen trugen, legte sich, nachdem diese „Flotte lumineuse" einige Bewegungen auf dem Flusse ausgeführt hatte, an beiden Längsseiten als Umrahmung des Schauplatzes fest. Zwischen ihnen standen aber noch kleinere Boote, von denen im Laufe der Vorstellung Feuerkaskaden sprangen. Auf dem Ufer und auf Pont Royal umgaben in gleichmäßiger Anordnung hohe Maste mit Beleuchtungskörpern den weiten Festplatz, an dessen einer Langseite, dem Louvre vorgelagert, die Tribüne für den König und daneben in langer Flucht Zelte für das Gefolge aufgestellt waren. Das Feuerwerk spielte sich in verschwenderischer Fülle ab auf der Brücke, dem Tempel, der Landzunge vor Pont Neuf und auf dem Wasser. Tempel und Leuchtturm waren von Giovanni Niccolò Servandoni geschaffen, der seit 1728 die Opernausstattungen leitete und sich als Maler, Architekt, Maschineningenieur und im weitesten Sinne als Schmuckkünstler betätigte und in dieser Eigenschaft zu einer europäischen Berühmtheit wurde. Von ihm soll nach dem Zeugnis Ruggieris[10] auch der Gesamtplan des Festes stammen. Dagegen waren die Ausschmückung von Pont Neuf und die Königstribüne von dem Architekten Jacques Gabriel entworfen. Ähnlich wie hier in Paris eine Wasserfläche mit Brücken und begrenzenden Ufern durch Ausschmückung in ein Feuerwerkstheater umgeschaffen wurde, verfuhr man in Straßburg 1744 und 1749, nur in bescheideneren Grenzen. Hier rührte die Dekoration an und auf der Ill von Jean Martin Weis, Graveur de la Ville, her.

In Paris gab noch bei zwei Veranstaltungen die Place de la Concorde, diese unvergleichliche Platzanlage, den Schmuckkünstlern Gelegenheit, ihre Fähigkeiten zu zeigen. Im Jahre 1763 entstand auf der Seine ein Tempelbau als Feuerwerkstätte, errichtet von Pierre-Louis Moreau-Desproux, und im Anschluß daran erstrahlte der weite Platz, an dessen Seite sich der Aufbau im Flusse befand, nebst den angrenzenden Ufern in reicher Illumination, die durch Glaslampen, Leuchtpyramiden, Leuchtbäume und Lichtnäpfe bewirkt wurde. Übertroffen wurde jedoch diese Veranstaltung durch das große Licht- und Feuerfest an derselben Stätte zur Hochzeit Napoleons I. mit der Erzherzogin Marie Louise im Jahre 1810. In reichster Fülle war sowohl die Place de la Concorde illuminiert als auch ihre Ausstrahlungen über die Seinebrücke hinüber nach dem Gebäude des Corps législatif, das als Tempel Hymens dekoriert war, durch die Rue Royale nach der Madeleinekirche als Tempel des Ruhms, dann die Champs-Elysées hinauf und schließlich nach dem Garten und Schloß der Tuilerien. An den beiden Enden der Champs-Elysées waren Triumphbogen errichtet, rechts und links von dem einen standen zwei Torgebäude mit Tempelfront, von deren flachen Dächern das Feuerwerk ausging. Die wesentlichsten Teile dieser Dekorationen stammten von den Architekten des Empirestils Percier und Fontaine. Bei den Festen dieser Art standen die Teilnehmer weniger als Zuschauer den Vorführungen gegenüber, vielmehr erlebten sie diese gleichsam als Mithandelnde innerhalb des Festraumes.

Bei einer Gruppe von Feuerwerken wird im Gegensatz zu den das Schaubild beherrschenden architektonischen Aufbauten versucht, hauptsächlich durch die wechselnden ornamental gestalteten Feuerwerkstücke selbst, sobald sie entzündet waren, eine schmuckhafte Wirkung zu erreichen. Nicht das Architektonische bestimmte hier das Bühnenbild, sondern vornehmlich die Feuerergüsse selbst ergaben die Ausgestaltung der Bühne. Das war der Fall im Jahre 1770 zur Feier der Hochzeit des Dauphin mit der Erzherzogin Marie Antoinette an der für die großen Feuerwerke des Hofes klassischen Stelle in Versailles auf der Gartenterrasse gegenüber dem Spiegelsaale des Schlosses, wo die Vorführung von den Pyrotechnikern Morel und Torré geleitet wurde. Die Feuerwerksgerüste, deren sie hierzu bedurften, waren so gering und leicht bemessen, daß sie nach Abbrennen des Feuerwerks im Laufe einer Stunde abgeräumt werden konnten, um den Blick vom Schlosse aus auf die dann einsetzende Illumination des Parkes frei zu machen. Aus Aquarellen (*Abb. 39*), unterzeichnet mit den Namen Morel und Torré, die uns noch nicht die endgültige Lösung, wohl aber Entwürfe zu dieser Veranstaltung zeigen, erhalten wir den Eindruck, daß die dekorativen Stücke, die auf der Terrasse im Halbrund die beiden Wasserbecken begrenzten, in der Hauptsache aus funkensprühenden Gebilden bestehen sollten, zumeist aus riesigen Sonnen und Feuerspringbrunnen. Auf einem der Aquarelle sieht man ein aus hohen Feuerstrahlen ganz regelmäßig geformtes Gitterwerk, das als Abschluß der beiden Wasserbecken in die Erscheinung treten sollte. Die Ausführung, auf die bald näher eingegangen werden wird, entsprach in den Grundzügen diesen Vorschlägen.

Diese Art der Feuerwerksgestaltung entstand, so darf man sagen, aus der Not der Zeit, obgleich immer noch gewaltige Summen hierfür ausgegeben werden mußten, worauf vorher schon hingewiesen wurde. Aber ursprünglich waren große architektonische Aufbauten, wie üblich, für das Fest geplant worden. Jedoch der Geldmangel, der sich am französischen Hofe immer fühlbarer machte, ließ diese Gedanken nicht zur Reife gelangen. Man verzichtete auf die kostspieligen Baulichkeiten und beschränkte sich nur auf das Feuerwerk und die sich anschließende Beleuchtung des Parks. Und, wie wir annehmen dürfen, gelangen den Pyrotechnikern künstlerisch vollauf befriedigende Leistungen auch ohne die architektonischen Hilfsmittel. Die Feuerwerke von 1771 und 1773 an derselben Stelle zu Seiten der beiden Wasserbecken gruppiert, ausgeführt von Morel, Torré und Séguin bzw. von Torré allein, scheinen in ähnlicher Weise wie das vorgenannte mit pyrotechnischen Mitteln ornamental-dekorative Wirkungen erzielt zu haben.

Um ihre künstlerischen Ziele richtig zu verstehen, ist hier Einblick in die pyrotechnischen Vorgänge notwendiger als bei Veranstaltungen, die auf architektonischer Grundlage beruhen. Das Feuerwerk von 1770 war in drei Akte eingeteilt. Der erste „Coup de feu" begann mit dem

Aufsteigen der sogenannten Ehrenraketen, 180 an der Zahl. Dann traten die feuersprühenden, teilweise sich drehenden, dekorativ wirkenden Feuerwerkstücke in Tätigkeit, darunter sechs Sphären und ebenso viele Pyramiden. Gleichzeitig wurde die spiegelnde Fläche der beiden Becken durch reichliches Wasserfeuerwerk belebt. Und dieses Schauspiel erhält gleichsam eine Abschlußwand durch ein Mosaik genanntes, aus schräg aufsteigenden und sich kreuzenden feurigen Strahlen gebildetes Gitterwerk, zu dem sich noch in den Lüften platzende Leuchtkugeln gesellten. Der zweite Akt bestand aus waagerecht schwingenden Drehfeuern, die eine Länge von 80 Toises, das heißt beinahe 160 m einnahmen. Dazu stiegen 8400 Raketen und 80 Leuchtkugeln auf, ferner entledigten sich 1000 Feuertöpfe ihres funkensprühenden Inhalts. Im dritten Akt gab es eine große Feuerkaskade und mehrere strahlende Sonnen, wohl in der Gestalt, wie sie auf unserer Abbildung zu sehen sind, und dazu wieder Raketen. Und dann pflegte man bei den großen Feuerwerken in Frankreich das optische und akustische Vergnügen mit einem wahren Knalleffekt zu beschließen. Es wurden tausende von Raketen gleichzeitig entzündet, die als Feuersäule gewaltigen Umfanges aufschossen, hoch oben wie ein gigantischer Palmbaum zur Entfaltung gelangten und in einem ungeheueren Funkenschwarm, untermischt mit leuchtenden Sternen, zerstoben, die schwarzen Schleier der Nacht blitzartig zerreißend. Das wirkte wie der Ausbruch eines Vulkans; es war ein kostspieliges, nur wenige Augenblicke anhaltendes, aber darum umso stärker packendes, die Nerven aufrüttelndes Schauspiel, das wohl nach dem Vorbilde der Girandola (*Abb. 7*) auf der Engelsburg in Rom Eingang in Frankreich gefunden hatte. In Rom war es üblich, hierbei 4000–6000 Raketen auf einen Schlag zu entzünden. In Frankreich wurden diese Mengen noch überboten, bis in eben diesem Feuerwerk von 1770 die „Girande", auch „Bouquet" genannt, ihre höchste Zahl mit 20000 Raketen, 15000 Feuertöpfen und 25 Bomben erreichte.

Ein prächtiges Feuerwerk ähnlicher Art wurde ein Jahr darauf zur Hochzeit des Comte de Provence, des späteren Königs Ludwig XVIII., ebendaselbst veranstaltet. Es begann wie gewöhnlich mit Kanonenschlägen als Ankündigung, dann den Ehrenraketen und Leuchtkugeln. Darauf wurden fünf große Feuerwerkstücke entzündet, die sich nacheinander in sieben verschiedenen Formgestaltungen darboten. Ihnen folgten wieder ein paar hundert Raketen und Leuchtkugeln. Nachdem während dieser Zeit die Gestelle der vorhergehenden Stücke fortgeräumt worden waren, erschien eine 220 Fuß lange und 50 Fuß hohe Dekoration eines wechselvollen farbigen Feuers und hierauf eine Feuerwand von 300 Fuß Länge, die sechsmal ihr Aussehen änderte und in einem Mosaik mit Rosetten endigte, das sich zu feststehenden Sonnen umgestaltete. Der nächste Teil brachte neun umfangreiche Feuerwerkstücke, nämlich drei Kugeln, vier Spiralen und zwei große Feuerräder. Als sich die feurigen Kugeln mehrere Male um ihre Achse gedreht hatten, öffneten sie sich und ließen die Bilder des Königs und seiner Familienangehörigen sehen, umgeben von glänzenden Sternen, darüber standen große Sonnen. Ein Massenaufstieg von Raketen, die „Girande", gab wieder den Abschluß. Und schließlich erlebt Versailles im Jahre 1773 zur Hochzeit des Comte d'Artois, des späteren Karl X., wieder ein ähnliches Feuerwerk, dessen Glanzpunkte in Mosaik aus Feuerstrahlen und Feuersternen bestanden sowie in feurigen Kaskaden, die sich in die beiden Wasserbecken ergossen. Die alte Überlieferung setzte unter dem Kaiserreich neben anderen Claude Fortuné Ruggieri, aus der bekannten italienischen Pyrotechnikerfamilie stammend, fort. Auch er teilte seine Vorstellungen theatermäßig in mehrere Abschnitte ein, in drei oder vier „Coups de feu" mit dazwischen eingeschobenen zwei oder drei „Intermèdes".

Den weitesten Spielraum für einheitlich und groß angelegte Lichtdekorationen, die im Anschluß an die Feuerwerke oder zu ihrer Ergänzung ausgeführt wurden, boten die architektonischen Gartenanlagen, und hier zeichnet sich wieder vor allem Versailles aus. Bei der großen Parkbeleuchtung von 1668 waren die Wege durch Reihen von Vasen eingefaßt, die von innen heraus beleuchtet wurden. Ob es sich um Glasgefäße handelte oder ob andere durchscheinende Stoffe verwendet wurden, läßt sich aus dem Bericht nicht ersehen. Auch Standbilder sollen ebenso erleuchtet gewesen sein. In den Wasserbecken sprühte aus den Mäulern von Tieren Feuer, und von verschiedenen Stellen schossen Raketen oder andere Feuerstrahlen auf. Dann gestaltet sich im Jahre 1674 unter den Händen des Carlo Vigarani am Tage nach dem vorher beschriebenen Feuerwerk eine prachtvolle Festbeleuchtung des Kanals (*Abb. 45*), die aus einer Einfassung der langen Ufer durch 650 Hermen, mittels durchscheinenden Lichtes farbig leuchtend, bestand. An den Hauptpunkten, das heißt am Anfang und am Ende und an der Kreuzungsstelle des Kanals, strahlten Schmuckbauten und Bildwerke in gleißendem Licht. In dem gleichzeitigen Bericht eines Augenzeugen wird besonders das wunderbare Farbenspiel der Bauten, die das Blickfeld abschlossen, gerühmt. Mehr als 20 000 Lichte wurden hierfür verwendet, dazu kamen noch über 4000 andere Feuer für die Springbrunnen und Beete, die gleichfalls illuminiert waren. Auch die Hochzeit des Dauphin mit Marie Antoinette im Jahre 1770 zeitigte in unmittelbarem Anschluß an das Feuerwerk wieder eine Festbeleuchtung in Versailles, die sich auf den Park und die verschiedenen Wasserbecken erstreckte. An der Spitze des Kanals, den eine Flotte illuminierter Schiffe belebte, sah man die Fassade eines Tempels, über dessen Giebel eine riesige Sonne strahlte. Das Apollobecken vor dem Kanal war von Arkaden eingefaßt, deren architektonische Linien ebenso wie die des Sonnentempels am Kanal mit Feuerstreifen gezeichnet waren und sich im Wasser spiegelten. Feuerbäume – darunter einer von 40 Fuß Höhe mit 2000 Beleuchtungskörpern – und andere große und kleine Zierstücke schmückten die verschiedenen Teile des Parks. Diese Illumination war das Werk des Charles Michel-Ange Challe, Dessinateur du Cabinet du Roi, und des Architekten Louis Girault, Controlleur des Menus-Plaisirs.

Wie wir schon aus der Art des Anzündens der Fackeln oder Feuernäpfe an der Kuppel von St. Peter schließen können, bestand wohl immer das Bestreben, derartige Festbeleuchtungen so schnell wie möglich in ihrer Gesamtheit aufflammen zu lassen. Als Leitungen für elektrischen Strom zu solchem Zweck noch unbekannt waren, versuchte man, das Problem auf andere Weise zu lösen. Das gelang in Frankreich durch die Erfindung besonders zubereiteter Dochte, der sogenannten mèches d'artifice oder mèches en fulmicoton. Sie wurden für eine größere Illumination zuerst 1770 im Park von Versailles angewendet. Nach dem Bericht soll alles in weniger als drei Minuten entzündet worden sein.

Die vorbeschriebenen Feuerwerke waren Feiern von Staatsereignissen, zu denen ja auch Geburten und Hochzeiten in der Herrscherfamilie gehörten, sie hatten repräsentativ zu sein. Intimeren Charakter zeigt dagegen ein Feuerwerk in Meudon 1735 (*Abb. 46*), das zur Unterhaltung des sechsjährigen Thronfolgers abgebrannt wurde und keine auch dem Volke zugängliche Veranstaltung wie viele der anderen Feuerwerke war. Der Aufbau im Halbrund eines Parkplatzes bestand aus Obelisken, auf denen ein zierliches Gesims ruhte. Dazwischen waren Lichtständer verschiedener Art angebracht, die sich in ihrer Gestaltung zwei Springbrunnen, aus denen das Wasser über mehrere untereinander liegende Becken herabfloß, anglichen. Ähnliche Feuerwerksaufbauten, spielerisch-phantastisch und von tändelnder Anmut, werden wohl auch sonst für Festlichkeiten, die von vornehmen Privatleuten zur Belustigung ihrer Gäste veranstaltet wurden, erfunden worden sein. Zeitgenössische Berichte über solche Feuerwerke mit bildlichen Beigaben sind kaum geschrieben und gedruckt worden. Die hier beigefügte Abbildung nach einer Zeichnung, die um 1740 entstanden sein mag (*Abb. 42*), gibt ein Beispiel von leichten Licht- und Feuerwerkständern, und die nächste (*Abb. 43*) zeigt eine Phantasiearchitektur, einen Aufbau mit Feuerfontänen und mit Treppen, über die Feuerkaskaden springen. Diese Abbildung ist dem Skizzenbuche eines französischen Künstlers, wahrscheinlich eines Pyrotechnikers, entnommen, das mehr als 130 ideenreiche farbige Entwürfe von Feuerwerkskörpern, Feuerwerkstücken und kleineren Feuerwerksaufbauten enthält; es stammt aus der Zeit um die Mitte des 18. Jahrhunderts (Paris, Bibliothèque d'Art et d'Archéologie). Bemerkenswert ist bei diesen zuletzt genannten Feuerwerksaufbauten, aber auch bei der Vorstellung von Morel und Torré in Versailles 1770 das Bestreben, mit dem feurigen Element ähnliche Wirkungen zu erzielen wie bei den Wasserkünsten. Hier boten ja die vielen, zum Teil schon aus dem 17. Jahrhundert stammenden Anlagen, besonders im Schloßpark von Versailles, genügend Anregung, wie zum Beispiel die Abbildung des heute dort nicht mehr bestehenden Théâtre d'eau erkennen läßt (*Abb. 47*).

Die architektonisch-stilisierende Grundauffassung bei den Feuerwerksaufführungen, wie sie in den bisher beschriebenen französischen sichtbar wurde, überwog wohl die naturalistische Richtung, schloß letztere aber nicht aus, und beide liefen wahrscheinlich ohne nennenswerte Unterbrechung neben einander her. Darin lassen die Hauptländer der Feuerwerkskunst, Deutschland, Italien und Frankreich, keinen Unterschied erkennen. In Frankreich waren namentlich in zwei Schaustellungen, die von der spanischen Gesandtschaft in Paris 1730 und 1739 veranstaltet wurden, naturalistische Feuerwerksbühnen üppigster Entfaltung zu sehen. Inmitten der Seine waren Felsenlandschaften hingezaubert worden. Der Entwurf der Feuerwerksdekoration zur Feier der Geburt des Dauphin im Januar 1730 stammte wie der zum Riesenfeuerwerk von 1739 auch hier von Servandoni. Zwei Felsen von 82 Fuß Höhe (*Abb. 44*) stiegen empor, von denen sprudelndes Wasser in mehrfachem Fall herniederstürzte. Und im Gegensatz zu dieser wilden Landschaft breiteten sich rechts und links gepflegte Gartenbeete aus, in deren Mittelpunkt sich aber wieder je ein 16 Fuß hoher Felsen befand, auf dem eine allegorische Frauengestalt gelagert war. An den vier äußeren Ecken der Gartenanlagen erhoben sich bis zu 70 Fuß Höhe vier leuchtende Türme. Das Feuerwerk ging nun in den Hauptzügen auf folgende Weise vor sich. Zuerst fand unter lebhafter Verwendung von Feuerwerkskörpern ein Kampf von den Türmen aus mit zwölf Meerungeheuern statt, die auf dem Fluße umherschwammen. Das dauerte eine Stunde lang. Dann fing das Feuerwerk am Fuße der beiden Berge an und schritt bis zu den Gipfeln fort. Dazu wurde von mehreren verschiedenartig illuminierten Booten Wasserfeuerwerk abgebrannt. Darauf gingen aus den vier Ecktürmen zwölf Feuerstrahlen in die Höhe, die eine Art funkelnder Krone bildeten, und es leuchtete auf jedem Turme eine feststehende Sonne von 40 Fuß Durchmesser auf. Von den Felsen schossen Feuergarben in Bogen nach den vier Ecken der Gartenanlage und von den Türmen solche wieder nach dem Mittelpunkt. Danach ging ein glänzendes Licht auf zwischen den beiden hohen Bergen, eine Sonne, um deren Mittelpunkt die Worte „Nubila disjecit" erstrahlten. Und ein Regenbogen, die beiden Berge verbindend und an der höchsten Stelle Iris auf einer Wolke tragend, wurde über der Sonne sichtbar. Der zweite Teil des Feuerwerks währte auch wieder eine Stunde, der Regenbogen jedoch, vom Hofschlosser Vedy ausgeführt, leuchtete sogar die ganze Nacht hindurch.

Das Jahr 1739 sieht wieder einen Berg in der Seine entstehen, ungefähr 40 m hoch. Die auf ihm wachsenden Bäume, mit Wappen behängt, stellen Sinnbilder der Fürsten Europas dar, die beiden größten bezeichnen natürlich die Könige von Frankreich und Spanien – es wurde ja die Hochzeit ihrer Kinder gefeiert –, die Zweige dieser beiden Bäume greifen ineinander über, und unter ihnen lodert ein Altar. Zwei Ströme, Seine und Ebro, entspringen dem Berg, vereinigen sich und bilden einen Wasserfall. In Bezug auf die Veranstaltung großer Feuerwerke war das Jahr 1739 wohl das ereignisreichste. Außer dieser Vorführung, die von der spanischen Gesandtschaft ausging, hatten wir schon das Feuerwerk größten Stils, das die Stadt Paris zwischen Pont Neuf und Pont Royal gab, kennengelernt. Die erste von diesen Feiern zur prinzlichen Hochzeit fand aber in Versailles statt an einem beinahe 300 m langen, die beiden Wasserbecken der Terrasse umfassenden Halbrund, dessen Mittelstück, ein prächtiger Palast, das Schloß Hymens darstellte. Die Springbrunnen dieser Becken schleuderten Wasser nebst Feuerstrahlen in die Höhe, Feuerkaskaden stürzten in das Wasser. Der Aufbau wurde in seiner ganzen Ausdehnung verschiedenfarbig beleuchtet, ebenso die Wasserbecken, die Gartenbeete und auch die anschließende Orangerie.

Auf einer ähnlichen Felsenbühne wie 1739 spielte sich schon etwa ein Jahrhundert früher eine Feuerwerkspantomime ab. Als im Jahre 1628 die Niederlage der Hugenotten als bewaffnete Macht durch die Einnahme von La Rochelle endgültig besiegelt war, wurde dieses Ereignis durch ein großes Feuerwerk auf der Seine in Paris gefeiert. Das Thema war die Sage von Perseus und Andromeda, und unter dieser Allegorie war die Befreiung der katholischen Kirche durch König Ludwig XIII. zu verstehen. An einem Felsen im Fluß (La Rochelle) war eine nackte Jungfrau mit Ketten geschmiedet. Um sie herum bewegten sich singend fackeltragende Nymphen. Ein Meerungeheuer – der Protestantismus – tauchte drohend auf, aber schon erschien in den Lüften auf geflügeltem Pferd ein Held, der durch seinen Wurfpfeil das Untier erlegte, wobei sowohl aus letzterem als auch aus Pferd, Reiter und Jungfrau künstliche Feuer verschiedener Art hervorbrachen. Übrigens befindet sich in dem von Stefano della Bella mit Zeichnungen versehenen Traktat, der in Paris 1649 entstand, auch eine Abbildung dieser Szene.

Aber auch die architektonische Bühne konnte als Schauplatz einer Pantomime benutzt werden. Im Jahre 1660 fand in Lyon eine große Festlichkeit statt aus Anlaß des Friedens zwischen Frankreich und Spanien. Das hierbei aufgeführte Feuerwerk begann mit der Vertreibung der den Krieg, die Ketzerei, die Zwistigkeit und die Aufsessigkeit darstellenden Gestalten, die sich bemühten, die Schließung der Tore des Janustempels zu verhindern. Als das unter großem Getöse gelungen war, entwickelte sich das Feuerwerk in allen Teilen des Tempels. Ebenso war das Feuerwerk in Meudon vom Jahre 1735 (*Abb. 46*) als Pantomime eingerichtet. Die entzückende, graziöse Dekoration, die schon vorher gewürdigt worden ist, sollte den Hesperidengarten vorstellen. Es erschien nun Herkules, ging gegen die Drachen vor, die den Baum mit den goldenen Äpfeln bewachten, und besiegte in einem länger als eine Viertelstunde währenden Kampf die feuersprühenden Ungeheuer. Hierauf traten die Hesperiden auf, entzündeten im Halbkreise zwölf Feuergarben, während sich zu gleicher Zeit in der Mitte hinter der Dekoration Raketen fächerförmig entwickelten. Schließlich sprangen junge Faune aus dem Walde heraus und luden Hirten und Hirtinnen, die gekommen waren, dem Dauphin zu huldigen, zum Tanze ein, der dieses reizvolle Spiel heiter und anmutig beendete. Und noch im Jahre 1773 wurde im Anschluß an das bedeutende formale Feuerwerk Torrés auf der Terrasse von Versailles eine Feuerwerkspantomime gegeben. Vulkan und seine Gesellen arbeiteten in der Schmiede. Eine Symphonie verkündigte die Ankunft der Venus, die inmitten einer erleuchteten Wolke auf einem Wagen mit Amor und den Grazien erschien. Als dann auch Mars auftrat, kam es zum Kampfe zwischen ihm und Vulkan.

Nun gibt es noch eine, wenn auch nur geringe Anzahl von graphischen Feuerwerksbildern, die den Gedanken, es könne sich auch hier um Wiedergabe von Aufbauten, also von körperlichen Gebilden, handeln, nicht aufkommen lassen. Es sind Darstellungen allegorischer und mythologischer Szenen, ferner figurenreicher Kampfhandlungen damaliger Zeit, bisweilen mit weiten Ausblicken in die Landschaft, so daß man zu der Überzeugung gelangt, daß die Bilddrucke, die uns von diesen Dingen Kunde geben, nach Gemälden gestochen sind. Die Beschriftungen der Kupfer besagen ihre Verwendung für Feuerwerke. Auf welche Weise geschah dies aber? Den Weg zum Verständnis derartiger Dekorationen weisen am besten Beschreibung und Abbildung des Feuerwerks am Napoleonsfest in Paris 1852. Vor dem Palais Bourbon war eine Riesenleinwand, mit einer Alpenlandschaft bemalt, aufgespannt. Über die Gipfel ragt in unverhältnismäßiger Größe Napoleon I. auf bäumendem Pferde, das Gemälde sollte also den Übergang Napoleons über die Alpen wiedergeben. Dieser mächtige Vorhang entzog die Gestelle für die Feuerwerkstücke, die hinter ihm angebracht waren, den Blicken der Zuschauer, er wurde während der Schaustellung jedenfalls grell beleuchtet, und die über ihm aufsteigenden Feuerstrahlen gaben ihm eine riesenhafte Gloriole. Dasselbe Gemälde hatte wahrscheinlich schon einmal im Jahre 1804 bei dem dritten Krönungsfeuerwerk in der Nähe des Hôtel de

Ville gleichem Zwecke gedient. Auch von dem Feuerwerk am 1. Juli 1810 zur Hochzeit Napoleons mit der Erzherzogin Marie Luise, veranstaltet im Garten des österreichischen Gesandten, wird berichtet, daß ein Vorhang, auf dem Schloß Schönbrunn gemalt war, an den Bäumen aufgehängt, als Dekoration erschien. Vielleicht bestand auch der Schmuck für das Feuerwerk der Stadt Paris am 10. Juni 1810 zur Feier dieser Hochzeit wenigstens zum Teil aus einem kulissenartigen Vorhang.

Die erste Kunde eines solchen dekorativen Feuerwerksgemäldes kommt uns aus dem Jahre 1725, als Juste-Aurèle Meissonnier aus Anlaß der Genesung des Königs von Krankheit ein allegorisches Feuerwerksbild entwarf, das nicht anders als für ein dekoratives Feuerwerksgemälde bestimmt gedeutet werden kann, und mit dieser Leistung die Stelle des Dessinateur du Cabinet du Roi als Nachfolger des jüngeren Berain errang[11]. Noch besser sind wir über eine andere Feuerwerksvorstellung unterrichtet, zu der Meissonnier die Dekoration lieferte. Es handelt sich um die Feier der Geburt des Dauphin am 5. Dezember 1729. Auch hierfür entstehen Malereien auf ausgedehnten mit Leinwand überspannten und kulissenartig gestellten Gerüsten, 40 Toises in der Breite, 20 in der Tiefe und 18 in der Höhe, das heißt ungefähr 35 m hoch war das den Hintergrund bildende Hauptgemälde. Dargestellt war auf einer Terrasse am Meer vor einem palastartigen Bau, einem Jupitertempel, wieder eine allegorische Szene (*Abb. 48*), die Huldigung der Götter und der Völker der Erde vor Frankreich, verkörpert in einer Frauengestalt. Die Malereien wurden in Wasserfarben aufgetragen. Am Festabend wurden die einzelnen im Versailler Schloßhofe aufgestellten Kulissen durch versteckt angebrachte Lämpchen beleuchtet. Das eigentliche Feuerwerk, das wohl ein hochsteigendes war, wird dann hinter diesen dekorativen Aufbauten abgebrannt worden sein. Die Skizze zu diesem Feuerwerksgemälde kam in der Versteigerung der Sammlung des Kupferstichverlegers Gabriel Huquier, die mehr als 2000 Zeichnungen Meissonniers enthielt, im Jahre 1771 zum Verkauf. Nach ihr ist jedenfalls das große Kupferblatt gemacht, das dem bei Huquier erschienenen Gesamtwerk Meissonniers hinzugefügt wurde. Für die Anfertigung der Kulissen malte der Künstler, wie es scheint, noch ein großes Gemälde als Vorbild. Es mag jenes gewesen sein, das sich noch bis zum Tode Meissonniers in seinem Besitze befand und in der auf Veranlassung der Witwe erfolgten Bestandsaufnahme seiner Hinterlassenschaft vom 1. August 1750 ausdrücklich genannt wird[12]. Für die Ausführung der gewaltigen Kulissen wird Meissonnier einen ganzen Stab von Mitarbeitern gebraucht haben, es soll hier auch der damals noch wenig bekannte Maler Siméon Chardin beteiligt gewesen sein[13].

Der Kupferstichverleger Pierre-Jean Mariette weiß in seinen Aufzeichnungen auch noch einiges über dieses Feuerwerk zu erzählen[14]. Er war gerade zugegen, als Meissonnier dem Duc de Mortemar, dem Leiter der Hoffeste, den Entwurf zu diesem Feuerwerk überreichte. Mariette schätzte das neuartige, eigenwillige und lebhaft bewegte Ornament, mit dem Meissonnier in Frankreich die Zeit des eigentlichen Rokokostiles eröffnet, nicht, und stellte sich dem Künstler auch hier feindlich gegenüber. Er muß wohl anerkennen, daß die Skizze auf dem Papier wirkungsvoll sei, aber Meissonnier täusche sich über die Lichteffekte an dem ausgeführten Werk, obgleich der Künstler behaupte, dieses Feuerwerksbild solle alles übertreffen, was bisher in dieser Art geschaffen worden sei. Mariette sagt, das Feuerwerk wäre mißlungen und fügt bissig hinzu: man verlangte nichts Ähnliches mehr von ihm. Das stimmt. Für das große Hochzeitsfeuerwerk von 1739, veranstaltet von der Stadt Paris, fertigte Meissonnnier wohl auch einen Entwurf an, einen prunkvollen Tempel kühner Eigenart, aber Servandoni wurde, wie schon berichtet, mit Aufbau und Festleitung beauftragt und setzte einen dorischen Tempel strengen Stiles auf Pont Neuf. Im übrigen muß darauf hingewiesen werden, daß der Berichterstatter des Mercure de France vom Dezember 1729 nicht der Meinung Mariettes ist, vielmehr das Feuerwerksbild, wie es sich am Festabend darbot, für ein Schaubild von sehr großer Schönheit erklärt.

Später, zwischen 1744 und 1759 nahmen die Maler Dumesnil, zwei Brüder, in Paris diese Dekorationsart wieder auf. Szenerien mit Festungen, Ruinen, antiken Standbildern, Palmen, Kriegstrophäen, belebt durch kämpfende und lagernde Soldaten, waren der Inhalt dieser Gemälde. Auf den nach ihnen hergestellten Kupfern sind sie als Feuerwerksvorhänge kenntlich gemacht durch die Aufschrift: Décoration bzw. Représentation du feu d'artifice . . .; ferner sind sie bezeichnet: peint par le S^r^ bzw. les Srs Dumesnil. Bevor die Brüder Dumesnil diese Art der Feuerwerksdekoration als ihre Besonderheit betrieben, werden sie aber auch als Erfinder von wirklichen Aufbauten, nämlich von Feuerwerkstempeln im Jahre 1725 und am 8. September 1744, ferner einer Festung am 17. Juni 1744, genannt. In Rom, und zwar während der Jahre 1738–1748, werden derartige Gemälde mythologischen und allegorischen Inhalts ebenfalls als Schmuck für Feuerwerke benutzt, wie aus den Kupfern von den Festlichkeiten am Vorabend und Abend des Peter- und Paul-Tages zu ersehen ist. Bezeichnenderweise sind hier in Rom die Maler vornehmlich wieder Franzosen: Pierre Ignace Parrocel, François Hutin und Joseph Louis Le Lorrain, denen sich noch der Spanier Francisco Preciado de la Vega anschließt.

Die Benutzung von gemalten Vorhängen oder Kulissen verminderte wohl beträchtlich die Kosten der Feuerwerksveranstaltungen im Vergleiche mit architektonischen Aufbauten samt ihren plastischen Figuren und Ornamenten. Deshalb schlug auch der Intendant des menus-plaisirs du roi Papillon de la Ferté für die Hochzeit des Dauphin im Jahre 1770, die trotz der leeren Kassen in altgewohnter Pracht gefeiert werden sollte, auf Leinen gemalte Kulissen als Feuerwerksdekoration aus Ersparnisgründen vor[15]. Wie bereits vorher ausgeführt wurde, ging jedoch dieses Feuerwerk schließlich auf beinahe rein pyrotechnischer Grundlage vor sich. Der Sinn dieser dekorativen Feuerwerksgemälde, ob es sich nun um eine Allegorie oder einen Bildbericht handelte, war genau wie bei den Feuerwerkstempeln und ihren Anverwandten die Verherrlichung des zu Feiernden unter Verwendung eines durch Feuerwerk erzeugten Glorienscheins.

Nicht nur in Paris und Versailles, auch in anderen Städten des Landes wie Straßburg, Lyon, Reims, Grenoble und so weiter wurde die Feuerwerkskunst gepflegt. Und es gehörte auch zu den Aufgaben der französischen Gesandten an den auswärtigen Höfen, Macht und Bedeutung ihres Königs bei festlichen Gelegenheiten in glänzenden Feuerwerken zur Schau zu bringen. Besonders in Rom zeigte sich dieses Bestreben – es braucht nur an die Feuer- und Lichtfeste des Kardinals de Polignac 1725 und 1729 erinnert zu werden – aber auch Frankfurt am Main erlebte, wie schon gesagt, zur Zeit der Wahl und Krönung eines Kaisers prunkende Veranstaltungen seitens des jeweiligen französischen Gesandten.

Die Entwickelungsgeschichte des Feuerwerks in Frankreich vergegenwärtigt uns den gewaltigen Aufschwung dieser Kunst vom einfachen Holzstoß des Freudenfeuers im 16. Jahrhundert bis zu den vielseitigen, künstlerisch hochstehenden und aufwendigen Dekorationen und pyrotechnischen Vorführungen im 18. Jahrhundert. Nicht etwa nur als Zeitvertreib einer dünnen genießerischen und unterhaltungsüchtigen Oberschicht wurde sie betrieben, ihre Vorführungen waren mehr öffentliche Nationalfeste, die den Ruhm des Herrschers und mit ihm den des ganzen Landes weithin verkünden sollten. Auch nach der Staatsumwälzung am Ende des 18. Jahrhunderts verlor hier das Feuerwerk nicht seine Bedeutung bei öffentlichen Festen. Am 14. Juli 1790, am ersten Jahrestage der Erstürmung der Bastille, zeigt man dem Volke auf Pont Neuf ein Feuerwerk, aber in bescheidenen Abmessungen. An Stelle der umfangreichen architektonischen und plastischen Aufbauten früherer Zeiten, an Stelle der Sinnbilder und Allegorien, die einst zum Ruhme des Königshauses erdacht waren, begnügte man sich jetzt, das eine Wort „Liberté" aufleuchten zu lassen. Im Jahre 1801, als schon Napoleon Bonaparte an der Spitze der französischen Republik als Konsul stand, war ein Aufbau zu sehen in der für Frankreich seltenen, wenn auch nur leise angedeuteten Form einer zentralperspektivischen Bühne in Anlehnung an zwei gleichmäßig gebaute Torhäuser, von deren Dächern Feuerwerk abgebrannt wurde.

Unter dem Kaiserreiche werden die repräsentativen Feuerwerke wieder häufiger, so gab es zur Krönung Napoleons 1804 drei verschiedene in Paris. Es erschienen wieder naturalistische Szenerien, aber auch Architekturaufbauten. Im Jahre 1810 wurde die Hochzeit Napoleons mit der Erzherzogin Marie Louise prunkvoll gefeiert. Vor dem Hôtel de Ville veranstaltete die Stadt Paris wie in vergangenen Zeiten ein Feuerwerk, dessen schon vorher gedacht wurde; es war von dem Architekten Molinos besorgt worden. Ein anderes, von den Gardetruppen auf dem Champ de Mars dargebracht, eine jonische Tempelfront von Jacques Cellerier, entsprach eher den Anforderungen, die man ehedem an derartige Dekorationen zu stellen gewohnt war. Aber der eigentliche Mittelpunkt allen Glanzes wurde die Place de la Concorde samt Umgebung, auf der sich das schon beschriebene Lichtfest entwickelte, dessen wesentlichster Schmuck von Charles Percier und P. F. L. Fontaine stammte. Es werden dann in dem zeitgenössischen Bericht viele Architekten genannt, die an der Festbeleuchtung der öffentlichen Gebäude in den anderen Teilen der Stadt beteiligt waren. Sie bestand hauptsächlich wohl aus Umrißbeleuchtung mit sparsamer Verwendung von Empire-Ornament und aus Transparentbildern. Jedoch war auch eine Absonderlichkeit zu sehen. Alexandre Théodore Brongniart, der Erbauer der Pariser Börse, kam auf den Einfall, den beiden Notre-Dame-Türmen einen lodernden Altar von 30 Fuß Höhe aufzustülpen, der vermöge künstlicher Wolken, die an seinem Fuße hingen und durch Fackeln durchscheinend erleuchtet wurden, in den Lüften über der Stadt zu schweben schien. Nach Bonapartes Sturz wurde der Einzug Ludwigs XVIII. durch ein Feuerwerk auf der Brücke Louis XVI gefeiert, auf der noch mehrfach bei öffentlichen Freudenfesten solche Veranstaltungen stattfanden. Im Laufe des 19. Jahrhunderts wurden diese Staatsfeuerwerke seltener in Paris, neue schöpferische Gedanken tauchten kaum noch auf, und die früher unumgänglich notwendigen Dekorationen verschwanden immer mehr, nur ab und zu wurden noch Brücken, der Trocadéro oder der Eiffelturm als Feuerwerksbühne benutzt.

Wer waren nun die ausübenden Feuerwerkskünstler, die Pyrotechniker, in Frankreich? Da finden wir, daß eines der berühmtesten und das an Umfang größte Feuerwerk alter Zeit, jenes vom 29. August 1739 auf der Seine nach dem Entwurf von Servandoni, das schon ausführlich besprochen wurde, von dem Sachsen Elric, Artilleriekapitän im preußischen Heere, pyrotechnisch geleitet worden ist[16]. Dieser Elric war vielleicht ein Sohn oder sonstiger Verwandter des Frankfurter Stückhauptmanns Daniel Elrich, der im Jahre 1676 das Feuerwerksbuch des Casimir Siemienowicz um einen zweiten Teil vermehrte. Und bei dem von den Zeitgenossen ebenfalls sehr bestaunten Feuerwerk, auch wieder auf der Seine in Paris, das zur Feier der Einnahme von La Rochelle 1628 stattfand, lag die Ausführung nach dem Zeugnis des soeben genannten Siemienowicz auch in den Händen eines Deutschen, des Heinrich Clarner aus Nürnberg[17]. Auf einem Kupferstich, der ein figürliches Feuerwerk auf der Seine in Paris 1623 darstellt, wird als dessen Erfinder Felix de Clarner, Ingénieur du Roy, genannt. Das scheint derselbe Feuerwerker wie bei der vorigen Veranstaltung gewesen zu sein, mag auch der Vorname hier oder dort falsch angegeben sein.

Aber nicht nur deutsche Pyrotechniker waren in Frankreich tätig. Das Lustfeuerwerk in Europa war ja eine italienische Erfindung, und so wandern italienische Pyrotechniker nach Frankreich aus, dort ihre Künste zu zeigen. Im Jahre 1574 lernt der französische König Heinrich III. auf seiner langen Reise von einem fürstlichen Hofe Oberitaliens zum andern auch Feuerwerksvorstellungen kennen, die ihn so begeistern, daß er einige der italienischen Pyrotechniker mit sich nach Frankreich nehmen möchte, wie aus dem Bericht des venezianischen Gesandten an die Signoria hervorgeht[18]. Im Jahre 1730 lassen sich die fünf Brüder Ruggieri aus Bologna in Paris nieder, da sie dort ihre Fähigkeiten wohl besser verwerten konnten als in der Heimat. Der Familie Ruggieri, von denen wir Gaetano und Claude Fortuné schon kennengelernt haben, verdankt die französische Pyrotechnik ein gut Teil ihres Ruhmes. Ihre Nachkommen waren in Paris bis an das Ende des 19. Jahrhunderts tätig[19]. Auch Torré, dessen hohe künstlerische Leistungen bei den großen Feuerwerken der siebziger Jahre in Versailles schon hervorgehoben worden sind, scheint ein Italiener von Geburt gewesen zu sein[20].

Jedoch auch unter den Franzosen selbst gab es Pyrotechniker von Ruf. Von den „Artficiers", die für Ludwig XIV. arbeiteten, sei nur des A. Caresme und des Commissaire de l'Artillerie de l'Arsenal Morel gedacht[21]. Letzterer erscheint in den Abrechnungen des Hofes von 1679 bis 1697. Jener Morel, der 1613 in Paris, 1615 in Bordeaux und 1622 in Lyon Feuerwerke herrichtete, mag mit dem Vorgenannten verwandt gewesen sein, wie wahrscheinlich auch jener Morel, der zusammen mit Torré die berühmten Versailler Feuerwerke von 1770 und 1771 leitete, derselben Familie angehört haben wird. Den besten Aufschluß über das, was man auf dem Gebiet der Pyrotechnik in Frankreich leistete, gibt Claude Fortuné Ruggieri, der jahrzehntelang nicht nur in der Vorbereitung, Aufstellung und Ausführung von Feuerwerken, sondern auch schriftstellerisch tätig war, in seinem Lehrbuche Élémens de pyrotechnie, Paris 1802, 2. Ausgabe Paris 1810, das auch in die deutsche Sprache übersetzt wurde und noch im Jahre 1860 eine neue Auflage erlebte. Von zwei sehr kunstvollen Feuerwerkstücken – Guilloché und Feux croisés –, deren Konstruktion Ruggieri beschreibt, befinden sich photographische Aufnahmen in dem Buch von A. St. H. Brock „Pyrotechnics" auf der Tafel gegenüber Seite 128.

Das waren die Pyrotechniker, die aber nur ab und zu auch für die schmückenden Aufbauten verantwortlich waren. Die eigentlichen Schöpfer der Feuerwerksdekorationen waren eben meistens führende Architekten und Schmuckkünstler wie Jean Marot, Charles Le Brun, Jean Berain der Ältere und der Jüngere, Gille-Marie Oppenordt, Juste-Aurèle Meissonnier, Giovanni Niccolò Servandoni, die Brüder Slodtz. Ihnen gesellt sich in der zweiten Hälfte des 17. Jahrhunderts der Italiener Carlo Vigarani aus Modena zu, der von Mazarin nach Frankreich berufen wurde. Er wird hier „Intendant des machines et plaisirs du roi". Zwischen 1668 und 1687 arbeitet er für die Versailler Feuerwerke und Illuminationen der Feste Ludwigs XIV. in der glanzvollsten Zeit seiner Regierung[22].

Es wurden nicht nur zahlreiche und prunkvolle Feuerwerke in Frankreich ausgeführt, sie wurden auch in Druckwerken kritisch beurteilt. Bei dem Gang durch die verschiedenen Länder sind schon wiederholt Feuerwerksbücher genannt worden. Aber die meisten von ihnen geben nur praktische Anweisungen, ohne ästhetische Forderungen zu stellen. Das tut als erster der aus Litauen stammende polnische Artillerieoberst Casimir Siemienowicz in seinem Buch „Artis magnae artilleriae pars prima", das 1650 in Amsterdam erschien, in deutscher Übersetzung und um einen zweiten Teil, bearbeitet von Daniel Elrich, vermehrt 1676 in Frankfurt am Main. Siemienowicz, sicher ein weitgereister Mann, führt als Feuerwerksaufbauten an „Palatia, Triumphbogen, Pyramiden, Pfeiler, Türme, Säulen, Postamente, Fontänen, Kastelle", aber in den Abbildungen werden nur letztere berücksichtigt. Unter Palatia sind wohl die anderwärts Tempel genannten Bauten zu verstehen. Das Werk kam ungefähr um die Zeit heraus, als die italienischen Bauformen in die nordische Feuerwerksdekoration Eingang fanden. Siemienowicz verzeichnet die verschiedenen Anlässe zur Abhaltung von Feuerwerken und die ihnen angepaßten Allegorien, Sinnbilder, Ornamente und die zu verwendenden Säulenordnungen für die Aufbauten. So komme die dorische Ordnung als Ausdruck der Männlichkeit für Feuerwerke zu Ehren tapferer Helden in Betracht, bei Hochzeiten jedoch die jonische oder korinthische.

Das sind jedoch nur wenige theoretische Betrachtungen, die gegen den vornehmlich praktischen Teil des Lehrbuches beinahe verschwinden. Viel wichtiger in dieser Beziehung ist die Abhandlung eines Franzosen „Advis nécessaires pour la conduite des feux d'artifice", die zehn Jahre nach dem Erscheinen des Werkes von Siemienowicz als Anhang dem Bericht über die Lyoner Feuerwerke von 1660 beigegeben wurde[23]. Sie ist verfaßt von dem Jesuitenpater Claude François Menestrier, der seit 1658 eine fruchtbare schriftstellerische Tätigkeit, besonders auf dem Gebiete der Heraldik und Emblematik, entfaltete und dann noch Werke über die Turniere und andere öffentliche Schaustellungen schrieb. Ferner rührte die Idee für die Trauerdekoration in der Jesuitenkirche in der Rue Saint Antoine zu Paris bei Gelegenheit einer Gedenkfeier für

Ludwig XIII. von ihm her. Das zeitgenössische Bild trägt die merkwürdige Aufschrift: le cirque sacré ou le cours de la vie représenté dans les épistres de Saint Paul par les jeux du cirque. Der Aufbau in Gestalt eines antiken Zirkus, mit Trauer- und Lichtschmuck versehen, entspricht den ganz im Sinnbildlichen aufgehenden Anschauungen des Paters Menestrier, der auch ein Buch über Trauerdekorationen veröffentlicht hat, an dessen Schlusse er diesen heiligen Zirkus beschreibt[24]. Vorschriften für Herstellung von Feuerwerkskörpern sind in den „Advis" nicht zu finden, der Inhalt besteht vielmehr nur aus theoretischen Darlegungen. Auch die Kunstform der Feuerwerksaufbauten beschäftigt Menestrier nicht sonderlich, um so mehr aber das Leitmotiv, der allegorische Gehalt der aus den verschiedenen Anlässen zu veranstaltenden Feuerwerke. Der Verfasser ist eben weder Feuerwerker noch Künstler, sondern Literat mit umfassenden archäologischen Kenntnissen. Geschichte, Sagenwelt und Kunst der Antike sind die Quellen seiner Vorschläge für Feuerwerke. Wie sich dieser Theoretiker die Ausführung denkt, kann man aus den zahlreichen Abbildungen des den „Advis" vorhergehenden Festberichtes ersehen. Außer dem Feuerwerkstempel, der von der Stadtverwaltung errichtet wurde, brannte jedes Stadtviertel noch ein eigenes kleineres Feuerwerk ab. Und jedes der letzteren bestand meist aus einer für das Friedensfest ausgeklügelten allegorischen Figurengruppe auf Sockel oder niedrigem, architektonisch ziemlich nüchternem Triumphbogen, die dem Feuerwerk als dekorativer Mittelpunkt diente, aber deren Bedeutung und Beziehung zu den Tagesereignissen zu erkennen, den Durchschnittsmenschen jener Zeit kaum möglich gewesen sein dürfte. Jedoch von den an allegorisches Rätselraten gewöhnten Schaulustigen mögen sie vielleicht gerade ob ihres dunkelen Sinnes um so reizvoller empfunden worden sein. Darum behandelt der Verfasser breit die Inschriften, Devisen, Sinnbilder, Namenszüge und Hieroglyphen, die, an dem Unterbau angebracht, dem Verständnis des Dargestellten dienen sollten und die er mit dem Namen „Ornamente" belegt. Die in dem Buche abgebildeten Feuerwerksdenkmäler stimmen in ihrer oft weit hergeholten Allegorie so sehr mit den Vorschriften des Verfassers überein, daß man glauben möchte, er hätte bei Ausgestaltung dieser kleineren Lyoner Feuerwerke als Sachverständiger und Berater mitgewirkt.

Außer dem „Sujet", das heißt dem allegorischen Gehalt, und den vorgenannten „Ornemens" beschäftigt sich der Verfasser noch ausführlich mit dem „Artifice", das heißt der Art und Verwendung der Feuerwerkskörper, die ihrer Eigenart entsprechend dem Sujet angepaßt werden müßten. Solle eine siegreiche Schlacht gefeiert werden, so seien mit starkem Lärm explodierende Feuerwerkskörper am Platze, für mythologische Darstellungen empfiehlt Menestrier Raketen, die sich in Sterne auflösen, desgleichen für Feuerwerke zu Ehren der Heiligen, da Sterne deren Sinnbilder seien. Wenn man Figuren in dem Dekorationsaufbau verwende, solle man sie nicht nur als ornamentalen Schmuck betrachten, sondern sie je nach dem Sinne der Darstellung mit Feuerwerkskörpern bestücken, zum Beispiel solle man die Köpfe der Hydra einen nach dem anderen in die Luft sprengen. Es war in früheren Zeiten vielfach Sitte, den Aufbau am Schlusse einer Veranstaltung gänzlich in Flammen aufgehen zu lassen, wie auch hier im Laufe dieser Darlegungen öfters berichtet werden konnte, ein Brauch, der von dem

Freudenfeuer, dem Vorläufer des Feuerwerks, übriggeblieben war. Und wenn Feuerwerksfiguren zur Aufstellung gelangten, wurden auch sie bisweilen dem vernichtenden Element preisgegeben. In diesem Falle rät aber Menestrier, Mittel und Wege zu finden, die Figuren der Heiligen, Fürsten und Tugenden vor dem Feuer zu schützen. Störungen des vorgesehenen Programms konnten dadurch entstehen, daß durch übermäßige Entwicklung von Hitze irgendein Teil der Dekoration in Brand geriet. Der Sinn der ganzen Veranstaltung konnte durch solches Mißgeschick in Frage gestellt werden. So erzählt Menestrier von einem Feuerwerk im Haag, bei dem ein Sieg Spaniens über Frankreich vorgeführt werden sollte, aber die Gestalt, die das triumphierende Spanien darstellte, entzündete sich und wurde zu Asche, während das unterworfene Frankreich heil aus dem Feuerangriff hervorging. Dann gibt Menestrier Anweisung, wie an einem Aufbau die einzelnen Feuerwerkstücke angebracht werden: zu unterst die lärmenden, das heißt Mörser und ähnliches, etwas höher folgen die Drehfeuer, mit Raketen und Schwärmern wird der Mittelteil besetzt, und zu oberst die Sternraketen, die Feuertöpfe und Feuerlichte, hauptsächlich letztere sollen das Bauwerk krönen und auch die Hauptlinien hervorheben. Schließlich spricht sich der Verfasser noch im allgemeinen über die Aufeinanderfolge des Abbrennens der einzelnen Feuerwerkstücke aus. Die beste Regel sei, die Augen sollen immer etwas zu sehen bekommen und zwar in abwechselungsreicher Folge.

Für die Kenntnis der Feuerwerkskunst im 18. Jahrhundert ist das Buch des Franzosen Amédée François Frézier, „Traité des feux d'artifice", erstmals 1707 und schließlich im Jahre 1747 in dritter, sehr veränderter Auflage erschienen, die aufschlußreichste Veröffentlichung, ja das ausführlichste, Theorie, Praxis und Geschichte berücksichtigende Werk, das bis dahin geschrieben worden war und das auch bis in die neueste Zeit hinein ohnegleichen geblieben ist. Der Verfasser, ein vielseitig gebildeter, auch künstlerisch angeregter Mann, Directeur des Fortifications de Bretagne[25], ist in der Pyrotechnik Schüler von Perrinet d'Orval, der ebenfalls einen „Essay sur les feux d'artifice pour le spectacle et pour la guerre" im Jahre 1745 verfaßte, aber die Feuerwerksdekoration vollständig unbeachtet läßt. Frézier jedoch beschränkt sich, wie schon gesagt, in seinem Werk, das nur das Lustfeuerwerk behandelt, nicht auf die rein technische Seite, sondern schreitet auf dem schon von Siemienowicz betretenen Pfade weiter. Die „Advis nécessaires" seines Landsmannes Menestrier erwähnt er nicht, macht sich aber dessen Gedanken an manchen Stellen seines Buches zu eigen. So hält Frézier wie jener in seinen ästhetischen Forderungen auf Einheit von Form und Gehalt. In der Ausgabe seines Buches von 1747 sagt er, für ein Freudenfeuer genüge nicht eine Anhäufung mehrerer Feuerwerkstücke, wenn man nicht verstehe, deren Feuererscheinungen mittels verständnisvoller Zusammenstellung zur Geltung zu bringen auf einer zu diesem besonderen Zwecke errichteten Bühne, die den Beweggrund des Festes zu kennzeichnen vermöge. Das Gebot der Durchdachtheit, Klarheit und der dem Anlasse entsprechenden Form stammt aus der gleichen Gesinnung, mit der die französischen Architekturtheoretiker seit der Mitte des 17. Jahrhunderts die Einheitlichkeit des Bauwerks predigten und die den französischen Dramatikern die dreifache Einheit der Handlung, der Zeit und des Ortes als sicheres Gerüst ihrer Werke erscheinen ließ. Frézier sagt dann weiter, es sei kein würdiges Schauspiel, wenn das ganze Vergnügen darin bestehe, einige Flammen zu sehen, die hervorbrechen und wieder verschwinden, vielmehr müsse der Geist ebenso befriedigt werden wie die Augen. Frézier ist deshalb der Meinung, ein Feuerwerker müsse Unterstützung finden bei den Architekten, Malern und Bildhauern, aber besonders bei den Literaten, die für die Festlichkeiten geeignete Ideen angemessen zu gestalten wissen dadurch, daß sie Anregungen hierzu aus der Geschichte oder aus der Sagenwelt nehmen und sie mit Sinnbildern, Sprüchen und Inschriften beleben und schmücken. Frézier empfiehlt die Gedichte Homers, Virgils und Ovids als Quelle, weil in ihnen so viel Wunderbares vorkomme. Auch Tierfabeln könne man für diesen Zweck nützlich verwenden. Man könne durch sie den Großen sittliche Ermahnungen geben, die man, auf andere Weise auszusprechen, ihnen gegenüber nicht wagen dürfe. Schon Siemienowicz hatte von dem Glücksrade als von einem Gleichnisse des Wechsels menschlicher Dinge gesprochen, das man einem Fürsten als Feuerwerkstück vorführen könnte. Aus der Geschichte, schreibt Frézier, sollen möglichst bekannte Ereignisse herausgegriffen werden, damit auch das Volk, das die Hauptmasse der Zuschauer stelle, sie verstehen könne. Jedenfalls sei es gut, vorher gedruckte Erklärungen zu verteilen, damit die Allegorien, von denen starke Antriebe für die guten Sitten ausgehen, begriffen werden können. Und so verbreitet sich Frézier eingehend über die Feuerwerksdekorationen gemäß ihrer Eignung für die verschiedenen Gelegenheiten und gibt auch eine genaue Anleitung für das Anbringen und die Verteilung der einzelnen Feuerwerkstücke am Aufbau.

Immer wieder betont Frézier, die Feuerwerksdekoration müsse die Ansprüche der „Gens de lettres" und der „Savants" befriedigen. So hätten bei dem Feste der Stadt Paris auf und an der Seine im Jahre 1739 die ausgedehnten Aufbauten und das verschwenderische Abbrennen von Feuerwerk wohl die Augen berücken können, aber Gebildete und Gelehrte verlangten darüber hinaus, daß auch der Geist Genüge fände in hübschen Ideen, die, der Dichtung oder Geschichte entnommen, sinnvoll der Zeit und dem Ort angepaßt seien. Hier hätten aber bei einigen Dekorationen die Architekten mehr Anteil an den Erfindungen gehabt als die Gelehrten. So tadelt Frézier die dorische Ordnung am Säulenbau Servandonis, sie sei zu herb für einen Tempel Hymens. Überhaupt sei diese Allegorie für das bedeutende Fest zu alltäglich gewesen. Obgleich Frézier die Anwendung der „Machines", das heißt beweglicher Figuren, für recht vorteilhaft hält, da sie das Wunderbare vermehre, das im bloßen Feuerwerk schon in die Erscheinung trete, bemängelt er die Mitwirkung der auf dem Wasser schwimmenden, sich gegenseitig mit Feuer anblasenden Drachen bei dieser Veranstaltung, weil sie in keiner Beziehung zur Allegorie des Festes gestanden hätten.

Über den Ursprung der Feuerwerkskunst läßt sich Frézier ebenfalls vernehmen, nachdem schon seine beiden Vorgänger ihre Ansicht hierüber bekundet hatten. Siemienowicz glaubt in den Spielen der alten Römer die Uranfänge des Feuerwerks zu sehen, während Menestrier in dem Niederbrennen der heidnischen Tempel durch die Christen den Beginn der Freudenfeuer gefunden zu haben meint, denn diese Feuer seien später als Schaustellung wiederholt worden. Frézier dagegen hält den römischen Feldherrn Paulus Aemilius, der das makedonische Königreich niederwarf und bei der Siegesfeier angehäufte Kriegstrophäen mit einer Fackel entzündete, für den Ersten, der ein Freudenfeuer veranstaltete, was ja aber noch kein Feuerwerk in unserem Sinne bedeutete.

Auch die „Encyclopédie" von Diderot und d'Alembert, Paris 1756, weist unter dem Schlagworte „Feux d'artifice" darauf hin, daß die dort aufgezählten Regeln, die mehr pyrotechnischer Natur sind, sich dem Gesamtplan des Feuerwerks, der durch die Dekoration zur Darstellung gelange, anzupassen haben. Der Verfasser fordert auch beim Feuerwerk Handlung und schlägt als Schaustück den Kampf der guten gegen die bösen Engel nach Miltons verlorenem Paradies vor.

Diesen langen theoretischen Auseinandersetzungen französischer Schriftsteller steht in den anderen Ländern kaum etwas zur Seite. Der Einzige, der sich dort im 18. Jahrhundert auch theoretisch mit der Ausgestaltung von Feuerwerken befaßt, ist der Kameralist Julius Bernhard von Rohr in seiner „Einleitung zur Ceremoniel-Wissenschaft der großen Herren", 1. Auflage 1729, 2. Auflage 1733. Auch er verlangt eine der Veranlassung zum Feuerwerk entsprechende Ausführung. Solle eine Hochzeit gefeiert werden, so dürfe man nicht viel Donner- und Blitzfeuer abbrennen, das zu kriegerischen Taten gehöre, sondern stille Wasserfeuer und Lustkegel. Auch der Musik bei einem Feuerwerk gedenkt er. Bei einer martialischen Aktion sollen Trompeten und Pauken zu hören sein, bei friedlichen Inventionen Oboen, Waldhörner usw. Als Thema eines Feuerwerks fordert Rohr eine sinnreiche Erfindung, die aus nichts Gewöhnlichem bestehen dürfe. Wenn bei einem fürstlichen Vermählungsfeste ein Paar sich schnäbelnde Turteltauben im Feuer präsentiert würden, so sei eine solche Schaustellung nicht weit her.

Jene, die sich in solcher Weise theoretisch über das Feuerwerk ausließen, waren hauptsächlich Literaten. Doch wie dachten die Künstler? Sie bildeten, aber redeten nicht. Sie gaben dem Festplatz einen harmonischen Licht- und Feuerschmuck und rhythmische Licht- und Feuerspiele führten sie vor. Sie schufen das feurige Ehrenmal, das auch ohne die allegorischen und emblematischen Tüfteleien, die ihm die Gelehrten anzuhängen von nöten fanden, in seiner Baugestaltung schon sinnbildhaft genug war. Für diesen Zweck war das in höchster Vollkommenheit der Tempel in der überkommenen Bedeutung eines Versammlungsraumes großer Menschenscharen, die zur Verehrung eines höheren Wesens hier zusammenströmten. Entwürfe zu Feuerwerksaufbauten in Tempelform, die nach den Vorzeichnungen der Künstler selbst wiedergegeben worden sind, wie der Feuerwerkstempel des jüngeren François de Cuvilliés in Nymphenburg 1770 (*Abb. 28*) und die Vorlagen des Jean François de Neufforge, lassen die Auffassung der Künstler klar erkennen. Und bei der Ausführung von Feuerwerk wurden Licht und Feuer zum Gleichnis des Heldenhaften und Überirdischen, das sich in einer Scheinwelt, umgeben vom schwarzen Rahmen der Nacht, abspielte. Wenn nicht eines der großen öffentlichen bzw. fürstlichen Feuerwerke zur Vorstellung gelangte, sondern nur bescheidenere pyrotechnische Unterhaltungen erstrebt wurden, so ließ der wahre Künstler einen Aufbau entstehen, der anmutig, leicht, unwirklich in der Form den Feuerausbrüchen, die wie ein flüchtiger Traum aufstrahlten und schnell wieder verrannen, angemessen war, wovon das Skizzenbuch eines französischen Pyrotechnikers bezeichnende Beispiele gibt (*Abb. 43*).

Vergnügungstätten

Große Feuerwerke waren in früherer Zeit beinahe ausschließlich öffentliche Schaustellungen, die meist von Fürsten, bisweilen auch von Stadtverwaltungen ausgingen, aber es wurde auch in kleineren, bürgerlichen Kreisen gefeuerwerkt, wahrscheinlich mehr, als jetzt noch festzustellen ist. Denn Berichte über diese bescheideneren Veranstaltungen wurden kaum abgefaßt, Abbildungen von ihnen kamen nur in ganz wenigen Fällen zustande. Von dem Feuerwerkschloß bei einem Schützenfest 1671 in Frankfurt am Main war schon die Rede. Von 1657 ist uns das Bild eines Feuerwerks der Nürnberger Armbrustschützengesellschaft überliefert, jede Dekoration fehlt hierbei. Auch in Zürich gab es Feuerwerke, die von der Gesellschaft der Konstafler, später Feuerwerkergesellschaft genannt, und vom Artilleriekollegium veranstaltet wurden. Selbst bei häuslichen Festen wurde mitunter Feuerwerk zum Vergnügen der Gäste abgebrannt. Kostspielige Aufbauten fielen dabei fort oder wurden auf ein geringes Maß beschränkt. Noch eines der wenigen Beispiele, die uns von derartigen privaten Festlichkeiten im Bilde bekannt sind, sehen wir auf dem Gemälde des Joseph Furttenbach (*Abb. 49*), das ein Feuerwerk am 26. August 1644 im Garten des Johann Khonn in Ulm darstellt, in dessen kaufmännischem Geschäfte Furttenbach Teilhaber gewesen oder zu jener Zeit noch war[1]. Wie schon in einem früheren Abschnitte ausgeführt wurde, sind die Figuren im Hintergrunde kaum als Feuerwerksdekoration aufzufassen, sondern nur als allegorische Beigabe zum Gemälde.

Für häusliche Feste empfiehlt Siemienowicz in seinem Lehrbuche von 1650 Bacchus als Feuerwerksfigur[2], desgleichen Frézier 65 Jahre später. In der Ausgabe seines Buches von 1715 bildet letzterer ein solches Feuerwerk in einem Garten ab: Bacchus inmitten eines runden Wasserbeckens, dessen Rand mit Feuerwerkskörpern besetzt ist[3]. Aber in der nächsten Ausgabe von 1747, obgleich er auch dort noch von solchen Veranstaltungen spricht, wendet sich Frézier doch scharf gegen die Abhaltung von Feuerwerken bei häuslichen Festen[4]. Nur den Fürsten, den Gemeinden oder den großen Herren im Staate komme es zu, Feuerwerke abzubrennen. Doch wenn das ein Privatmann tue, so halte sich das Volk über die Verschwendung des Geldes auf, das besser den Armen gegeben werde. Offenbar hatten aber Fréziers Mahnworte keinen Erfolg. Die in den Abbildungen 42 und 43 wiedergegebenen Feuerwerkszierstücke, letzteres einem Musterbuche mit vielen solcher leichten Aufbauten entnommen, wurden jedenfalls für private, nicht öffentliche Feste kleineren Umfanges verwendet. Später, besonders im 19. Jahrhundert, erscheinen in steigendem Maße Anweisungen zur Feuerwerkskunst „für Liebhaber, die sich davon unterrichten und damit beschäftigen wollen", wie es auf dem Titel eines dieser Bücher (C. Blondel, der selbstlehrende Feuerwerker, Leipzig 1803) heißt. Ein anderes dieser Art, betitelt: Vollständiges Taschenbuch für Kunst- und Lustfeuerwerker von L. v. L-e, Pest 1820, ist „zur Erhöhung und Verschönerung ländlicher Vergnügungen, besonders bei Volks- und Familienfesten" bestimmt. Und wieder ist es der Gott Bacchus, der bei einem Weinlesefest als Transparentgemälde im Mittelpunkt der Feuerwerksdekoration steht, die einen Tempel auf Kulisse andeutet. Beim Erntefest ist es Ceres, bei einem Jagdfest Diana, die aus der Tempelwand hervorleuchten. Das zugehörige Feuerwerk ist nach dem Vorschlage des Verfassers entsprechend bescheiden gehalten.

Aber noch in ganz anderem Maße wurde das Feuerwerk seiner Vornehmheit beraubt und der ausschließlichen Verwendung bei öffentlichen Festlichkeiten, wie es Frézier predigte, entzogen. Allgemach bemächtigten sich seiner geschäftstüchtige Unternehmer, die es in Vergnügungsgärten ohne Beziehung zu irgendeiner staatlichen Feier, lediglich zur Unterhaltung der herbeiströmenden Massen gegen Bezahlung eines Eintrittsgeldes vorführten, ein Zeichen der beginnenden Verbürgerlichung und der Umschichtung der Gesellschaft. In einem geschlossenen Raume, auf der Bühne der Comédie Italienne in Paris, zeigten schon seit 1739 die Brüder Ruggieri ihre Feuerwerkskunststücke, bei denen aber die Szenerie keine Rolle spielte[5], und im Jahre 1766 wurde in Paris der Jardin Ruggieri eröffnet als erster der dortigen Vergnügungsgärten, der bis 1818 bestand[6]. Es wurden hier die beliebten Fêtes champêtres mit Ball veranstaltet, die in einem Feuerwerke endeten. Andere Vergnügungstätten, die meisten mit Feuerwerksdarbietungen, folgten in Paris. Den Besuchern selbst wurde Gelegenheit geboten, sich die Zeit mit Feuerwerkspielerei durch das Jeu du dragon zu vertreiben. Auf hohem Mast war eine mit einer Feuerwerkshülse geladene Drachenfigur befestigt, nach der man mit einer Rakete zielte. Wer das Ungeheuer traf und zur Explosion brachte, hatte gewonnen[7].

Derartige Vergnügungsgärten gab es jedoch in London schon lange vor denen in Paris; das freiere Staatsgefüge der Engländer begünstigte hier ihr Aufkommen, und sie erfreuten sich großen Zuspruches aus allen Schichten der Gesellschaft. So scheinen die berühmtesten von ihnen, die Vauxhall Gardens, ursprünglich unter dem Namen Spring Gardens bekannt, schon in den sechziger Jahren des 17. Jahrhunderts der Öffentlichkeit übergeben worden zu sein. In einem Führer von 1762[8] wird hervorgehoben, daß der Garten durch 1500 Glaslampen beleuchtet werde, aber erst seit 1780 fanden dort Feuerwerke statt[9]. Andere Vergnügungsgärten Londons waren darin zuvorgekommen. In Cuper's Gardens wurde die Feuermusik aus Händels Oper Atalanta zu Gehör gebracht, dazu gab es Feuerwerk von dem Pyrotechniker Worman, der es ursprünglich für die Aufführung jener Oper im Jahre 1736 geplant hatte. Im Mai 1749 kopierte man an der gleichen Stelle, jedoch in kleinem Maßstabe, den Palast, der im April jenes Jahres zur Friedensfeier die Feuerwerksdekoration in St. James's Park gebildet hatte. Und im Jahre 1750 verwandelte man für die Feuerwerksvorführungen in Cuper's Gardens diese Dekoration in eine Nachbildung des prächtigen Aufbaues, der ein Jahr vorher bei der Friedensfeier im Haag als Feuerwerksbühne (*Abb. 35*) gedient hatte[10]. Eine andere bekannte und vielbesuchte Vergnügungstätte in London waren die Ranelagh Gardens; sie wurden im Jahre 1742 eröffnet, und es wurde angekündigt, daß abends die Feuerbäume angezündet wären. Von 1764 an wurden dort Feuerwerke abgebrannt[11]. Die Marylebone Gardens waren seit der Mitte des 18. Jahrhunderts auf Feuerwerk eingestellt, dessen Glanzzeit zwischen 1772 und 1774 lag, als der uns schon von Paris her bekannte Pyrotechniker Torré die Leitung in Händen hatte. Auch Feuerwerkspantomimen mit Dekorationen und Figuren bzw. Mitwirkenden wie die unvermeidliche Schmiede Vulkans und anderes wurden hier gezeigt[12]. Diese Feuerwerksvorführungen in den Londoner Vergnügungstätten, deren es im 18. Jahrhundert noch mehrere andere gab, setzten sich fort im 19. Jahrhundert. Vom Jahre 1865 an wurde der Crystal Palace die Stätte der Darbietungen mit Feuerwerk an Fronten von beträchtlicher Ausdehnung, mit Verwandlungsfeuerwerk (transformation set pieces), mit Feuerwerkspantomimen (living fireworks) und anderen Attraktionen; geleitet wurden sie, auch noch bis in die neueste Zeit, von der Firma C. T. Brock & Co. in London[13].

Daß Feuerwerke in England während des 18. Jahrhunderts als Krönung von Staatsfeiern kaum in Erscheinung traten, mag daran gelegen haben, daß Feuerwerksvorstellungen in den dortigen öffentlichen Vergnügungstätten gang und gäbe waren und es daher schon bedeutender Anstrengungen in künstlerischer Hinsicht und der Aufwendung großer Mittel bedurft hätte, um derartige Schaustellungen zu überbieten, wie es 1749 bei dem Friedensfeuerwerk in London geschah.

In Deutschland begann in der zweiten Hälfte des 18. Jahrhunderts das Feuerwerk ebenfalls in öffentliche Vergnügungstätten abzuwandern. Wie hier die dem Geschmack der breiten Volksmassen entsprechenden Feuerwerksdarbietungen theatralischer Richtung vor sich gingen, möge ein Beispiel zeigen. Im Wiener Prater bringt Johann Georg Stuwer 1796 „Werthers Leiden frei nach Goethe" zur Vorführung. Die Flammenbilder wurden an einer Gestellwand, der Front, in der stattlichen Breite von 120 m gezeigt. Von der Auffassung der Dichtung und der Art dieser Stuwerschen Vorstellung nur eine Probe: Werther macht Lotte die Liebeserklärung unter einem blühenden Kirschbaume; die weißen Blüten fallen ab, aber dafür wachsen jetzt grüne Blätter an den Zweigen, und, als Werther seiner Lotte zu Füßen stürzt, erscheinen rote Kirschen am Baume. Diese Scherze machten den Zuschauern Spaß, denn, wie der Chronist versichert, brach das scheinbar immer noch von dem Wertherfieber ergriffene Publikum, zu dem auch der Kaiser und die Kaiserin nebst dem ganzen Hofe gehörten, in unbeschreiblichen Jubel aus.

Dem Titel nach würde man auch des k. k. privilegierten Kunst- und Lustfeuerwerkers Josef Mellina Vorführung in Wien 1781: „Werthers Zusammenkunft mit Lottchen im Elysium" für etwas Ähnliches halten, aber er scheint, wie die aus Empfindsamkeit und Geschäftsanpreisung gemischte Einladung vermuten läßt, dieses Thema mehr in sinnbildlichen Darstellungen ausgearbeitet zu haben. Friedrich Nicolai in seiner Beschreibung einer Reise durch Deutschland und die Schweiz im Jahre 1781 macht zu diesem Programm Mellinas die ironische Bemerkung:

„Viele meiner Leser, die ans Erhabene noch nicht gewohnt sind, werden vielleicht über den fruchtbaren Geist erstaunen, welcher so unvorhergesehene Dinge zusammenbringen konnte"[14]. Stuwer veranstaltete seit 1774 im Wettstreit mit Mellina und noch einem Italiener Namens Girandolini Feuerwerke im Prater gegen Eintrittsgeld. Nach Nicolais Meinung habe Stuwer die beiden Italiener in seinen Leistungen übertroffen[15]. Auch Stuwers Sohn führte Feuerwerke während des Sommers im Prater aus, wozu sich bisweilen 10 000–12 000 Zuschauer einfanden, da die Wiener eine große Vorliebe für derartige Schaustellungen hatten[16]. Und schon vor den Obengenannten zogen wohl in Deutschland italienische und französische Feuerwerker von Stadt zu Stadt, wo sie ihre Künste zeigten. In Berlin begannen die regelmäßigen Vergnügungsfeuerwerke im Jahre 1838 an der Spree, die noch heute unter der Bezeichnung „Treptow in Flammen" große Anziehung auf die Bevölkerung während der schönen Jahreszeit ausüben.

Schluß

Die architektonisch-plastischen bzw. dekorativen Feuerwerksvorführungen, wie wir sie hier kennengelernt haben, verloren sich im Laufe des 19. Jahrhunderts immer mehr, und zwar in allen Ländern. Wohl entwickelten sich die pyrotechnischen Mittel und Möglichkeiten beträchtlich, aber ihre Verwendung zu wirklichen Feuerkunstwerken wollte vielfach nicht mehr gelingen, obgleich es an Versuchen, namentlich in Frankreich gemäß seiner großen Überlieferung auf diesem Gebiete, nicht gefehlt hat. So wurden hierfür während der Pariser Weltausstellung des Jahres 1937 große Anstrengungen gemacht. Den verschiedenen Feuerwerken an und auf der Seine wurde öfters ein besonderes Thema zugrunde gelegt, zum Beispiel die Jahreszeiten, das himmlische Feuer und anderes, wie es ehemals die französischen Theoretiker verlangten. Im Programm wurde dann auch in hochtönenden Redewendungen der phantasievolle Inhalt geschildert. Jedoch kamen die vielen Tausende der Zuschauer, die das vorher nicht gelesen hatten und daher unvoreingenommen die Vorstellungen betrachteten und nur die Entfaltung der Feuererscheinungen auf sich wirken ließen, mehr auf ihre Kosten als diejenigen, die an Hand des Programmes die einzelnen Abschnitte mit den Darbietungen, die sich ohne schmückenden Aufbau und ohne Darsteller abspielten, in Einklang zu bringen suchten. Auch war es verfehlt, die Musik, die eigens für jede Vorstellung komponiert worden war, dauernd, auch während des Krachens und Dröhnens der Explosionen, zu Gehör bringen zu wollen. In dem Lärm verflüchtigten sich die Töne der Musik. Der Weg, Feuerwerk zu Genuß zu bringen, kann jetzt nur darin bestehen, das abwechselungsreiche Spiel des Feuers in seinen goldenen, silbernen und farbigen Funken und Lichtern harmonisch und rhythmisch wie tänzerische Vorführungen als bloße Augenweide sich entwickeln zu lassen, unbeschwert durch irgendwelche Gedankengänge, die doch nur künstlich in das ornamentale Gestalten hineingeheimnißt werden. So schufen zum Beispiel Morel und Torré ihre großen Feuerwerke. Meist finden sich jedoch künstlerische Begabung und pyrotechnisches Können nicht in einer Person vereinigt, und so müssen, wenn etwas Ersprießliches herauskommen soll, Künstler und Pyrotechniker verständnisvoll Hand in Hand miteinander arbeiten, wie wir das auch gerade an den französischen Feuerwerken und Festbeleuchtungen des 17. und 18. Jahrhunderts gesehen haben. In früheren Zeiten wußte man auch, daß der Reiz des Feuerwerks sich steigert, wenn es an oder auf einem Bauwerk, einem bereits bestehenden oder nur für diesen Zweck errichteten, zur Entfaltung kommt, auch innerhalb einer kunstvollen Stadt- oder Gartenanlage. Hier können auch Wasserstrahlen mit Feuer- und Lichterscheinungen zusammenwirken und sich so gegenseitig einen höheren Glanz verleihen. Im Laufe des 19. und 20. Jahrhunderts haben ja die Beleuchtungsmittel eine ungeahnte Erweiterung erfahren, zunächst durch Leuchtgas, dann aber namentlich durch den elektrischen Strom, sei es durch Anstrahlen, sei es in künstlerisch erdachten Leuchtkörpern, und dann eben in Verbindung mit springenden Wassern, was 1937 sowohl in der Pariser Weltausstellung als auch in der Ausstellung „Schaffendes Volk" zu Düsseldorf in hoher Vollendung vor Augen geführt wurde. Und bei den großen Veranstaltungen von Staat und Partei im Deutschland des Dritten Reiches erleben wir auch hier wieder den Beginn frischen Sinnes und neuen Formens, wenn sich über dem weiten Rund des Stadions ein lichter Dom wölbt, am Aufmarschgelände der Hunderttausend der streng rhythmische Bau sich in mächtigen Lichtbündeln hoch hinauf zum Himmelszelt fortsetzt und fern in die Lande hinausstrahlt oder wenn sich beim Einzug des Führers in Berlin der Jubel über seine Großtaten in züngelnden Feuerbündeln und strahlendem Funkenregen äußert, die, an beste Vorbilder alter Zeit anknüpfend, das Brandenburger Tor mit seiner Siegesgöttin umrahmen.

ANMERKUNGEN

Die Entstehung des europäischen Feuerwerks in Italien

[1] Reinhard Hofschlaeger. Der Ursprung der indogermanischen Notfeuer. In: Archiv für die Geschichte der Naturwissenschaften und Technik. Leipzig 1913, Bd. 6, S. 174. – Herbert Freudenthal. Das Feuer im deutschen Glauben und Brauch. Berlin 1931, S. 217.

[2] Ev. Lucas 1, 24–36.

[3] Paulo M. Paciaudi. De cultu S. Johannis Baptistae. Rom 1755, S. 336.

[4] Jacob Grimm. Deutsche Mythologie. 4. Ausg. Berlin 1875, 1878, Bd. 1, S. 515 u. Bd. 3, S. 177.

[5] S. J. von Romocki. Geschichte der Explosivstoffe. Berlin 1895, Bd. 1, S. 38.

[6] De tormentorum bellicorum, et nitrati pulveris apud Arabas antiquitate atque usu. In: Mich. Casiri. Bibliotheca arabico-hispanica Escurialensis. Madrid 1770, Bd. 2, S. 6.

[7] Charles du Fresne du Cange. Glossarium ad scriptores mediae et infimae latinitatis. Niort 1883–1887, unter dem Schlagwort Rocheta.

[8] Andrea de Gataris. Chronicon Patavinum 1311–1406. In: L. A. Muratori. Rerum italicarum scriptores. Bd. 17, S. 397.

[9] Luigi Pratesi. L'„istoria di Firenze" di Gregorio Dati dal 1380 al 1405. Norica 1902, S. 91.

[10] Pietro Gori. Le feste per San Giovanni. Florenz (1926), S. 53.

[11] Cesare Guasti. La festa di San Giovanni Batista in Firenze. Florenz 1884, S. 22.

[12] Gori S. 20.

[13] Descrizione delle feste solite farsi in Firenze per la natività di S. Giovanni Batista. Firenze 1797. – Guasti S. 93.

[14] Guasti S. 107.

[15] Vasari ed. Milanesi. Florenz 1881, Bd. 6, S. 94.

[16] Abbildung in: Alfredo Lensi. Palazzo Vecchio. Mailand 1929, S. 277.

[17] Aischylos. Agamemnon.

[18] Lucca Landucci. Ein florentinisches Tagebuch übersetzt von Marie Herzfeld. Jena 1912. Bd. 1, S. 20: 27. 4. 1468. – Agostino Lapini. Diario Florentino dal 252 al 1596. Pubblicato da Gius. Odoardo Corazzini. Florenz 1900, S. 86.

[19] Vasari ed. Milanesi. Bd. 6, S. 92.

[20] Biringuccios Pirotechnia. Übersetzt und erläutert von Otto Johannsen. Braunschweig 1925, S. XI.

[21] Herodot 2, 62.

[22] Christian Schöttgen. Historische Nachricht von denen Illuminationen. Leipzig 1736.

[23] Jacob Grimm. Deutsche Mythologie. 4. Ausg. Berlin 1875, 1878. Bd. 1, S. 524 u. Bd. 3, S. 177.

[24] Biringuccio. Pirotechnia. Venedig 1540, S. 166.

[25] Mariano Borgatti. Castel Sant' Angelo in Roma. Rom IX (1931), S. 187 u. 198.

[26] Vasari ed. Milanesi. Bd. 2, S. 375.

[27] Ebendaselbst. Bd. 4, S. 37.

[28] Johannes Bemmann. Die Bühnenbeleuchtung vom geistlichen Spiel bis zur frühen Oper als Mittel künstlerischer Illusion. Leipzig 1933, Dissertation.

[29] Jacob Burckhardt. Geschichte der Renaissance in Italien § 191: die Festskulptur.

[30] Vasari ed. Milanesi Bd. 6, S. 94.

[31] u. [32] Ebendaselbst Bd. 6, S. 92.

[33] Henry Humbert. Combat à la barrière faict en cour de Lorraine. Nancy 1627, S. 27.

[34] Les guides bleus, Bretagne. Paris 1924, S. 331.

[35] C. F. Menestrier. Les réjouissances de la paix, faites dans la ville de Lyon. Lyon 1660, S. 40.

[36] A. Bertolotti. Divertimenti pubblici nelle feste religiose del secolo XVII dentro e fuori delle porte di Roma. Rom 1887.

[37] Goethe. Zweiter römischer Aufenthalt, 30. Juni 1787. – F. J. L. Meyer. Darstellungen aus Italien. Berlin 1792, S. 209.

[38] Cornelius Gurlitt. August der Starke. Dresden 1924. Bd. 2, S. 211.

Deutschland

[1] Siegfried Sieber. Zur Geschichte des Feuerwerks und der Illumination. In: Deutsche Geschichtsblätter. Bd. 13, 1912, S. 217.

[2] Joseph Furttenbach. Architectura universalis. Ulm 1635, S. 155.

[3] Karl Drescher. Das Nürnbergische Schönbartbuch, nach der Hamburger Handschrift herausgegeben. Weimar 1908, S. 11.

[4] Joseph Furttenbach. Halinitro-Pyrobolia. Ulm 1627, S. 41 u. Taf. 18.

[5] Jakob Grimm. Deutsche Mythologie. 4. Ausg. Berlin 1875, Bd. 1, S. 515.

[6] Ludwig Schiedermair. Künstlerische Bestrebungen am Hofe des Kurfürsten Ferdinand Maria von Bayern. In: Forschungen zur Geschichte Bayerns. Bd. 10, 1902, S. 140.

[7] Fr. M. Rudhart. Geschichte der Oper am Hofe zu München. Freising 1865, Bd. 1, S. 47.

[8] J. S. Ersch u. J. G. Gruber. Allgemeine Encyklopädie der Wissenschaften und Künste. Leipzig 1846, Sektion 1, Teil 43, S. 384.

[9] Carl Niessen. Das Bühnenbild. Bonn 1924, Tafel 14.

[10] 4 Blatt vorgebunden dem folgenden Werk und in derselben Handschrift wie dieses geschrieben: Quinta Esenzia. Das ist von der Büchsenmeisterey, der allerbeste Kern, so allein zu meiner Memoria zusammen gesetzt, damit ich behänd beysamen finde, durch Josephum Furttenbach Eltern. Anno 1646 (Handschrift 25 des Zeughauses in Berlin). Dieses Werk ist niemals gedruckt worden, es enthält nur Kriegsfeuerwerkerei.

[11] J. E. Schlager. Wiener Skizzen aus dem Mittelalter. Wien 1839, Neue Folge, S. 31.

[12] Alexander von Weilen. Geschichte des Wiener Theaterwesens von den ältesten Zeiten bis zu den Anfängen der Hof-Theater. Wien 1899, S. 2.

[13] Francesco Sbarra. Sieg-Streit dess Lufft und Wassers Freuden-Fest zu Pferd zu dem... Beyläger... Leopoldi I.... in... Wienn. Wien 1667. – Eduard Vehse. Geschichte des östreichischen Hofs und Adels und der östreichischen Diplomatie. Hamburg 1852, Bd. 5, S. 132.

[14] Francesco Sbarra. Il pomo d'oro. Festa teatrale rappresentata in Vienna per l'augustissime nozze delle... Maestà di Leopoldo e Margherita. Wien 1668.

[15] Albert Ilg. Die Fischer von Erlach. Wien 1895, S. 630 u. 632.

[16] Walter Mackowsky. Giovanni Maria Nosseni und die Renaissance in Sachsen. Berlin 1904, S. 85.

[17] Jean Louis Sponsel. Der Zwinger, die Hoffeste und die Schloßbaupläne in Dresden. Dresden 1924, S. 263.

[18] L. Schneider. Geschichte der Oper und des Kgl. Opernhauses in Berlin. Berlin 1852, S. 33.

[19] Die Widmung ist datiert 1560. Außerdem findet sich im Inventar einer Leipziger Sortimentsbuchhandlung vom Jahre 1563, abgedruckt im Archiv für Geschichte des deutschen Buchhandels Jahrg. 1894, Seite 15, als einer der Posten verzeichnet „Feuerwergk Joannis Schmidtalfs", was nur eine Verballhornung des Namens Schmidlapp sein kann.

[20] Paul von Stetten. Kunst-, Gewerb- und Handwerks-Geschichte der Reichs-Stadt Augsburg. Augsburg 1779, Bd. 1, S. 227.

[21] Geschichte des Feuerwerkswesens. Berlin 1887, Teil 1.

[22] Jacopo Fabris. Instruction in der teatralischen Architectur und Mechanique. Udgivet... af Torban Krogh. København 1930.

Die Niederlande, die nordischen Reiche und England

[1] Joseph Strutt. The sports and pastimes of the people of England. London 1903, S. 293.

[2] John Stow. A survey of London. London 1598.

[3] Robert Withington. English pageantry. Cambridge 1918. Bd. 2, S. 173.

[4] A. St. H. Brock. Pyrotechnics: the history and art of firework making. London 1922, S. 29.

Frankreich

[1] Amédée François Frézier. Traité des feux d'artifice. Paris 1715, S. 318.
[2] Frézier. Paris 1747, S. 406.
[3] Jacques François Blondel. Cours d'architecture... contenant les leçons données en 1750. Paris 1771, Bd. 2, S. 274.
[4] Claude Ruggieri. Précis historique sur les fêtes, les spectacles et les réjouissances publiques. Paris 1830.
[5] Ruggieri. Précis, S. 271.
[6] Abdruck einer derartigen Ordonnance de police in: Henry-René d'Allemagne. Histoire du luminaire. Paris 1891, S. 486.
[7] L'Administration des menus. Journal de Papillon de la Ferté, intendant et contrôleur de l'argenterie, menus-plaisirs et affaires de la chambre du roi (1756—1780). Publié par Ernest Boysse. Paris 1887, S. 421.
[8] Papillon de la Ferté. Extrait sur l'administration de l'argenterie, menus, plaisirs et affaires de la chambre du roi, dont le compte a été rendu au bureau général de la maison de Sa Majesté le... fevrier 1784. Paris 1877, S. 39. Aus: Mélanges historiques, Bd. 2.
[9] Papillon de la Ferté. Extrait, S. 43.
[10] Ruggieri. Précis, S. 255.
[11] Louis Dimier. Les peintres français du 18e siècle. Paris 1930, Bd. 2, S. 367.
[12] „un grand Tableau allégorique peint sur toile dans sa bordure dorée à l'occasion de la naissance de Monseigneur le Dauphin". Paris, Archives Nationales Y 14 670.
[13] Henry de Chennevières. Les menus-plaisirs du roi et leurs artistes. In: L'Art. Jahrg. 8, Bd. 3 (1882), S. 242.
[14] Collection Deloyne. Bd. 4, Artikel 45, S. 418. Paris, Cabinet des Estampes Ya 3. 27 in -8°.
[15] L'Administration des menus. Paris 1887. Eintragung unter dem 14. 3. 1769.
[16] Ruggieri. Précis, S. 270.
[17] Casimir Siemienowicz. Vollkommene Geschütz-, Feuerwerck- und Büchsenmeisterey-Kunst. Frankfurt a. M. 1676, Bd. 1, S. 204.
[18] Pier de Nolhac e Angelo Solerti. Il viaggio in Italia di Enrico III, re di Francia, e le feste a Venezia, Ferrara, Mantova e Torino. Turin 1890, S. 177, Anm. 2.
[19] Henri de Chennevières. Les Ruggieri, artificiers 1730—1885. In: Gazette des beaux-arts. Bd. 36 (1887, II), S. 135, 136.
[20] Chennevières, S. 136.
[21] Jules Guiffrey. Comptes des bâtiments du roi sous le règne de Louis XIV. Paris 1881—1896, Bd. 1, 2 u. 4. — Chennevières, S. 132.
[22] Chennevières, S. 133 — Charles Perrault. Mémoires de ma vie. Publiés par Paul Bonnefon. Paris 1909, S. 79, Anm. — Gabriel Rouchès. Inventaire des lettres et papiers manuscrits de Gaspare, Carlo et Lodovico Vigarani. Paris 1913.
[23] Claude François Menestrier. Les réjouissances de la paix, faites dans la ville de Lyon. Lyon 1660.
[24] Abbildung in: Gabriel Mourey. Le livre des fêtes françaises. Paris 1930, S. 172.
[25] De Fontenay. Dictionnaire des artistes. Paris 1776, Bd. 1, S. 614.

Vergnügungstätten

[1] E. v. Loeffler. Ein Ingenieur- und ein Artillerie-Offizier vom Platz der Festung Ulm. In: Allgemeine Militär-Zeitung. Jahrg. 60, Darmstadt 1885, S. 371.
[2] Casimir Siemienowicz. Artis magnae artilleriae pars prima. Amsterdam 1650, S. 258.
[3] Amédée François Frézier. Traité des feux d'artifice. Paris 1715, S. 291.
[4] Frézier. Dasselbe. Paris 1747, S. 435.
[5] Claude Ruggieri. Précis historique sur les fêtes, les spectacles et les réjouissances publiques. Paris 1830, S. 132.
[6] Ruggieri. Dasselbe. S. 77.
[7] Ruggieri. Dasselbe. S. 190.
[8] A description of Vauxhall Gardens, being a proper companion and guide for all who visit the place. London 1762.
[9] Joseph Strutt. The sports and pastimes of the people of England. London 1903, S. 231.
[10] Warwick Wroth. The London pleasure gardens of the 18th century. London 1896, S. 250.

[11] Strutt, S. 233.

[12] A. St. H. Brock. Pyrotechnics. London 1922, S. 34.

[13] Brock. Dasselbe. S. 43.

[14] Friedrich Nicolai. Beschreibung einer Reise durch Deutschland und die Schweiz. Berlin und Stettin 1784, Bd. 4, S. 622.

[15] Nicolai. Dasselbe 1783, Bd. 2, S. 622 und 1784, Bd. 4, S. 474.

[16] Neueste Beschreibung der kais. kön. Haupt- und Residenzstadt Wien... Wien 1808, S. 179.

QUELLENVERZEICHNIS

DEUTSCHLAND

einschließlich der deutschen Schweiz

ALTENBURG 1593, Feuerwerksplastik und Feuerwerkskämpfe zur Hochzeit des Herzogs Johann von Sachsen.
Jacobus Francus. Historica relatio, Herbstmesse 1592 bis Fastenmesse 1593. Frankfurt a. M. 1593, Bl. 45.

AUGSBURG 1519, Feuerwerkschloß – S. 20, 44.
Karl Theodor Gemeiner. Reichsstadt Regensburgische Chronik. Regensburg 1824, Bd. 4, S. 378.

BERLIN 1560, Feuerwerk zur Hochzeit der Tochter des Kurfürsten Joachim II. mit Herzog Julius von Braunschweig.
Louis v. Malinowsky u. Robert v. Bonin. Geschichte der brandenburgisch-preußischen Artillerie. Berlin 1841, Bd. 2, S. 468.

BERLIN 1581, Schloßfeuerwerk mit Feuerwerkskämpfen zur Taufe des Markgrafen Christian.
Malinowsky u. Bonin Bd. 2, S. 471. – E. Friedlaender. Ältere Universitätsmatrikeln I: Universität Frankfurt a. O. Leipzig 1887, Bd. 1, S. XIV.

BERLIN 1592, Feuerwerksplastik und Feuerwerkskämpfe zur Taufe des Markgrafen Sigismund.
Jacobus Francus. Historica relatio, Herbstmesse 1592 bis Fastenmesse 1593. Frankfurt a. M. 1593, Bl. 42.

BERLIN 1595, Wasserfeuerwerk bei dem Besuche des Königs Christian IV. von Dänemark – S. 41.
Jacobus Francus. Historica relatio, Herbstmesse 1595 bis Fastenmesse 1596. Frankfurt a. M. 1596, Bl. 62.

BERLIN 1684, deutsche Feuerwerksbühnen bei der Hochzeitsfeier des Kurprinzen Friedrich mit der Prinzessin Sophie Charlotte.
Zeichnung im Zeughaus zu Berlin. – Malinowsky u. Bonin. Bd. 2, S. 475.

BERLIN 1684 bis Anfang des 18. Jahrhunderts, Feuerwerke veranstaltet zu Ehren fürstlicher Persönlichkeiten, vielfach deutsche Feuerwerksbühnen oder einfachere Aufbauten ferner Figuren u. a. für Wasserfeuerwerk.
Zeichnungen im Zeughaus zu Berlin. – Malinowsky u. Bonin. Bd. 2, S. 475–482.

BERLIN 1701, deutsche Feuerwerksbühnen und Wasserfeuerwerk zur Krönung des Königs Friedrich I. – S. 41.
Johann v. Besser. Preußische Krönungsgeschichte. Cölln a. d. Spree 1702. – Desgl. Neudruck der 1 Ausgabe. Berlin 1901.

BERLIN 1706, deutsche Feuerwerksbühnen und Wasserfeuerwerk zur Hochzeit des Kronprinzen Friedrich Wilhelm. – S. 41.
Beschreibung des großen ... Feuer-Wercks, welches bey dem ... Beylager ... Friderich Wilhelms ... mit ... Sophien Dorotheen ... unter hoher Direction dero General-Feld-Zeug-Meisters Marggr. Philipp Wilhelms ... in Berlin ... 1706 verbrandt worden. Berlin (1706). – Einzelblatt, betitelt: Lux publica ... in nuptiis ... Frederici Guilelmi ... 1706. C. F. Blesendorff ... fecit. – Das bey dem Beylager ... des ... Cron-Printzen illuminirte Berlin ... Cölln a. d. Spree (1706).

BERLIN 1708, deutsche Feuerwerksbühnen und Wasserfeuerwerk zur Hochzeit König Friedrichs I. mit seiner dritten Gemahlin. – S. 41.
Bericht eines Frembden ... von den großen Zubereitungen zu Berlin zu dem königlichen Beylager, absonderlich zu dem bevorstehenden Feuerwerck ... Berlin 1708. – Theatrum europaeum. Teil 18,2; Jahrg. 1708. Frankfurt a. M. 1720, S. 88.

BERLIN 1728, Festbeleuchtung beim Besuche des Königs Friedrich August von Polen.
Das frolockende Berlin, oder historische Nachricht derjenigen öffentlichen Freudens-Bezeigungen und sinnreichen Illuminationen, die ... daselbst angestellet worden. Berlin 1728.

BERLIN 1745 u. 1746, Festbeleuchtungsaufbauten aus Anlaß des Friedens zu Dresden nach Beendigung des zweiten schlesischen Krieges.
Einzelblatt, betitelt: Abbildung der Illumination, welche des Printzen ... Carls ... Hoheit den 28. 12. 1745, als des Königs ... Maj ... in ... Berlin ... eintraffen ... vorstellen lassen, I. G. Schmidt sculpsit et excudit. – Einzelblatt, betitelt: Abbildung der Illumination, welche ... die Churmärckischen Stände ... am 12. 1. 1746 ... für dem Land-Hause ... vorgestellet ..., F. L. Buchholtz invenit et inscr., Falbe et Heider pinxerunt, I. E. Gericke sculpsit – Einzelblatt, betitelt: Abbildung der ... Ehrenpforte, welche die Dorotheenstädtische Bürgerschafft ... vor ... der ... Linden Allee errichten lassen, 12. 1. 1746, I. C. Schmidt excudit. – Einzelblatt betitelt: Abbildung deß Tempels Janus, welcher ... den 12. 1. 1746 gegen den Opern-Hause über representiret wurde ..., Busch excudit. – Einzelblatt mit ähnlichem Titel, Schmidt excudit.

BERLIN 1750 (?), fünfteiliger Feuerwerksaufbau zum Geburtstage der Königin, errichtet von Angelo Galiani aus Bologna. – S. 23, 42.
Kernhistorie aller freien Künste und schönen Wissenschaften. Leipzig 1751, Teil 7, S. 650.

BERLIN 1763, Festbeleuchtungsaufbauten aus Anlaß des Friedens zu Hubertusburg nach Beendigung des Siebenjährigen Krieges.
Sammlung der Freudenbezeigungen und Illuminationen, welche ... in ... Berlin ... angestellet worden sind. Berlin (1763). – Einzelblatt, betitelt: Abbildung der Illumination, welche wegen des Hubertusburger Friedens ... vor dem Land-Hause ... im Namen ... einer ... Churmärkischen Landschaft vorgestellet worden. Die Gemälde waren von B. Rode, und die Erfindung und Ausführung der Decoration von C. F. Fechhelm ..., bei ... Schleuen zu Berlin.

BERLIN 1783, 1784, 1787, handschriftliche Dispositionen zu Übungsfeuerwerken. – S. 32.
Berlin, Zeughaus.

BERLIN 1818, Feuerwerk zum Geburtstage des Königs am 3. August, ausgeführt von der Garde-Artillerie-Brigade, Aufbau: Ehrenpforte.
Malinowsky u. Bonin. Bd. 2, S. 500.

BERLIN 1819, Feuerwerk zum Geburtstage des Königs, ausgeführt von der Garde-Artillerie-Brigade, Aufbau: Ehrenpforte mit Standbild.
Malinowsky u. Bonin, Bd. 2, S. 502.

BERLIN 1820, Feuerwerk der Gardeartillerie zum Geburtstage des Königs mit Aufbau: Propyläen, nach Entwurf von Karl Friedrich Schinkel. – S. 42.
Malinowsky u. Bonin. Bd. 2, S. 504.

BONN 1718, Feuerwerkschloß und Plastik.
Chur-bayrische niemahls abstammende Löwens-Art, Feuerwerk auf dem Rhein vor Bonn. Erfindung des Feuerwerks und Aufrichtung des Gerüsts von Antonio Monti, Ober-Maschinist, welches letzte gemahlt worden durch den Kunst-Pinsel des Herrn Stephan Lorentz de la Roque. Feuerwerk durch J. Simon Dorsch, Artillerie-Lieutenant. Kupferstich von Jacob Andreas Fridrich.

BRESLAU 1666, Feuerwerkstempel.
Einzelblatt, betitelt: Abbildung des Feuerwercks so zu ... Beehrung des Kaiserlichen Beylagers ... gezündet worden.

BRESLAU 1763, Festbeleuchtung aus Anlaß des Friedens von Hubertusburg.
Beschreibung der Freudensbezeugungen und Illuminationen der ... Haupt- und Residenzstadt Breßlau und der übrigen Städte Schlesiens über den ... zu Hubertusburg ... geschlossenen Frieden. Breßlau (1763).

CELLE 1653, Feuerwerksplastik.
Die triumphirende Liebe ... in einem Ballet, auff dem ... Beylager ... Christian Ludowigs, Hertzogen zu Brunswig und Lüneburg ... auff der ... Residentz Zelle vorgestellet ... im 1653. Jahre. Lüneburg.

CHARLOTTENBURG 1728, deutsche Feuerwerksbühnen und Wasserfeuerwerk beim Besuche des Königs Friedrich August von Polen. – S. 29, 31, 32, 41, 44. Abb. 30.
Kupferstich von Georg Paul Busch. – Werkzeichnung im Zeughause zu Berlin. – Geschichte des Feuerwerkswesens, Berlin 1887, Teil 1, S. 17. – Desgl. Berlin 1915, S. 55. – Siehe auch unter Berlin.

CHARLOTTENBURG 1744, einfacher Feuerwerksaufbau mit Wappen und Wasserfeuerwerk zur Hochzeit des schwedischen Thronfolgers mit der Prinzessin Luise Ulrike von Preußen.
Einzelblatt, bez.: I. G. Schmidt sculp.

CHARLOTTENBURG 1765, deutsche Feuerwerksbühne und Wasserfeuerwerk zur Hochzeit des nachmaligen Königs Friedrich Wilhelm II. mit Elisabeth von Braunschweig. – S. 42.
Ausführliche Beschreibung der Solennitäten, bey hoher Vermählung ... des Prinzen von Preußen ..., besonders des prächtigen Land- und Wasser-Feuerwerks ... zu Charlottenburg ... Berlin 1765.

DANZIG 1691, denkmalartiger Feuerwerksaufbau mit Figuren. – S. 23.
Eigentliche Beschreibung des Feuerwercks, welches an dem ... Vermählungstage des Fürsten ... Jacob Ludwig, Kgl. polnischen Printzen ... Anno 1691 ist auffgeführet und verbrandt worden. Dantzig (o. J.).

DANZIG 1698, deutsche Feuerwerksbühne und denkmalartiger Feuerwerksaufbau.
G. R. Curicke. Freuden-Bezeugung der Stadt Dantzig über die ... Wahl und ... Krönung des ... Herrn Augusti des Andern, Königes in Pohlen ... Dantzig 1698.

DRESDEN
Jean Louis Sponsel. Der Zwinger, die Hoffeste und die Schloßbaupläne in Dresden. Dresden 1909 bis 1924.

DRESDEN 1575, Feuerwerksplastik bei dem Besuche des Kaisers Maximilian II. bei Kurfürst August. – S. 37.
Paul Rachel. Fürstenbesuche in Dresden. In: Dresdner Geschichtsblätter. Jahrg. 17, 1908, S. 240.

DRESDEN 1582, Feuerwerk anläßlich der Hochzeit des Prinzen Christian mit der brandenburgischen Prinzessin Sophie. – S. 37.

M. B. Lindau. Geschichte der königl. Haupt- und Residenzstadt Dresden. 2. Aufl. Dresden 1885, S. 374.

DRESDEN 1604, Feuerwerksplastik und Drachenfelsen. Leitung des Feuerwerks: Zeugmeister Georg Buchner. – S. 37.

Radierung von Daniel Bretschneider, datiert: 1605. – Eigentliche Beschreibung des Feuerwerks auf Befehl Christians II. bei der Hochzeit seines Bruders Johann Georg mit Sibille Elisabeth von Württemberg. Dresden 1604.

DRESDEN 1630, deutsche Feuerwerksbühne. – S. 25.

Einzelblatt, betitelt: Abris des Feuerwercks, so bei dem fürstlichen holsteinischen Beilager zu Dresden präsentirt worden. – Abbildung in: Dresdener Bilderchronik Teil 1, Veröffentlichung des Vereins für Geschichte Dresdens.

DRESDEN 1635, Feuerwerkspantomime, veranstaltet vom Kurprinzen Johann Georg zum Namenstage seiner Mutter. – S. 37.

Verzeichnuß undt Ordnung der Feuerwergke, so itzige Churtl. Durchl. selbst angegeben und fertigen laßen, auch theils selbst laboriren helffen und verbrandt. Handschrift von 1671. Berlin, Preußische Staatsbibliothek.

DRESDEN 1637, Feuerwerkspantomime, veranstaltet vom Kurprinzen Johann Georg zu Ehren seiner Eltern. – S. 37.

Verzeichnuß der Feuerwergke (siehe das vorige Feuerwerk).

DRESDEN 1638, Feuerwerkschloß mit Standbildern bei der Hochzeit des Kurprinzen Johann Georg. – S. 37.

Verzeichnuß der Feuerwergke (siehe Feuerwerk von 1635). – Anton Weck. Der chur-fürstlich sächsischen ... Residentz- und Haupt-Vestung Dresden Beschreib: und Vorstellung. Nürnberg 1680, S. 364.

DRESDEN 1650, Feuerwerkspantomime, veranstaltet vom Kurprinzen Johann Georg bei der Hochzeit seiner Brüder Christian und Moritz. – S. 33, 37.

Verzeichnuß der Feuerwergke (siehe Feuerwerk von 1635).

DRESDEN 1662, Feuerwerkspantomime veranstaltet vom Kurfürsten von Sachsen zur Hochzeit seiner Tochter Erdmuth Sophie. – S. 33, 37.

Verzeichnuß der Feuerwergke (siehe Feuerwerk von 1635). – Weck. Dresden. Nürnberg 1680, S. 377.

DRESDEN 1678, Feuerwerkspantomime: des Herculis Feuerwerk. – S. 34, 37.

Gabriel Ttzschimmer. Die durchlauchtigste Zusammenkunfft oder historische Erzehlung, was ... Johann George der Ander ... bey Anwesenheit seiner ... Gebrüdere ... in ... Dresden im Monat Februario ds 1678sten Jahres an allerhand Aufzügen, ritterlichen Exercitien ... vorstellen lassen. Nürnberg 1680.

DRESDEN 1699, Feuerwerkschloß.

Relation von dem ... Feuerwerck welches in Dreßden gehalten worden Anno 1699 (o. O. u. J.).

DRESDEN 1709, Schloßfeuerwerk. – S. 38.

Feste Augusts des Starken in Dresden zur Feier der Anwesenheit des Königs von Dänemark im Jahre 1709. Gouache-Malereien der Maler Johann Samuel Mock und Johann Gottlob Schoene. Dresden, Kupferstichkabinett. – Eigentlicher Abriß und Beschreibung des ... Feuer-Wercks, welches ... der .. König und Churfürst zu Sachsen ... den 6. Junii 1709 ... auf dem Elb-Strohm ... verbrennen lassen ... Zu finden bey Moritz Bodenehr (o. J.).

DRESDEN 1719, Feuerwerkspantomime zur Hochzeit des sächsischen Kurprinzen. – S. 32, 33, 38.
Das Königliche Denckmahl, welches nach geschehener Vermählung ... des Königlichen und Chur-Sächsischen Cron-Printzens Herrn Friedrich Augusti mit ... Fr. Maria Josepha, Ertz-Hertzogin von Österreich ... vom ersten biß letzten Sept. 1719 gestifftet worden. Frankfurt u. Leipzig 1719. – Ausführliche Beschreibung des unvergleichlichen Feuer-Wercks, so Ihro Hoheit dem Königl. und Chur-Printzen von Sachsen und dero ... Gemahlin zu Ehren ... am 10. September Anno 1719 zu Dreßden ... angezündet worden. (Dresden.) – Recueil des desseins et gravures ... représentants les solennités en 1719. Dresden, Kupferstichkabinett. – Kupferstich, bez.: Joh. August Corvinus sculpsit Aug. Vind. – Abbildung in: Sponsel, Zwinger, S. 265 u. Taf. 64, 2.

DRESDEN 1736, Festbeleuchtung.
Das frolockende Dreßden oder Beschreibung derer ... Illuminationen, welche, als Ihro Königl. Maj. ... Fridericus Augustus nebst dero ... Gemahlin ... in dero Residentz Dresden nach hergestellter Ruhe in Pohlen ... zurücke angelanget, ... präsentiert ... worden. Dresden (1736).

DRESDEN 1738, Festbeleuchtung anläßlich der Vermählung der Prinzessin Amalia mit König Karl von Sizilien. – S. 39.
Beschreibung der Illumination zu Dressden bey der Königlichen Sicilianischen in Vollmacht vollzogenen Vermählung. Dresden 1738.

DRESDEN 1747, deutsche Feuerwerksbühne bei der Vermählungsfeier der Prinzessin Maria Josepha mit dem französischen Dauphin. – S. 39.
Radierung, bestehend aus 2 Blatt, bez.: Moritz Bodenehr sculps. – Abbildung in: Aladár von Boroviczény. Graf von Brühl. Zürich 1930, gegenüber S. 360.

DRESDEN 1807, Festbeleuchtung bei dem Einzuge Napoleons I.
Feierlichkeiten bei der Ankunft Napoleons in Dresden von H. Dresden (1807).

DRESDEN 1813, Feuerwerk der französischen Artillerie auf der Augustusbrücke und der Elbe zur Geburtstagsfeier Napoleons I.
(W. A. Lindau). Darstellung der Ereignisse in Dresden im Jahre 1813 von einem Augenzeugen. (Dresden 1816.)

DÜSSELDORF 1585, Feuerwerkspantomimen. – S. 33. Abb. 25.
Diederich Graminäus. Beschreibung derer fürstlicher Güligscher &c. Hochzeit. Köln 1587. – Abbildung in: Carl Niessen. Das Bühnenbild. Bonn 1924–1927, Taf. 47.

FRANKFURT (Main) 1558, Feuerwerkschloß bei der Wahl und Krönung Ferdinands I. – S. 43.
A. A. von Lersner.) Chronica der ... freyen Reichs-, Wahl- vnd Handels-Statt Franckfurt a. M. (Frankfurt) 1664, S. 163.

FRANKFURT (Main) 1562, Feuerwerkschloß auf dem Main. – S. 43.
Wahl vnd Crönungs Handlung, welcher Gestalt weyland ... Maximilian der ander ... zu Franckfurt am Mayn zum Römischen König erwehlt, vn ... gekrönet worden. Franckfurt 1649, Seite mit Sign. D.

FRANKFURT (Main) 1612, Feuerwerkschloß auf dem Main. – S. 43.
Electio et coronatio ... Matthiae I electi Rom. Imperat ... hanc ... delineationem ... dedicant Johannes-Theodorus de Bry, Jacobus de Zettra, Johannes Gelle. (Frankfurt a. M. 1612.)

FRANKFURT (Main) 8. 6. 1661, Feuerwerkschloß zum Geburtstage des Kaisers. – S. 43.
(A. A. v. Lersner). Chronica S. 163.

FRANKFURT (Main) 27. 11. 1661, Feuerwerkschloß auf Veranlassung des französischen Gesandten zur Geburt des Dauphin. – S. 43.
(A. A. v. Lersner). Chronica S. 168.

FRANKFURT (Main) 1671, Feuerwerkschloß. – S. 43, 79.
Bernard Müller. Das Frankfurter Schützenfest von 1671 (nach der Beschreibung von Wilhelm Serlin). In: Alt-Frankfurt Jahrg. 4, 1912, S. 33.

FRANKFURT (Main) 25. 8. 1741, Feuerwerksaufbau im Main, errichtet vom französischen Gesandten zum Namenstage Ludwigs XV. – S. 23, 43.
Einzelblatt, bez.: de Mouy inv., gravé par I. I. Eberspach. – Abbildung in: Alt-Frankfurt Jahrg. 2, 1910, S. 72. – Diarium ... von der Wahl und Crönung ... Carls VII. Frankfurt a. M. 1742, 1743, (Teil 1), S. 144.

FRANKFURT (Main) 18. u. 19. 11. 1741, Feuerwerk und Festbeleuchtung veranstaltet vom spanischen Gesandten zum Namenstage der spanischen Königin. – S. 43, 48. Abb. 29.
Folge von 4 Blatt, davon das Feuerwerksblatt bez.: I. F. d. Uffenbach invenit et direxit. – Diarium ... von der Wahl und Crönung ... Carls VII. Frankfurt a. M. 1742, 1743, (Teil 1), S. 210. – Abbildung eines der Blätter mit Festbeleuchtung in: Alt-Frankfurt Jahrg. 2, 1910, S. 76.

FRANKFURT (Main) 1741 u. 1742, Festbeleuchtungen des Hauses des kurpfälzischen Gesandten. – S. 43.
Diarium ... von der Wahl und Crönung ... Carls VII. Frankfurt a. M. 1742, 1743; die hierauf bezüglichen Kupferstiche bez.: Jaques Fred. le Clerc del., Ch. Jörg inv., Jean Jaques Eberspach sc.

FRANKFURT (Main) 1742, deutsche Feuerwerksbühne errichtet auf Veranlassung des spanischen Gesandten Grafen del Montijo bei der Wahl und Krönung des Kaisers Karl VII. – S. 43.
Einzelblatt, bez.: Hieronymus Sperling sculp.

FRANKFURT (Main) 1742, Festbeleuchtung des Hauses des spanischen Gesandten aus demselben Anlaß wie vorher. – S. 43.
Einzelblatt, bez.: Gustav Andreas Wolffgang sculp.

FRANKFURT (Main) 1742, Festbeleuchtung des Hauses des französischen Gesandten bei der Krönung des Kaisers. – S. 43.
Einzelblatt, bez.: Mr. de Mouy, Ingénieur-Géogr. du Roy inv., I. N. Lentzner delin.

FRANKFURT (Main) 1745, Festbeleuchtungen zur Wahl und Krönung des Kaisers Franz I.
Des römischen Kaisers Franciscus Wahl- und Crönungs-Diarium. Frankfurt a. M. 1746.

FRANKFURT (Main) 1764, Festbeleuchtung des Bellischen Hauses durch den pfalzgräflichen Gesandten bei der Krönung Josephs II.
Kupferstich von E. Verelst und P. P. Choffard nach Zeichnung von A. Egl. – Abbildung in: Bernard Müller. Bilderatlas zur Geschichte der Stadt Frankfurt a. M. Frankfurt 1916, Taf. 121.

FRANKFURT (Main) 1790, Festbeleuchtungen zur Wahl und Krönung des Kaisers Leopold II.
Vollständiges Diarium der ... Wahl und ... Krönung ... Leopold II. Frankfurt a. M. 1791. – Beschreibung der Illuminationen, welche ... zu Frankfurt am Krönungstage Leopold II. ... veranstaltet worden sind. In: Museum für Künstler und für Kunstliebhaber. Hrsg. von Johann Georg Meusel. 13. Stück. Mannheim 1791, S. 56.

FRANKFURT (Main) 1790, Feuerwerke aus dem gleichen Anlaß wie vorher von Girandolini und dem Artillerieleutnant Streller.
Nach „Siegfried Sieber. Zur Geschichte des Feuerwerks und der Illumination. (Deutsche Geschichtsblätter. Jahrg. 13, Gotha 1912, S. 225)" in: Frankfurter Wahltagsakten, S. 79 und Frankfurter Oberpostamtszeitung, 8. u. 12. Oktober 1790.

FRANKFURT (Oder) 1706, Land- und Wasserfeuerwerk und Festbeleuchtungsaufbauten.
Saecularia sacra Academiae Regiae Viadrinae, quibus sub augustis auspiciis ... Regis Borussiae ... natalem tertium ... celebravit ... Francofurti ad Viadrum (1706).

FREIBURG (Breisgau) 1770, Feuerwerk und Festbeleuchtung während der Durchreise der Erzherzogin Maria Antonia nach Paris zur Hochzeit mit dem französischen Thronfolger.
Beschreibung der Feyerlichkeiten, welche auf Anordnung ... Magistrats ... abgehalten worden. (Freiburg 1770.) – Beschreibung der Feyrlichkeiten, welche ... von den vorderöstreich-breißgauischen Landständen veranstaltet worden. (Freiburg) 1770.

GRAZ 1571, Kampfspiel um ein Feuerwerkschloß.
Wentzel Sponrib. Warhaffte Beschreibung, was vor ... Ertzhertzogen Carls zu Oesterreich hochzeitlichen Haimfuerung in ... Grätz in Steyer ... zuegerichtet. Grätz 1572.

GUMBINNEN 1742, Feuerwerkschloß zum Siegesfest. – S. 22, 26.
Louis v. Malinowsky u. Robert v. Bonin. Geschichte der brandenburgisch-preußischen Artillerie. Berlin 1841. Bd. 2, S. 491.

HAMBURG 1724–1728, Feuerwerk und Festbeleuchtung auf der Theaterbühne. – S. 45.
Eine Collection curieuser Vorstellungen in Illuminationen und Feuer-Wercken, so in denen Jahren 1724 biß 1728 ... bey Gelegenheit einiger publiquen Festins und Rejouissances in Hamburg ... unter der Direction und von der Invention Thomas Lediard's ... sind vorgestellet worden. Hamburg 1730.

HAMBURG 1730, Bühnenbilder und Aufbauten für Festbeleuchtung auf Veranlassung des russischen Gesandten zur Krönung der Zarin Anna Iwanowna.
Ausführliche Relation des wegen der ... 1730 ... geschehenen ... Crönung Annae Iwanowae ... celebrirten solennen Festins ... von Herrn Lediard erfundenen Illuminationen ... Hamburg (o. J.).

HAMBURG 1745, deutsche Feuerwerksbühne errichtet aus Anlaß der Wahl und Krönung des Kaisers Franz I. – S. 26.
Kupferstich, bez.: Spanniger pyrotechn. inven. Peiffer junior delin. C. Fritzsch sculpsit.

HANNOVER 1668, Feuerwerkspantomime zur Hochzeit des Herzogs Johann Friedrich zu Braunschweig. Erfinder: Artillerieleutnant H. C. Wellig. – S. 34.
Die überwindende Liebe praesentiret und dargestellet durch ein künstliches Fewr-Werck ... Hannover 1668.

HANNOVER 1674, Feuerwerkspantomime. – S. 34.
Hans Georg Wellig. Opera von denen ubergroßen tapffern Helden-Thaten Cimons von Athen ... in einem künstlichen Feurwercke vorgebildet ... Von ... Hans Georg Welligen, da derselbe seine Söhne nebst anderen zu Ende gesetzten guten Freunden die löbliche Artillerie und Feuerwercks-Kunst lehrete und dieses als ihre Probe verbrandte ... im Jahr 1674. Hannover.

HANNOVER 1727, Feuerwerk und Festbeleuchtung.
Umständliche Beschreibung der hannöverischen Freuden-Bezeugungen an dem ... Crönungs-Tage ... Georgs des Andern, Königs von Groß-Britannien ... im Jahr 1727 ... Hannover 1728.

HEIDELBERG 1613, Schloßfeuerwerk. – S. 50.
Beschreibung der Reiß: Empfahung deß ritterlichen Ordens: Vollbringung des Heyraths ... Friederichen deß Fünften, Pfaltzgraven bey Rhein ... mit Elisabethen ... (Heidelberg) 1613. – Abbildung in: Georg Hirth. Kulturgeschichtliches Bilderbuch. München (1885), Bd. 3, Nr. 1549.

HERRENHAUSEN 18. 10. 1821, Feuerwerk im Schloßgarten am Jahrestage der Leipziger Völkerschlacht. – S. 44.
Heinrich Dittmer. Authentische ... Beschreibung aller Feyerlichkeiten, welche in dem Hannoverschen Lande bey der Anwesenheit ... George IV. ... veranstaltet worden sind. Hannover 1822.

HOLZHEIM bei Ulm (?) 2. Hälfte des 17. Jahrhunderts, Feuerwerk, wahrscheinlich von Joseph Furttenbach d. Ä. entworfen. – S. 32.
Handschriftliche Disposition, Berlin, Zeughaus.

HOMBURG (Pfalz) 1785, Feuerwerksaufbau darstellend einen Vulkan zur Hochzeit des Prinzen Max. Entwurf: Joh. Chr. v. Mannlich.
Rokoko und Revolution. 2. Auflage der u. d. Titel „Ein deutscher Maler und Hofmann" erschienenen Lebenserinnerungen des Johann Christian v. Mannlich 1741–1822. Nach der französischen Originalhandschrift herausgegeben von Eugen Stollreither. Berlin 1913, S. 388.

KASSEL 1594, Naturalistischer Feuerwerksaufbau und Feuerwerksplastik anläßlich der Taufe eines Sohnes des Landgrafen Moritz von Hessen.
Johannes Janssen. Geschichte des deutschen Vollkes. Freiburg i. Br. 1894, Bd. 8, S. 173.

KASSEL 1596, Feuerwerk als Abschluß eines Ritterspiels. – S. 32, 33.
Wilhelm Dilich. Historische Beschreibung der fürstlichen Kindtauff Fräwlein Elisabethen zu Hessen ... im Augusto des 1596. Jahrs zu Cassel gehalten ... Cassel 1598.

KASSEL 1613, Naturalistischer Feuerwerksaufbau und Feuerwerksplastik anläßlich der Hochzeit des Landgrafen Otto von Hessen.
Chr. von Rommel. Neuere Geschichte von Hessen. Kassel 1837, Bd. 2, S. 397.

KÖNIGSBERG 1690, deutsche Feuerwerksbühnen und Wasserfeuerwerk anläßlich der Erbhuldigung.
Louis v. Malinowsky u. Robert v. Bonin. Geschichte der brandenburgisch-preußischen Artillerie. Berlin 1841, Bd. 2, S. 476.

KÖNIGSBERG 1701, deutsche Feuerwerksbühnen zur Krönung Friedrichs I.
Theatrum europaeum. Teil 16. Frankfurt a. M. 1717, S. 123.

KÖNIGSBERG 1742, deutsche Feuerwerksbühne und Wasserfeuerwerk bei der Friedensfeier nach dem ersten schlesischen Kriege.
Malinowsky u. Bonin, Bd. 2, S. 491.

KONSTANZ 1506, Freudenfeuer. – S. 20.
Anton Birlinger. Volkstümliches aus Schwaben. Freiburg 1862, Bd. 2, S. 300.

KÜSTRIN 1586, Feuerwerk, veranstaltet von Kurfürst Johann Georg von Brandenburg beim Besuche des Kurfürsten von Sachsen und anderer Fürsten. – S. 33.
J. C. W. Moehsen. Beiträge zur Geschichte der Wissenschaften in der Mark Brandenburg. Berlin 1783, S. 551.

KÜSTRIN 1595, Feuerwerksplastik beim Einreiten des Markgrafen Johann Sigmund. – S. 41.
Jacobus Francus. Historica relatio, Fastenmesse bis Herbstmesse 1595. Frankfurt a. M. 1595, S. 101.

LANDSHUT 1585, denkmalartiger Feuerwerksaufbau. – S. 28.
Paul Zehendtner vom Zehendtgrüb. Ordenliche Beschreibung mit was ... Ceremonien und Zierlichheiten die Röm. Kay. May. ... den Orden deß Guldin Flüß in disem 85. Jahr zu Prag vnd Landshut empfangen ... Dillingen 1587.

LEIPZIG 1667, deutsche Feuerwerksbühne.
Abbildung in: Theatrum europaeum, Teil 10. Frankfurt a. M., Matthäi Merian Erben 1667.

LUDWIGSBURG 1748, Feuerwerk vor dem Schlößchen Favorite bei der Hochzeit des Herzogs Karl von Württemberg.
Wilhelm Friedrich Schönhaar. Ausführliche Beschreibung des zu Bayreuth ... 1748 vorgegangenen ... Beylagers. Stuttgart 1749.

LÜBECK 2. Hälfte des 14. Jahrhunderts, Festbeleuchtung beim Einzuge Kaiser Karls IV. – S. 10.
Jacob Grimm. Deutsche Mythologie. 4. Ausg. Berlin 1875, 1878. Bd. 1, S. 524 u. Bd. 3, S. 177.

MÜHLBERG 1730, Feuerwerksgemälde. – S. 32, 39.
Das jauchzende Sachsen, d. i. ausführliche Relation der besondern Merckwürdigkeiten, die sich bey dem magnifiquen königl. pohlnischen Lust-Campement bey Mühlberg in Sachsen Anno 1730 ... zugetragen. Neustadt (1730).

MÜNCHEN 1584, Sonnwendfeuer auf Felsenbühne, Entwurf: Friedrich Sustris. – S. 23.
Kurt Steinbart. Die niederländischen Hofmaler der bairischen Herzöge. In: Marburger Jahrbuch für Kunstwissenschaft. Bd. 4, 1928, S. 113.

MÜNCHEN 1613, Feuerwerkschloß bei der Hochzeit des Pfalzgrafen Wolfgang Wilhelm. – S. 23.
Jacobus Francus. Relationis historicae continuatio ... von der Frankfurter Herbstmesse bis auf die Fastenmesse 1614, S. 80.

MÜNCHEN 1660, Schloßfeuerwerk mit Kampfspielen anläßlich des Besuches des Fürsterzbischofs von Salzburg. – S. 24.
Georg Jacob Wolf. Das kurfürstliche München 1620–1800. München 1930, S. 70.

MÜNCHEN 1. 10. 1662, deutsche Feuerwerksbühne und Kampfhandlungen als Abschluß eines Festspiels, Architekt: Francesco Santurini. – S. 24, 25, 33, 39, 60. Abb. 20.
Conte Pietro Paolo Bissari. Medea venticativa. Drama di fuoco. Attione terza degli applausi fatti alla nascita dell'Altezza sereniss. di Massimiliano Emanuele, primogenito elettorale. Monaco 1662.

MÜNCHEN 20. 12. 1662 bis 1682, deutsche Feuerwerksbühnen, ferner Feuerwerkschlösser, Feuerwerksplastik und Wasserfeuerwerk. – S. 25, 39.
Christoph Helle. (Abbildung und Beschreibung von Feuerwerken in München und Umgebung von 1662 bis 1682. o. O. u. J.)

MÜNCHEN, 28. 1. 1680, deutsche Feuerwerksbühne, inmitten Brunnen mit plastischen Figuren, errichtet bei den Vermählungsfeierlichkeiten der bayerischen Prinzessin Maria Anna Christina mit dem Dauphin von Frankreich. – S. 26.
Radierung, „gestochen und zu finden bey Michael Wening". – Christoph Helle, Bl. 13.

MÜNCHEN 1688, deutsche Feuerwerksbühne bei der Vermählung der Prinzessin Violanta mit dem Erbprinzen Ferdinand von Toskana. – S. 39, 52.
Kupferstich, betitelt: Deß Gott Amoris in khünstlichen Liebes Feyern geschmitter Traw Ring ... Joh. Ulr. Kraus sc. – Abbildung in: Georg Jacob Wolf. Das kurfürstliche München. München 1930, Tafel gegenüber S. 92.

MÜNCHEN bzw. Starnberger See 1722, plastischer Feuerwerksaufbau und deutsche Feuerwerksbühne. – S. 39.
Pierre de Bretagne. Rejouissances et fétes ... qui se sont faites en Baviere l'an 1722 au mariage de ... Monseigneur le Prince Electoral ... avec ... la Princesse Marie Amélie ... Munique 1723.

MÜNCHEN 1824, Festbeleuchtung, Aufbauten auf dem Maximilianplatz. Architekt: Joh. Ulr. Himbsel. – S. 40.

Feier des 25jährigen Regierungsjubiläums Seiner Majestät Maximilian Joseph I., Königs von Baiern in ... München. (München 1824.)

MÜNCHEN 1888, Feuerwerk an der Ruhmeshalle auf der Theresienwiese und an Nachbildungen berühmter Bauwerke und Plastik zur Zentenarfeier der Geburt König Ludwigs I. Entwurf: G. Ersoch und V. Ribacchi. – S. 40.

Die Centenarfeier der Geburt des Königs Ludwig I. von Bayern. Festprogramm während der Tage vom 29.–31. Juli 1888. München (1888). – Eugen Bischoff und Franz Sales Meyer. Die Festdekoration in Wort und Bild. Leipzig 1897, S. 309. – Illustrierte Zeitung. Jahrg. 1888, Nr. 2355. – Kupferstich von Ph. de Sanctis.

MÜNSTER 1722, Feuerwerk, veranstaltet vom Bischof von Münster und Paderborn Clemens August zu Ehren des Papstes Innocenz XII., des Kaisers Karl VI. und des Kurfürsten Joseph Clemens von Köln. Vereinfachte deutsche Feuerwerksbühne, entworfen und ausgeführt vom Obersten Lambrecht Friedrich von Corfey. Deutsche Feuerwerksbühne, entworfen vom Oberbaudirektor Johann Conrad Schlaun, nicht ausgeführt. – S. 28.

Entwürfe von Corfey und Schlaun in der Kreisbibliothek Bonn. – Heinrich Hartmann. Johann Conrad Schlaun. Münster 1910, S. 14 u. 274, Abb. 151, 152.

NEU-RUPPIN 1509, Festbeleuchtung bei Gelegenheit eines Turniers, veranstaltet von Kurfürst Joachim I.

Julius Bernhard von Rohr. Einleitung zur Ceremoniel-Wissenschafft der großen Herren ... Neue Aufl. Berlin 1733, S. 839.

NÜRNBERG 1535, Schloßfeuerwerk aus Anlaß der Eroberung von Tunis durch Karl V. – S. 21, 22, 29, 33, 43. Abb. 18.

Holzschnitt von Erhard Schön mit Gedicht von Hans Sachs. – Abbildung in: Max Geisberg. Der deutsche Einblatt-Holzschnitt in der ersten Hälfte des 16. Jahrhunderts. München 1923 u. folg. Bd. 17, Taf. 31 u. 32.

NÜRNBERG 1570, Feuerwerkschloß. – S. 22, 29.

Radierung von Jost Amman. – Abbildung in: Georg Hirth. Kulturgeschichtliches Bilderbuch. München (1883), Bd. 2, Nr. 1101.

NÜRNBERG 1635, Probefeuerwerk für die Meisterprüfung des Lor. Müller. – S. 44.

Einzelblatt.

NÜRNBERG 1650, Feuerwerk zu Ehren des Pfalzgrafen Karl Gustav (des späteren Königs Karl X. von Schweden), des schwedischen Vertreters in Nürnberg, ausgeführt von Johann Carl.

Einzelblatt.

NÜRNBERG 1650, Feuerwerk mit dem Kastell des Unfriedens und der Burg des Friedens bei der Feier des Friedensschlusses nach dem Dreißigjährigen Kriege. – S. 43.

Kupferstich von Peter Troschel nach Zeichnung von Michael Herz. – Abbildung in: Hugo Barbeck. Alt-Nürnberg, 1894, Alt-Nürnberger Bürger in Waffen, Taf. 13 u. 14, ferner in: Georg Hirth. Kulturgeschichtliches Bilderbuch. München (1883), Bd. 4, Nr. 2256. – Johann Klai. Irene, das ist, vollständige Außbildung deß zu Nürnberg geschlossenen Friedens. Nürnberg 1650.

NÜRNBERG 1657, Feuerwerk der Armbrustschützengesellschaft. – S. 79.

Einzelblatt, bez.: L S (= Lucas Schnitzer) fecit.

NÜRNBERG 1659, Probefeuerwerk für die Meisterprüfung des Joh. Müller. – S. 44.
Einzelblatt.

NÜRNBERG 1661, Probefeuerwerk für die Meisterprüfung von Engelhart Holtzschuer, Jobst Wilhelm Ebner und Johann Tobias Ebner, Schülern von Lorenz Müller. – S. 44.
Einzelblatt.

NÜRNBERG 1665, Probefeuerwerk für die Meisterprüfung von Georg Carl Hornung, Johann Arnold und Johann Conrad Hornung. – S. 29, 44.
Einzelblatt.

NÜRNBERG 1678, Feuerwerk mit Miniatur-Feuerwerkschloß.
Abbildung der Freudens Begängnus, welche, wegen der Röm. Kays. May. gebohrnen erzherzoglichen Erb-Prinzens . . . beschehen . . . Kupferstich.

NÜRNBERG 1712, Feuerwerk bei der Anwesenheit des Kaisers Karl VI: Raketenstände, davor Pyramide und Wappen, ausgeführt von Oberstleutnant Gottl. Trost.
Kupferstich: Prospect und Eintheilung des Feuer-Wercks . . ., bez.: J. D. Preisler ad. viv. del., T. G. Beckh sculpsit. – Kupferstich: Vorstellung der drey Seiten von der jenigen Pyramide, welche des Carolo VI. vor Nürnberg . . . angezündete Feuer-Werck erleuchtet hat, bez. wie vorher.

NÜRNBERG 1716, Feuerwerk mit einfachem Tempel und Feuerbäumen zur Geburt des Erzherzogs Leopold und des Sieges über die Türken bei Peterwardein.
Einzelblatt, bez.: W. M. Gebhardt del. – Abbildung in: Barbeck. Alt-Nürnberg, Bürger in Waffen, Taf. 15, ferner in: Eugen Bischoff u. Franz Sales Meyer. Die Festdekoration in Wort und Bild. Leipzig 1897, Fig. 315.

NÜRNBERG 1717, Reiterdenkmal inmitten von Raketenständen aus Anlaß der Übergabe von Belgrad.
Einzelblatt, bez.: W(olfgang) M(agnus) Gebhardt del.

NÜRNBERG 1717, Illuminationsaufbau mit bildlichen Darstellungen des Sieges über die Türken.
Einzelblatt, bez. wie vorher.

NYMPHENBURG 1747, geradliniger Feuerwerksaufbau bei der Vermählung des Kurfürsten Maximilian Joseph III. mit der sächsischen Prinzessin Maria Anna. – S. 39.
Radierung, bez.: Math. Wieland Tormentarius sculpsit.

NYMPHENBURG 1765, geradliniger Feuerwerksaufbau bei der Vermählung des Kaisers Joseph II. mit der bayerischen Prinzessin Josepha. Entwurf von Ch. A. de Lespilliez. – S. 40.
Kupferstich von Georg Michael Weißenhahn. – Radierung, bez.: Joh. Martin Will exc., Aug. Vind.

NYMPHENBURG 1770, Feuerwerkstempel. – S. 40, 78. Abb. 28.
Radierung, betitelt: Élévation géometralle d'une décoration pour un feu d'artifice qui devait être exécuté de relief a Nimphemburg, dedié . . . par . . . F. de Cuvillies fils, mis au jour en 1770. Falerian Funk sc.

PADERBORN 1736, deutsche Feuerwerksbühne. Architekt: Johann Conrad Schlaun.
Ausführliche . . . Beschreibung des acht tägigen Jubel-Fests, welches zu Ehren des H. Liborii . . . glorreichen Patronen und Schutz-Heiligen des Hoch-Stiffts Paderborn daselbst auff das prächtigste angestellet hat der Ertz-Bischoff und Chur-Fürst zu Cölln Clement August . . . Anno 1736, den 23. Julii als 900 Jahr verflossen waren, daß des H. Liborii wunderthätige Gebein nach Paderborn überbracht worden. Hildesheim o. J. – Heinrich Hartmann. Johann Conrad Schlaun. Münster 1910, S. 43, Abb. 15. – Abb. in: Encyclopédie des métiers d'art, décoration de style. Bd. 1, Taf. 93.

PILLNITZ 1738, Feuerwerkstempel und Festbeleuchtung des Parks bei der Vermählung der Prinzessin Amalia mit König Karl von Sizilien.

Johann Ulrich König. Beschreibung aller Solennitäten bey dem Sicilianischen Vermählungs-Feste, May 1738 zu Dreßden. Dreßden (o. J.).

PILLNITZ 1747, deutsche Feuerwerksbühne bei der Vermählung des sächsischen Kurprinzen Friedrich Christian mit der bayerischen Prinzessin Maria Antonia und des bayerischen Kurfürsten Maximilian Joseph III. mit der sächsischen Prinzessin Maria Anna. – S. 39.

Einzelblatt. – Abbildung in: Aladar von Boroviczény. Graf von Brühl. Zürich 1930, gegenüber S. 368.

PRAG 1558, Feuerwerksplastik, Wasserfeuerwerk. – S. 35.

Kaiser Ferdinands Einreiten von Wien gen Prag 1558 nach einer gleichzeitigen handschriftlichen Aufzeichnung in der Bibliothek des Germanischen Museums N. 7090, Fasz. II. In: Anzeiger für die Kunde der deutschen Vorzeit. N. F. Bd. 19, 1872, Sp. 249.

PRESSBURG 1714, Feuerwerkspantomime. – S. 33.

Conceptus spectaculi pyrotechnici in coronatione hungarica Augustae Elisabethae Christinae. In: Carolus Gustavus Heraeus. Inscriptiones et symbola varii argumenti. Nürnberg 1721, S. 99.

RANSHOFEN 1699, Feuerwerkschloß und deutsche Feuerwerksbühne. – S. 40.

Saeculum octavum oder achttägiges ... Jubel-Fest ... in dem ... Closter Ranshoven ... Augsburg 1702.

REGENSBURG 1682, Feuerwerkstempel, errichtet vom französischen Gesandten anläßlich der Geburt des Duc de Bourgogne.

Claude François Menestrier. Histoire du règne de Louis le Grand par les médailles. Paris 1693.

REGENSBURG 1776, Illuminationsaufbau zur Hochzeit des Prinzen Hieronymus von Radzivil mit der Prinzessin Sophie von Thurn und Taxis. Architekt und Bildhauer: Simon Sorg.

Einzelblatt, bez.: Joh. Gottlieb Fridrich sculpsit et excud.

RHEINSBERG 1777, Illuminationstraße.

Einzelblatt, betitelt: Desseins de décorations ... Abriß derer Zirathen auf der Reinsbergstraß zum Eingang des ... Großherzogh den 5. August 1777 und der Mahlereyen in Vorstellung der gemachten Beleichtung in den Garten den 6. Aug., bez.: le lieut. Hennert inv. et del. à Berlin.

SCHÖNBRUNN 1765, Beleuchtung des Schlosses bei der Hochzeit Josephs II., entworfen und ausgeführt von Oberhofarchitector Niclas von Paccassi. – S. 36.

Frankfurter Meß-Relation ... zwischen der Frankfurter Herbstmesse 1764 und besagter Ostermesse 1765. Frankfurt a. M.

SOLOTHURN 1725, Feuerwerkstempel, errichtet vom französischen Gesandten zur Hochzeit des Königs von Frankreich.

Mercure de France 1725, Oktober, S. 2419.

SOLOTHURN 1729, Feuerwerkstempel, errichtet vom französischen Gesandten zur Geburt des Dauphin.

Einzelblatt.

SOLOTHURN 1777, geradliniger Feuerwerksaufbau, errichtet vom französischen Gesandten aus Anlaß der Erneuerung des Bündnisses zwischen Frankreich und der Schweiz.

Einzelblatt, bez.: Dessiné ... par L. Midart en 1777, gravé sous la direction de Chr. de Mechel à Basle 1779.

SPANDAU 1588, Feuerwerkschloß mit figürlichem Beiwerk zur Hochzeit des Grafen Lynar. – S. 28.
Louis v. Malinowsky u. Robert v. Bonin. Geschichte der brandenburgisch-preußischen Artillerie. Berlin 1841, Bd. 2, S. 472.

STUTTGART 1609, Schloßfeuerwerk.
Radierung darstellend das Feuerwerk zur Hochzeit des Herzogs Johann Friedrich von Württemberg. – Abbildung in: Eugen Bischoff u. Franz Sales Meyer. Die Festdekoration in Wort und Bild. Leipzig 1897, Fig. 51.

STUTTGART 1616, Feuerwerkschiff. – S. 23, Abb. 19.
Radierung, bez.: M. Merian fecit, in: Esaias van Hulsen. Repraesentatio der furstlichen Aufzug und Ritterspil, so ... Johan Friderich Hertzog zu Württemberg ... bey Ihr F. G. Neuwgebornen Sohn ... Kindtauffen ... 1616 inn ... Stuetgarten gehalten. Stuttgardten 1616.

STUTTGART 1674, Feuerwerk und Feuerwerkskämpfe an einem Triumphbogen zur Hochzeit des Herzogs Wilhelm Ludwig von Württemberg.
Vorstellung Stuttgartischer ... Würtemberg-Hessischer Heimführungs-Begängnis. Stuttgart 1675. – Abbildung (teilweise) in Bischoff u. Meyer, Fig. 51.

TORGAU 1548, Kampfspiel an einem Feuerwerkschloß auf der Elbe anläßlich der Hochzeit des Herzogs August von Sachsen mit der dänischen Prinzessin Anna. – S. 37.
Johannes Voigt. Fürstenleben und Fürstensitte im 16. Jahrhundert. In: Historisches Taschenbuch, herausgegeben von Friedrich von Raumer. Leipzig 1835, S. 231.

ULM 1644, Feuerwerk im Garten des Johann Khonn, ausgeführt von Joseph Furttenbach. – S. 30, 79, Abb. 49.
Gemälde mit Text von Joseph Furttenbach. Nürnberg, Germanisches Museum.

WEIMAR 1804, deutsche Feuerwerksbühne, russisch beeinflußt, zur Hochzeit des Erbgroßherzogs Karl Friedrich mit der Großfürstin Maria Paulowna. – S. 27, Abb. 22.
Folge von Feuerwerks- und Illuminationsaufbauten, Ehrenpforten und anderen Festaufbauten zu dieser Hochzeit, meist bez.: A. Weise fec.

WIEN 1438, Freudenfeuer. – S. 35.
J. E. Schlager. Wiener Skizzen aus dem Mittelalter. Wien 1839. Neue Folge, S. 31.

WIEN 1558, Ritter- und Kampfspiele, Feuergarben auf dem Stephansturme beim Einzuge Ferdinands I. nach der Kaiserkrönung. – S. 35.
Georg Eder. Triumphus D. Ferdinando I. ro. imperatori invictiss. P. P. augustiss. Archigymnassii Viennensis renunciatus. Wien 1558.

WIEN 1563, Hängefeuerwerk, Feuerwerksplastik u. a. – S. 4, 35.
Caspar Stainhofer. Grundtliche ... beschreibung des alten und jungen Zugs, welche bede zu Einbeleittung ... Kaiser Maximilian des Anndern ... zu Wienn den 16. Martij im 63 jahr ankhomen. In: Berichte und Mitteilungen des Altertums-Vereines zu Wien, Bd. 46 u. 47 (1914), S. 25.

WIEN 1565, Schloßfeuerwerk. – S. 35.
Christian August Vulpius. Curiositäten der physisch-literarisch-artistisch-historischen Vor- und Mitwelt. Weimar 1811, Bd. 1, S. 36.

WIEN 1666, Feuerwerkspantomime bei der Hochzeitsfeier des Kaisers Leopold I. mit Margarita, Infantin von Spanien. – S. 32, 33, 34, 35, Abb. 26.

Allerhöchst-feyerlichste Festivitäten, welche bey dem ... Beylager ... Leopoldi I. ... in ... Wien ... gehalten worden. o. O. 1667. – Von Himmeln entzindete vnd durch allgemainen Zuruff der Erde sich himmelwerts erschwingende Frolokhungs Flammen, zur Begengnus des hochzeitlichen Beylägers ... Leopoldi des Ersten ... 1666.

WIEN 1673, Feuerwerkspantomime bei der Hochzeitsfeier des Kaisers Leopold I. mit der Erzherzogin Claudia Felicitas. – S. 33, 35, 36, 52.

Die Vernichtung dez Cretischen Irr Gartens in einem auß Gelegenheit deß ... Einzugs deren ... Kayserlichen Mayestätten ... zu Wienn gehaltenen Lust-Feur dargestellt. Wienn 1673. – Radierung betitelt: Irrgarten Daedali, oder Lust- und Freuden-Feuerwerck ... verfertigt von ... Feuerwercker Johann Jacob Köchly ...

WIEN 1677, deutsche Feuerwerksbühne bei der Hochzeitsfeier des Kaisers Leopold I. mit Eleonore Magdalene Therese, Pfalzgräfin von Neuburg. – S. 35.

La face di Prometeo. Festa di fuochi ... Wien 1667. – Einzelblatt, betitelt: des Prometheus Fackel oder lustbares Kunst- und Freuden-Feur ... verfertigt, vorgestellt und verbrennt durch Johann Jacob Köchly.

WIEN 1705, deutsche Feuerwerksbühne und Feuerwerkskämpfe bei der Huldigungsfeier für Kaiser Josef I. und seine Gemahlin. – S. 36, 52.

Einzelblatt.

WIEN 1718, Festbeleuchtung des Palais Liechtenstein zum Geburtstage des Kaisers Karl VI. durch August II., König von Polen und Kurfürst von Sachsen, ausgeführt von Ferdinando Galli Bibiena. – S. 36, Abb. 27.

Caroli Gustavi Heraei inscriptiones et symbola. Nürnberg 1721.

WIEN 1732, Feuerwerkschloß. – S. 22, 44.

Ernst- und Lust-Feuer-Werks Prob auf ... Verordnung eines löbl. Stadt-Rahts der ... Stadt Wien durch ... Anton Ospel ... Kupferstich von Andreas und Joseph Schmutzer. – Abbildung in: Hans Tietze. Alt-Wien in Wort und Bild. Wien 1924, Abb. 94. – Albert Ilg. Der Wiener Architekt Anton Ospel. In: Berichte und Mitteilungen des Altertums-Vereins zu Wien. Bd. 24 (1887), S. 103. – Siehe auch nachfolgend.

WIEN 1732, 1733, 1734, 1745, Feuerwerke unter Leitung des Architekten Anton Ospel. – S. 44.

Justus Schmidt. Der Architekt Anton Ospel. In: Wiener Jahrbuch für Kunstgeschichte. Bd. 10 (1935), S. 44. – Siehe auch vorhergehend.

WIEN 1781, Josef Mellinas Feuerwerk: Werthers Zusammenkunft mit Lottchen im Elysium. – S. 81.

Programm abgedruckt in: Das Wertherfieber in Österreich. Eine Sammlung von Neudrucken. Eingeleitet von Gustav Gugitz. Wien 1908.

WIEN 1796, Feuerwerk im Prater von Stuwer d. Ä.: Werthers Leiden frei nach Goethe. – S. 81.

Adolf B. Bäuerle. Memoiren. Wien 1858, Bd. 1, S. 100.

WÜRZBURG 1712, Festbeleuchtung.

Kupferstich, betitelt: Porta triumphalis cum apparatu totius illuminationis, quam Carolo Sexto ... Joannes Philippus D. G. Episcopus Herbipolensis ... erexit et accendit Herbipoli anno 1712 ... Heinr. Jonas Ostertag architect.

WÜRZBURG 1725, deutsche Feuerwerksbühne mit plastischen Figuren zu Ehren der als Statthalterin der Niederlande nach Brüssel reisenden Erzherzogin Elisabeth von Österreich, entworfen von Balthasar Neumann. – S. 28.

Radierung von Andreas Nunzer. – Geschichte, Namen, Geschlecht, Leben, Taten und Absterben der Bischöfe von Würzburg ... bearbeitet nach Gropp und anderen Quellen. Würzburg 1924, S. 339 u. folg. – Ph. Joseph Keller. Balthasar Neumann. Würzburg 1896, S. 190.

ZEITHAIN 1730 siehe Mühlberg.

ZERBST 1745, deutsche Feuerwerksbühne bei der Vermählungsfeier der späteren Kaiserin Katharina II. von Rußland. Architekt: Johann Christoph Schütze. – S. 26, 32.

Johann Hoxa. Kurze Beschreibung der auf das ... Vermählungsfest ... Peters Feodorowitz ... Thronerbens des Rußischen Reichs ... wie auch der ... Frauen Catharina Alexiewna ... an dem ... Anhalt-Zerbstischen Hofe feyerlichst vorgestellten Illumination und des Feuerwerks ... o. O. u. J.

ZÜRICH 1690, deutsche Feuerwerksbühne. – S. 79.

Neujahrsblatt der „Gesellschafft der Constaffleren im Zeug-Hauß zu Zürich A° 1690." Kupferstich von Johannes Meyer.

ZÜRICH 1698, Feuerwerkschloß u. a. – S. 79.

Kupferstich von Johannes Meyer, unterzeichnet: Gesellschafft der Constaffleren im Zeughaus.

NIEDERLANDE

AMSTERDAM 1685, Feuerwerkschiff aus Anlaß der Krönung Jakobs II. von England.

Blatt 10 einer Folge, betitelt: de Konst-werken der Engelsche Heeren op de Krooning van Haare Majestyten by de Kluyveniers Doelen tot Amsteldam. – Abbildung in: Amsterdam in den zeventiende eeuw. Haag 1897, Bd. 1, S. 247.

AMSTERDAM 1721, Feuerwerkstempel aus Anlaß des zwischen Rußland und Schweden geschlossenen Friedens, errichtet vom russischen Gesandten.

Folge von 3 Bl., bez.: S. Schynvoet inv.

AMSTERDAM 1768, Festbeleuchtung.

Jan Wagenaar. 'T verheugd Amsterdam, ter Gelegenheid van het plegtig bezoek Hunner ... Hoogheden Willem, Prinse van Oranje en Nassau. Amsterdam 1768.

AMSTERDAM 1788, Festbeleuchtung zum Geburtstage des Erbstatthalters Wilhelms V.

Folge von 12 Bl., bez.: W. Kok ad viv. del.

ANTWERPEN 1549, Ehrenpforte mit drehbarer Beleuchtungseinrichtung. – S. 46.

Cornelius Grapheus. Spectaculorum in susceptione Philippi Hisp. ... 1549 Antverpiae Aeditorum ... apparatus. Antverpiae 1550.

ANTWERPEN 1582, Festbeleuchtung.

La joyeuse ... entrée de Monseigneur Françoys ... Duc de Brabant ... en ... Anvers. Anvers 1582.

ANTWERPEN 1592, Feuerbäume.

Joh. Boch. Historica narratio profectionis et inaugurationis Alberti et Isabellae, Austriae archiducum et eorum optatissimi in Belgium adventus ... descriptio. Antverpiae 1602.

ANTWERPEN 1594, Feuerbäume und Feuerwerk.
Joh. Boch. Descriptio publicae gratulationis, spectaculorum et ludorum in adventu ... principis Ernesti Archiducis Austriae ... 1594 ... Antverpiae 1595.

ANTWERPEN 1635, Feuerwerk auf dem Turm der Kathedrale, illuminierte Ehrenpforten nach Entwurf von Peter Paul Rubens. – S. 46.
Caspar Gevarts. Pompa introitus ... Ferdinandi Austriaci Hispaniarum Infantis ... a S. P. q. Antverp. decreta et adornata ... ann. 1635. Antverpiae 1641.

ANTWERPEN 1690, Feuerwerkschloß aus Anlaß der Ankunft der Braut des spanischen Königs Karl II., Erfinder: Antonius Woutters. – S. 47.
Radierung von Gasp. Bouttats.

BRÜGGE 1515, Festbeleuchtung.
Remy Dupuys. La tryumphante et solemnelle entree faicte sur le ... advenement de ... Monsieur Charles, prince des hespaignes ... en sa ville de Bruges l'an 1515. Paris 1515. – Neudruck: Bruges 1850.

BRÜSSEL 1631, Feuerbäume.
De la Serre. Histoire curieuse de l'entrée de la Reyne Mère (Maria von Medici) dans les villes des Pays Bas. Anvers 1632.

BRÜSSEL 1685, Feuerwerkstürme zur Feier der Vertreibung der Türken aus Ofen. – S. 46, 47, Abb. 31.
Radierungen von Romeyn de Hooghe in einer unbetitelten Folge von 9 Blatt.

BRÜSSEL 1736, Feuerwerkstempel.
Recueil des dévotions et divertissemens de ... Marie Elisabeth, Archiduchesse d'Autriche ..., Gouvernante Générale des Pays-Bas Autrichiens ... dans sa résidence à Bruxelles. Bruxelles 1736.

BRÜSSEL 1740, deutsche Feuerwerksbühne zur Hochzeit der Erzherzogin Maria Theresia mit Franz Stefan von Lothringen, ausgeführt von Corn. de Pachter, Artificier de la Ville de Bruxelles.
Einzelblatt, bez.: S. Catoir inv. et sc.

GENT 1635, Feuerwerk beim Einzug des Kardinals Ferdinand, Infanten von Spanien. – S. 29.
Guilielmus Becanus. Serenissimi Ferdinandi Hispaniarum Infantis ... Cardinalis triumphalis introitus in ... Gandavum. Antverpiae 1636.

GENT 1717, Raketenzaunbühne um das Standbild Karls V. – S. 46, 48.
Relation de l'inauguration solemnelle de ... Charles VI. Empereur des Romains ... comme Comte de Flandres, celebrée à Gand ... 1717. Gand 1719.

GENT 1767, vereinfachte Raketenzaunbühne.
Jan Thomas Meyer. Beschryvinge van het 700jaerig Jubilé van den Heyligen Macarius ... 1767 ... Gent.

HAAG 1585, Feuerwerk an einfachen Aufbauten, Feuerbäume.
Delineatio pompae triumphalis qua Robertvs Dvdlaevs comes Leicestrensis Hagae Comitis fvit exceptvs. C. Dankerts excudit.

HAAG 1688, Vorläufer der Raketenzaunbühne, errichtet vom englischen Gesandten aus Anlaß der Geburt eines Sohnes König Jakobs II.
Radierung von Jan Luyken.

HAAG 1689, Vorläufer der Raketenzaunbühne anläßlich der Krönung König Wilhelms III.
Blatt 6 einer Folge von Romeyn de Hooge.

HAAG 1691, Raketenzaunbühne. – S. 46, 47, Abb. 32.
G. Bidloo, Komste van ... Willem III. Koning van Groot Britanje, enz. in Holland. Haag 1691. – Französische Ausgabe u. d. Titel: Relation du voyage de sa Majesté britannique en Hollande. Haag 1692.

HAAG 1702, Raketenzaunbühne, errichtet von den Generalstaaten aus Anlaß von Erfolgen im spanischen Erbfolgekrieg. Architekt: Daniel Marot. – S. 49.
Einzelblatt.

HAAG 1702, Raketenzaunbühne mit plastischem Figurenaufbau, errichtet von den holländischen Staaten, aus dem gleichen Anlaß wie vorher. Architekt und Bildhauer: Jakob Roman. – S. 48, Abb. 33.
Einzelblatt, bez.: J. Roman inv., J. van Vianen delin. et sculp.

HAAG 1709, Raketenzaunbühne, errichtet vom russischen Gesandten aus Anlaß des Sieges von Pultawa.
Einzelblatt.

HAAG 1713, Feuerwerke auf Raketenzaunbühnen aus Anlaß des Friedens von Utrecht. Architekt einer der Bühnen: Daniel Marot, eine andere Bühne entworfen von Pieter Roman und Pieter Loofs. – S. 46, 49.
Bericht van de afbeeldsels en advise op de tempels en theaters te 's Gravenhage in de Vijver en die op 14 Junij met ... vuurwerk verciert ... afgestooken over de vreede. 's Gravenhage o. J.; ferner verschiedene Einzelblätter.

HAAG 1745 u. 1746, Raketenzaunbühnen. – S. 46.
Description des principales réjouissances faites à La Haye à l'occasion du couronnement de ... François I. ... La Haye 1747.

HAAG 1749, Feuerwerksaufbau aus Anlaß des Friedens von Aachen. – S. 48, 80, Abb. 35.
2 Blatt, bez.: P. Swart arch. inv., J. Besoet ad vivum del. et sculp. – 3 Blatt, gestochen von J. C. Philips, mit 1 Bl. erläuterndem Text. – Einzelblatt, bez.: J. Besoet del., Parr sculp., London printed for R. Sayer.

HEMISSEN 1650, Feuerwerk um Feuerbaum aus Anlaß des Besuches des Grafen Lamorald Claudius Franz von Thurn und Taxis.
Radierung von Wenzel Hollar, Parthey 566. – Abbildung in: Georg Hirth. Kulturgeschichtliches Bilderbuch. München (1883), Bd. 4, Nr. 2244.

LEEUWARDEN 1713, Raketenzaunbühne aus Anlaß des Friedens von Utrecht. Architekt: Daniel Marot. – S. 49.
Einzelblatt, bez.: P. van Call fec.

LEEUWARDEN 1734, Raketenzaunbühne.
R. Blok. Het juichend Friesland, ofte kort verhaal van de blyde inkomst van ... Willem Karel Hendrik Friso, Prince van Orange-Nassau ... ende ... Anna, Kroon-Princesse van Engeland ... Leeuwarden 1734.

VERE 1751, deutsche Feuerwerksbühne mit Raketenzaun bei der Huldigung dem Prinzen Willem Karel Henrik Friso als Markgraf von Vere.
Andreas Andriessen. Plegtige inhuldiging van ... Willem Karel Henrik Friso ... Amsterdam 1751.

VERE 1766, deutsche Feuerwerksbühne mit Raketenzaun bei der Huldigung dem Prinzen Wilhelm V. als Markgraf von Vere.
Josua van Iperen. De statige inhuldiginge van ... Willem den vyfden ... Middelburg 1767.

VLISSINGEN 1751, deutsche Feuerwerksbühne mit Raketenzaun und Festbeleuchtung bei der Huldigung dem Prinzen Willem Karel Hendrik Friso als Erbherr von Vlissingen.
Dan. Theod. Huet. Inhuldiging van ... Willem Karel Hendrik Friso ... Amsterdam 1753.

NORDISCHE LÄNDER

KOPENHAGEN 1596, Feuerwerkschloß, Feuerwerksplastik und Feuerwerkspantomime, zugerichtet vom Zeugmeister Matthias Kirchmann. – S. 49.

Augustus Erich. Außfürliche ... Beschreibung des ... Herrn Christians, des Vierden ... zu Koppenhagen den 29. Augusti Anno 1596 ... geschehenen Königlichen Krönung. Kopenhagen 1597.

KOPENHAGEN 1634, Feuerwerksaufbauten und Feuerwerkspantomime zur Hochzeit König Christian V. mit Magdalena Sibylla von Sachsen. – S. 29.

Jürgen Holst. Triumphus nuptialis Danicus. Kopenhagen 1648. – Abbildung in: Carl Niessen. Das Bühnenbild. Bonn 1924–1927, Taf. 47.

KRONBORG 1596, Feuerwerkschloß, zugerichtet vom Zeugmeister Hans Bautz.

Augustus Erich (vergl. Kopenhagen 1596).

STOCKHOLM 1669, Feuerwerksaufbau bei Gelegenheit der Verleihung des Hosenbandordens an König Karl XI. – S. 49.

Radierung von Wenzel Hollar in: Elias Ashmole. The institution, laws and ceremonies of the most noble order of the garter. London 1672.

STOCKHOLM 1672, Feuerwerksaufbau im Wasser und Festbeleuchtung. – S. 49. Abb. 34.

David Klöcker Ehrenstrahl. Das große Carrosel ... alss Carl XI. die Regierung seines ... Erb-Königreichs Anno 1672 ... antrat. Stockholm (o. J.).

ENGLAND

ELVETHAM 1591, Feuerwerkschloß.

The honorable entertainement gieven to the Queene's Majestic, in progresse, at Elvetham in Hampshire by ... the Earle of Hartford. (London) 1591. Abgedruckt in: John Nichols. The progresses and public processions of Queen Elizabeth. London 1823 u. folg. Bd. 3, S. 101.

KILLINGWORTH CASTLE 1575, Feuerwerk, dargebracht der Königin Elisabeth.

John Nichols (siehe bei Elvetham), Bd. 1, S. 440.

LONDON 1533, Wasserfeuerwerk bei der Krönung von Anna Boleyn, Gemahlin König Heinrichs VIII. – S. 50.

Joseph Strutt. The sports and pastimes of the people of England. New edition. London (1903), S. 295.

LONDON 1606, Feuerwerksfiguren beim Besuche Christian IV. von Dänemark. – S. 49.

John Stow. Annales, or a generall chronicle of England, continued and augmented by Edmund Howes. London 1615. Abgedruckt in: John Nichols (siehe bei Elvetham), Bd. 2, S. 89.

LONDON 1610, Kampfspiele und Feuerwerkschloß.

Anthony Munday. London's love, to the Royal Prince Henrie, meeting him on the river of Thames ... London 1610.

LONDON 1613, Feuerwerksvorstellungen zur Hochzeit des Pfalzgrafen Friedrich und der Prinzessin Elisabeth. – S. 50.

John Taylor. Heavens blessing and earth's joy; or a true relation of the supposed sea-fights and fireworkes as where accomplished before the royall celebration of the ... marriage of ... Fredericke and Elizabeth. London 1613. Abgedruckt in: John Nichols (siehe bei Elvetham), Bd. 2, S. 530.

LONDON 1660, Freudenfeuer bei der Wiederkehr König Karls II. – S. 50.
Lünig. Theatrum ceremoniale historico-politicum. Leipzig 1719, Bd. 1, S. 55.

LONDON 1679, Feuerwerk und Verbrennung eines Papstbildnisses. – S. 50.
London's defiance to Rome, a perfect narrative of the magnificent procession, and solemn burning of the pope at Temple Barr, Nov. 17th 1679 ... With a description of the order, rich habits, extraordinary fire-works, songs, and general tryumphs ... (o. O. u. J.)

LONDON 1685, Feuerwerksaufbau bestehend aus Obelisken und allegorischen Standbildern zur Krönung des Königs Jakob II. – S. 50.
Einzelblatt, betitelt: a representation of the fire-works upon the river of Thames, over against Whitehall at their Majesties coronation. Ao. 1685.

LONDON 1688, Feuerwerksaufbau zur Feier der Geburt des Sohnes König Jakob II. – S. 50.
Einzelblatt. – Abbildung in: A. St. H. Brock. Pyrotechnics. London 1922, S. 28.

LONDON 1713, Friedensfeuerwerk, Triumphbogen auf der Themse und Wasserfeuerwerk.
Theatrum europaeum. Frankfurt 1734, Bd. 20, S. 445.

LONDON 27. 4. 1749 in St. James's Park, Friedensfeuerwerk, Palastaufbau. – S. 50, 80, 81.
A description of the machine, for the fireworks ... in St. James's Park. London 1749. – A. St. H. Brock. Pyrotechnics. London 1922, S. 28. – Kupferstich von Durand nach Zeichnung von Mongin, bez.: gravé d'après les desseins de Mr. Servandoni. – Kupferstich von Georges Vertue. –

LONDON 15. 5. 1749, Friedensfeuerwerk an und auf der Themse bei Whitehall, errichtet vom Herzog von Richmond, ähnlich der deutschen Feuerwerksbühne.
Abbildung in: A. St. H. Brock. Pyrotechnics. London 1922, Tafel gegenüber S. 30 nach alter Vorlage.

LONDON (?) 1762, Beleuchtungsaufbau.
Original Design of an illumination and transparency, part of which was executed by command of the Queen in June 1762, in honour of his Majesty's birthday, R. Adam Architect 1762. In: Robert and James Adam. The works in architecture. London 1778, (Bd. 2), Nr. 5.

LONDON 1763, Feuerwerk zu Ehren der verstorbenen Schwester des Königs, veranstaltet von der Herzogin von Kingston. – S. 51.
Brock S. 30.

LONDON 1814, Feuerwerkstempel. – S. 51.
An historical memento, representing the different scenes of public rejoicing, which took place the first of August, in St. Jame's and Hyde Parks, London, in celebration of the glorious peace of 1814 ... London 1814.

LONDON 1821, Feuerwerk zur Krönung des Königs Georg IV. – S. 51.
Brock S. 41.

LONDON 1831, Feuerwerk zur Krönung Wilhelms IV. – S. 51.
Brock S. 41.

LONDON 1837, Feuerwerk mit Tempel zur Krönung der Königin Victoria. – S. 51.
Brock S. 41.

LONDON 1856, Feuerwerke nach Beendigung des Krimkrieges. – S. 51.
Brock S. 43.

LONDON 1919, Feuerwerk im Hyde Park nach Beendigung des Weltkrieges, ausgeführt von C. T. Brock & Co. – S. 51.

WARWICK 1572, Kampfspiele und Schloßfeuerwerk.
John Nichols. The progresses and public processions of Queen Elizabeth. London 1823, Bd. 1, S. 319.

ITALIEN

BOLOGNA 1487, Hängefeuerwerk zur Hochzeit des Annibale Bentivoglio. – S. 4.
Philippus Beroaldus. Orationes. Paris 1492, Bl. 3 u. 27.

BOLOGNA 1549, Kampfspiel bei einer Burg; die Angreifer benutzen Feuerwerkswaffen. – S. 12.
Lodovico Frati. La vita privata di Bologna dal secolo XIII al XVII. Bologna 1900, S. 179.

BOLOGNA 1598, Feuerwerksäule und Feuerwerk am Neptunsbrunnen des Giovanni da Bologna. – S. 14.
Vittorio Benacci. Descrittione de gli apparati fatti in Bologna per la venuta di N. S. Papa Clemente VIII . . . Bologna 1599.

BOLOGNA 1702, Feuerwerksplastik auf Felsen von Giuseppe Maria Pellegrini. – Abb. 9.
Gregorio de Parga y Bassadre. El fenix de Bolonia en ocasion de celebrar la venida de Felipe V. a Italia . . . Bolonia 1703.

BOLOGNA 1738, landschaftliche Feuerwerksbühne nebst Ausgestaltung des Festplatzes. Entwurf für den Festplatz vom Maler Stefano Orlandi. – S. 15.
Descrizione delle feste fatte in Bologna . . . 1738 dall'almo reale collegio Ancarano in occasione delle . . . nozze de'monarchi delle due Sicilie. Bologna 1738.

FERRARA 1574, Schloßfeuerwerk und Kampfspiele. – S. 22.
Pier de Nolhac e Angelo Solerti. Il viaggio in Italia di Enrico III, re de Francia, e le feste a Venezia, Ferrara, Mantova e Torino. Torino 1890, S. 177.

FLORENZ 1475, Hängefeuerwerk am Johannisfest. – S. 4, 9.
G. Mancini. Il bel S. Giovanni e le feste patronali di Firenze descritte nel 1475 da Piero Cennini. In: Rivista d'arte, Bd. 6 (1909), S. 185.

FLORENZ 1514, Feuerwerksplastik (?) am Johannisfest. – S. 14.
Luca Landucci. Ein florentinisches Tagebuch 1450–1516. Übersetzt von Marie Herzfeld. Jena 1913, Bd. 2, S. 276, Anmerkung 1. – Cesare Guasti. La festa di San Giovanni Batista in Firenze. Florenz 1884, S. 36.

FLORENZ um 1535, Hängefeuerwerk. – S. 5, Abb. auf S. 1.
Vanoccio Biringuccio. De la pirotechnia. Venedig 1540, S. 165.

FLORENZ 1539, Feuerwerksplastik aus Anlaß der Hochzeit Cosimo I. – S. 14.
Pier Francesco Giambullari. Apparato et feste nelle noze dello . . . Signor Duca di Firenze et della Duchessa sua consorte . . . Firenze 1539.

FLORENZ um 1540, Feuerwerksplastik? – S. 14.
Giorgio Vasari. Le vite de' più eccellenti pittori, scultori ed architettori. Ed. Milanesi. Florenz 1881, Bd. 6, S. 94.

FLORENZ um 1545, Hängefeuerwerk; Architekt: Niccolò Pericoli. – S. 5.
Vasari. Ed. Milanesi. Bd. 6, S. 92.

FLORENZ um 1575, Hängefeuerwerk. – S. 5.
Gemälde des Joannes Stradanus (Jan van der Straet) im Palazzo Vecchio in Florenz. – Abbildung in: Alfredo Lensi. Palazzo Vecchio. Milano 1929, S. 277.

FLORENZ 1589, Hängefeuerwerk in Gestalt eines Schiffes an der Kirche Santa Croce anläßlich eines Festspieles. – S. 6.
Agostino Lapini. Diario Fiorentino. Pubbl. da Gius. Odoardo Corazzini. Firenze 1900, S. 287.

FLORENZ 1589, Eroberung einer Burg im Hofe des Palazzo Pitti unter Mitwirkung von Feuerwerk aus Anlaß der Hochzeit des Großherzogs Ferdinando I. – S. 12.
Le ultime feste et apparati superbissimi fatti in Fiorenza nelle nozze del ... Gran Duca di Toscana. Bologna 1589. – Pietro Gori. Le feste fiorentine. Firenze 1930, Bd. 2, S. 172.

FLORENZ um 1615, Feuerwerkschiff. – S. 23.
Radierung von Jacques Callot. Meaume, Callot Nr. 618.

FLORENZ 1619, Wasserschlacht auf dem Arno unter Verwendung von Feuerwerk. – S. 12.
Pietro Cecconcelli. Battaglia tra tessitori e tintori. Festa rappresentata in Firenze nel fiume Arno il di 25 di Luglio 1619. Firenze 1619. Die zugehörige Tafel: Radierung von Jacques Callot.

FLORENZ 1661, Feuerwerkstempel auf Ponte a Santa Trinità zur Hochzeit Cosimo III.
Gori. Feste fiorentine. Bd. 2, S. 232.

FLORENZ 1683, Feuerwerke bei Gelegenheit der dreitägigen Siegesfeier wegen der Befreiung Wiens, von der Türkengefahr. 1) Kriegspiel und Feuerwerkschloß, 2) Feuerwerksaufbau, eine beschossene Stadt darstellend, 3) Feuerwerksplastik. – S. 12, 22.
Giuseppe Conti. Firenze dai Medici ai Lorena (1670–1737). Firenze 1909, S. 76.

FLORENZ 1738, Feuerwerksplastik im Giardino di Boboli aus Anlaß des Einzuges des Großherzoges Franz III. von Lothringen und seiner Gemahlin.
Ricordi storici di feste fatte in Firenze per nozze principesche o per venuta di principi. Firenze 1868.

FLORENZ 1868, Feuerwerksaufbau in Form einer Brücke zur Hochzeit des Kronprinzen Umberto.
Einzelblatt mit Aufschrift: Macchina pirotecnica incendiata sull'Arno, ordinata dalla città di Firenze ... Ant. Cipollo inv., G. della Lunga inc.

MAILAND 1649, Feuerwerkschloß und Gartenfeuerwerk. – S. 55.
Antonio de Leon y Xarava. Real viaje de la reyna ... Mariana de Austria, desde ... Viena, hasta estos sus reynos de España al rey nuestro Señor. Madrid 1649.

MAILAND 1658, Feuerwerksplastik auf Felsen. Architekt: Carlo Buzzi.
Le pubbliche Dimonstrazioni di allegrezza della città di Milano ... nella nascita del ... Principe di Spagna Filippo Prospero. Milano 1659. – Abbildung in: Achille Bertarelli e Antonio Monti. Tre secoli di vita milanese nei documenti iconografici 1630–1875. Milano 1927, S. 75.

MAILAND 1708, Feuerwerksaufbau.
Dichiaratione della machina de fuochi d'allegrezza per la venuta della ... Reina delle Spagne Lisabetta Cristina di Bransvic nel suo passaggio alle nozze col Re cattolico Carlo III. ..., eretto nella Piazza del Real Castello di Milano. Milano 1708.

MAILAND 1709, Feuerwerksplastik aus Anlaß der Siege des Prinzen Eugen in Flandern.
L'Ercole. Machina per festa di fuochi eretta nella Piazza del Duomo ... Milano 1709.

MAILAND 1716, Feuerwerksplastik zur Feier der Geburt des Erzherzogs Leopold. Architekt: Battista Quadra.
Kupferstich, bez.: Maggio Rossi disegnò, Gaetano Bianchi sculpì. – Relazione delle pubbliche feste fatte dalla città di Milano . . . per la nascita di S. Arcid. Leopoldo Principe delle Asturie. Milano (1716). – Abbildung in: Achille Bertarelli e Antonio Monti. Tre secoli di vita milanese nei documenti iconografici 1630–1875. Milano 1927, S. 230.

MAILAND 1806, Feuerwerkstempel zum Geburtstage Napoleons. Architekt: P. Gilardini.
Einzelblatt, gestochen von den Brüdern Bordiga.

MAILAND 1807, Ägyptische Tempelfassade für das Feuerwerk zum Geburtstage Napoleons. – S. 8.
Aquatintablatt, bez.: Gasp. Galliari inv. Amb. Barioli incise. – Abbildung in: Bertarelli e Monti. S. 511.

MANTUA 1623, Feuerwerkstempel.
Descrittione del regio apparato de'fuochi trionfali fatti in Mantova, il dì 14. Settembre 1623 per l'assuntione al pontificato . . . di . . . Papa Urbano VIII. Mantova (1623).

MANTUA 1626, Verwandlungsfeuerwerk, Feuerwerkstempel. – S. 18.
Brevissima relatione dell'augusto apparato de'fuochi fatti in Mantova il dì 5. Aprile 1626 nel passaggio della . . . Principessa Claudia Medici alle sue nozze col . . . Arciduca Leopoldo d'Austria. Mantova (1626).

MESSINA 1589, fahrbare Feuerwerkspyramide.
Filippo Gotho. Breve raguaglio dell'inventione e feste de gloriosi martiri Placido, e compagni. Messina 1591.

MODENA 1696, Feuerwerksaufbau. – S. 10, Abb. 6.
Spiegazione e descrittione della machina da fuochi di gioia innalzata . . . per festeggiare le . . . nozze del . . . Duca Rinaldo I. Modena 1696.

MODENA 1720, Feuerwerkstempel, Architekt: Andr. Galluzzi.
Descrizione della gran machina fatta alzare . . . in occasione delle . . . nozze del Principe Francesco di Modena . . . Modena 1720.

NEAPEL 1745, Feuerwerkstempel, errichtet vom französischen Gesandten zur Hochzeit des Kronprinzen beider Sizilien. Architekt: Francesco Saraceni.
Einzelblatt, gestochen von P. J. Gaultier.

NEAPEL 1747, Feuerwerkstempel, Architekt: Vincenzo Re.
Narrazione delle solenni reali feste fatte celebrare in Napoli . . . per la nascità del . . . primigenito Filippo Real Principe delle due Sicilie. Napoli 1749.

NOVARA 1711, Feuerwerksaufbau, Architekt: Pietro Francesco Prina. – S. 10.
Girolamo Antonio Prina. Il trionfo di S. Gaudenzo, primo vescovo e protettore . . . di Novara. Milano 1711.

PALERMO 1710, Feuerwerksaufbau in Form eines Palastes und Festbeleuchtung.
Pietro Vitale. Le simpatie dell'allegrezza tra Palermo . . . e la Castiglia . . . Relazione delle . . . pompe festive . . . per la vittoria . . . di Prihuega. Palermo 1711.

PALERMO 1736, Feuerwerkstempel und Festbeleuchtung.
Pietro La Placa. La reggia in trionfo per l'acclamazione . . . di Carlo Infante di Spagna . . . ordinata dall' Senato Palermitano. Palermo 1736.

PALERMO um 1780, flaches Feuerwerksgerüst ähnlich dem Aufbau in „Alberti. Pirotechnia. Venedig 1749" vor dem Königspalast.

Federzeichnung von Jean Louis Desprez in der Akademie der schönen Künste in Stockholm; Wiedergabe in: Nils G. Wollin. Desprez en Italie. Malmö 1935, Abb. 120.

PALERMO um 1780, flaches Feuerwerksgerüst ähnlich wie vorstehend auf der Marina zum Fest der Heiligen Rosalie.

Getuschte Federzeichnung von Jean Louis Desprez im Besitz von Gustav Munthe in Göteborg; Wiedergabe in: Wollin, Desprez en Italie, Abb. 119.

PALERMO 1841, Feuerwerkstempel.

Le Feste di S. Rosalia in Palermo l'anno 1841. Palermo 1841.

PARMA 1721, Feuerwerkstempel, Drachenfelsen. Erfinder: I. Ruta.

Macchine per festa di fuochi fatte erigere ... per la gloriosa esaltazione al pontificato di ... Innocenzo XIII dall'Altezza Serenissima di Francesco, Duca di Parma, Piacenza &c. Parma 1721.

PARMA 1724, Tempel und Obelisk als Feuerwerksaufbauten. Architekt: I. Ruta.

Feste di fuochi, distinte in tre ... macchine, fatte alzare ... per la gloriosa esaltazione al pontificato di ... Benedetto XIII dall'Altezza Serenissima di Francesco, Duca di Parma, Piacenza &c. Parma 1724.

PARMA 1769, Gartenausstattung mit Feuerwerksaufbauten, Architekt: Ennemond Alexandre Petitot. – S. 62, Abb. 40.

Descrizione delle feste celebrate in Parma ... 1769 per le nozze di ... l'Infante Don Ferdinando colla ... Archiduchessa Maria Amalia. Parma (o. J.).

PAVIA 1716, Feuerwerksaufbau zur Feier der Geburt des Erzherzogs Leopold. – S. 10.

Einzelblatt, betitelt: la religione trionfa^{te} in Leopoldo. Prospetto della machina triangolare per festa di fuochi ... Pavia 1716.

POGGIO MIRTETO (Prov. Perugia), Abadia di Farfa 1777, Festungsfassade für das Feuerwerk zum Feste des Patriarchen Gaetano Tiene. – S. 22.

Einzelblatt, bez.: Benedetto Giannini del., Cosimo Zocchi scul.

ROM von 1481 an, Girandola auf der Engelsburg. – S. 11, 16, 65, Abb. 7.

E. Rodocanachi. Le château Saint-Ange. Paris 1909. – Mariano Borgatti. Castel Sant'Angelo in Roma. Roma 1931. – Viele Stiche u. a., die z. T. in vorstehenden Büchern erwähnt sind. Hervorzuheben sind von ihnen: Einzelblatt, bez.: Jo. Ambr. Bram(billa). inven. f. 1579 Claudii Duchetti formis. – Einzelblatt, bez.: Nicolaus van Aelst Bruxellensis del. (um 1580). – Stich in: Heinrich von Cleve. Ruinarum varii prospectus. Excudebat Theodorus Gallaeus (um 1600). – Einzelblatt, bez.: Desprez disegnò. Fran^{co} Piranesi inc. (um 1780); Wiedergabe in: Nils G. Wollin. Gravures originales de Desprez. Malmö 1933. – Steindruck in: Thomas. Un an à Rome. Paris 1823. – Deckfarbenbild von Jakob Philipp Hackert, Staatliche Kunstsammlungen in Weimar.

ROM 1515, Freudenfeuer, veranstaltet von Giovanni Giordano Orsini aus Anlaß des Sieges Franz I. von Frankreich über die Schweizer bei Marignano. – S. 18.

François Rabelais. Oeuvres. Ausgabe: Textes Français, collection des universités de France. Paris 1929. Bd. 5, S. 275.

ROM 1545, Berg mit Feuerwerk, errichtet auf Wagen bei einem Aufzuge. – S. 15.

Ernst Platner (u. a.). Beschreibung der Stadt Rom. Stuttgart 1842. Bd. 3, $_3$, S. 374.

ROM 1549, Feuerwerk, z. T. verknüpft mit Kampfspielen an einer Burg, veranstaltet zur Feier der Geburt des zweiten Sohnes Heinrichs II. von Frankreich. – S. 12.

François Rabelais. La sciomachie & festins, faits à Rome, au palais de mon seigneur reverendissime cardinal du Bellay, pour l'heureuse naissance de mon seigneur d'Orléans. Lyon 1549. – Rabelais. Oeuvres. Ausgabe: Textes Français, collection des universités de France. Paris 1929. Bd. 5, S. 273.

ROM 1589, Macchina funebre in Form eines Ehrentempels, Architekt: Girolamo Rainaldi. – S. 6, Abb. 1.

Aus: Giovanni Giacomo de Rossi. Libro de catafalchi. (Rom.)

ROM 1589, Platzausgestaltung für Feuerwerk und Festbeleuchtung (Piazza Navona). – S. 4, 6, 62, Abb. 2.

Radierung, bez.: Ant. Tempest. in.

ROM 1592, desgl. – S. 4, 6, 62.

Radierung von Girolamo Rainaldi. – Abbildung in: Luigi de Gregori. Piazza Navona prima d'Innocenzo X. Roma 1926, Taf. 13.

ROM 1637, Feuerwerke des kaiserlichen Gesandten aus Anlaß der Wahl Ferdinands III.

Relatione delle feste e fuochi artificiali fatti ... per l'eletione e coronatione ... del Re de'Romani ... Ferdinando III ... dall' ... Cornelio Henrico Motmanno ... Roma 1637.

ROM 1637, Feuerwerke des Kardinals von Savoyen aus Anlaß der Wahl Ferdinands III. – S. 13.

Luigi Manzini. Applausi festivi fatti in Roma per l'elezzione di Ferdinando III al regno de'Romani dal Ser^mo Princ. Maurizio, Card. di Savoia ... Roma 1637.

ROM 1637, Feuerwerke des spanischen Gesandten aus Anlaß der Wahl Ferdinands III. – S. 13, 18, 22, Abb. 11.

Miguel Bermudez de Castro. Descripcion de las fiestas que el S^r marques de Castelrodrigo, embajador de España, celebrò en esta corte à la nueva del election de Ferdinando III de Austria, rey de Romanos. Roma 1637. – F. Del Tal. Le livre des feux d'artifice de Claude Gellée, dit le Lorrain. In: Gazette des beaux-arts. Bd. 11, 1861, S. 225. – Abbildungen in: André Blum. Les eaux-fortes de Claude Gellée dit le Lorrain. Paris 1923.

ROM 1650, Platzausgestaltung für Feuerwerk und Festbeleuchtung (Piazza Navona). – S. 62.

Einzelblatt mit Aufschrift: Circum urbis agonalibus ludis olim celebron dicata triumphali pompa Christo resurgeti. Hispana pietas celebriorem rediddit. Anno Jubilei 1650.– Abbildung in: Luigi de Gregori. Piazza Navona prima d'Innocenzo X. Roma 1926, Taf. 14, ferner in: Antonio Muñoz. Il Museo di Roma. 2ª ed. Roma 1930, Taf. 48.

ROM 1661/1662, zunächst Freudenfeuer, später naturalistische Feuerwerksbühne.

Enrique de Sevilla. Relacion de las fiestas que ... Luis de Guzman ..., embaxador de la Magestad Catholica ... hizo en Roma por el nacimiento de el ... Principe de las Españas D. Carlos Felipe de Austria. Roma 1662.

ROM 1662, denkmalartiger Feuerwerksaufbau, errichtet von den Recteurs et Administrateurs de l'église nationale de St Louis zur Geburt des Dauphin von Frankreich.

Primi Lampi della relatione delle feste e fuochi di giubilo fatti risplendere nel teatro di Roma per la nascita de Real Delfino di Francia. Roma 1662.

ROM 12. 5. 1686 u. 20. 4. 1687, Feuerwerk und Festbeleuchtung auf S. Trinità dei Monti und auf dem Aufgang zu dieser Kirche.

Coronelli. Roma festeggiante nel Monte Pincio negli applausi alle glorie della pietà del cristianissimo Ludovico il grande in occasione della da lui estirpata eresia mediante l'editto di Fontanablò 1685 e della ricuperata sua salute celebrati dall'eminentissimo . . . Cardinal d'Estrées. (o. O. u. J.). – Abbildungen in: Gabriel Mourey. Le livre des fêtes françaises. Paris 1930, S. 177 u. 179; ferner in: Muñoz. Museo di Roma, 1930, Taf. 54 u. 55.

ROM 1721, Feuerwerkstempel. Architekt: Domenico Paradisi.
Einzelblatt mit Aufschrift: Disegno della machina di fuoco fatto ardere dall'Emo. . . Card^e. d'Acquaviva d'Aragona nella Piazza di Spagna . . . con l'occasione d'aver publicato le felicissime nozze del . . . Prencipe d'Asturia . . .

ROM 1724–1785, Feuerwerksaufbauten u. a. für das Peter- und Pauls-Fest, die späteren meist entworfen von Paolo Posi. – S. 7, 16, 17, Abb. 3.
Erschienen in Einzelblättern. Der größte Teil von ihnen wiedergegeben in: Giulio Ferrari. Bellezze architettoniche per le feste della chinea in Roma. Torino 1925.

ROM 1725, Feuerwerksplastik auf Felsen aus Anlaß der Hochzeit des Königs Ludwig XV. von Frankreich. Erfinder: Pietro Leone Ghezzi. – S. 15, 71.
Distinta Relazione e notizie della machina di fuoco artificiale, fatta in Piazza Navona . . . e di altre allegrezze ordinate dall' . . . Cardinale Melchiore di Polignack . . . (Roma 1725). – Mercure de France 1725, Dezember I, S. 2782 u. 2786. – Abbildung in: Muñoz. Museo di Roma, 1930, Taf. 66.

ROM um 1725, Feuerwerksplastik auf Felsentor mit Tempel auf Piazza della Cancelleria Apostolica.
Einzelblatt, bez.: Domen. Cavalier Gregorini inven. et delin. Filip. Vasconio sculp. Romae. – Abbildung in: Muñoz. Museo di Roma, 1930, Taf. 64.

ROM 1727, Feuerwerksplastik und Tempel auf Felsen aus Anlaß der Geburt eines Infanten von Spanien.
Kupferstich mit Titel: Veduta della macchina di fuoco artifiziato, nella quale viene rappresentata Tetide Dea del mare, che consegna Achille a Chirone per istruirlo . . . fatta erigere dall' . . . Cardinale Bentivoglio d'Aragona in Piazza di Spagna . . ., bez.: Sebastiano Conca inv. e delin., Filippo Vasconi Rom^o sculp. – Abbildung in: Muñoz. Museo di Roma, 1930, Taf. 62.

ROM 1728, Feuerwerksplastik auf Felsen, gekrönt von Tempel, Erfinder: Niccolò Salvi. – S. 15.
Einzelblatt mit Aufschrift: Veduta della machina di fuoco artifiziato alta palmi 210, e larga 120 fatta innalzare in Piazza di Spagna dall'Emo . . . Cardinal Bentivoglio d'Aragona in occasione de i reciprochi matrimonij fra le reali corone di Spagna e Portogallo. – Abbildung in: Valerio Mariani. Storia della scenografia italiana. Firenze 1930, Taf. 70.

ROM 1729, Platzausgestaltung von Piazza Navona mit Beleuchtungs- und Feuerwerksaufbauten aus Anlaß der Geburt des Dauphin von Frankreich, Erfinder: Pietro Leone Ghezzi. – S. 62, 71.
Circo agonale di Roma restituito all'antica forma con illuminazioni, e machine artifiziali dall'Emo Card. di Polignac, Ministro di S. M. Christianissima per celebrare il felice nascimento del Delfino. Roma 1729. Mit Taf., bez.: Salvator Colonelli Sciarra del. et sculp. – 2 Entwürfe in der Staatlichen Kunstbibliothek zu Berlin, Handzeichnung Nr. 1081, 1082, davon der eine Entwurf beschriftet: Primo schizzo che feci io Cav^e Ghezzi per la festa di Piazza Navona, ordinatomi dall'E^mo Card^e di Polignachi per la nascita del Delfino . . . Auf diesem Entwurf die Aufbauten in derselben Reihenfolge wie auf der dem vorstehenden gedruckten Bericht zugehörigen Tafel. – Grau getuschte Federzeichnung in der Staatl. Kunstbibliothek, Berlin (Handzeichnung Nr. 1080), Skizze zu dem Gemälde des Giovanni Paolo Pannini im Louvre zu Paris, Nr. 1410. – Radierung: Préparatifs du feu d'artifice tiré à Rome dans la place Navona, le 30 Novembre 1729. Peint par Pannini, dessiné par Dumont le Romain, gravé par Cochin le fils; Abbildung in: S. Rocheblave. Charles Nicolas Cochin. Paris 1927, Taf. 4.

ROM 1738–1748, Feuerwerksgemälde für das Peter- und Pauls-Fest. Maler: Pierre Ignace Parrocel, François Hutin, Joseph Louis Le Lorrain, Francisco Preciado de la Vega. – S. 71.
Quellennachweis siehe bei Rom 1724.

ROM 1745, Feuerwerkstempel zur Hochzeit des Dauphin auf Piazza Farnese, veranlaßt vom französischen Gesandten.

Einzelblatt, bez.: Giuseppe Panini inventò.

ROM 1775, landschaftliche Feuerwerksbühne mit plastischen Figuren (Schmiede des Vulkan). Erfinder: Pietro Campore. – S. 15, Abb. 10.

Descrizione della machina incendiata in Piazza Colonna ... in occasione di essere stato decorato il palazzo dell'eccellentissima casa Ghigi alla presenza di S. A. R. l'Arciduca Massimiliano d'Austria. Rom 1775. – Abbildung in: Muñoz. Museo di Roma, 1930, Taf. 78. – Rötelzeichnung von Louis Chays in der Staatl. Kunstbibliothek, Berlin (Handzeichnung Nr. 3028).

ROM, 19. Jahrhundert, Feuerwerksaufbauten und Umrißleuchtbilder an Fronten auf dem Monte Pincio am Peter- und Pauls-Fest bzw. an anderen kirchlichen Festen, von 1872 an am Nationalfest. Entwürfe für die letztgenannten Feuerwerke meist von G. Ersoch. – S. 17.

Einzelblätter, Verzeichnis (lückenhaft) in: (Conte Pio Resse). Catalogue d'une collection de solennités et des ouvrages sur les feux d'artifice faisant partie de la bibliothèque de la Villa del Salviatino à Florence. Rome 1893.

SIENA um 1535, Hängefeuerwerk. – S. 5.

Vanoccio Biringuccio. De la pirotechnia. Venedig 1540, S. 165.

TURIN 1722, Festbeleuchtung zur Hochzeit Karl Emanuels III. mit Anna Christina Ludovica von Pfalz-Sultzbach. Erfinder: Filippo Juvara.

Le festose Gare della notte col giorno nella sontuosa universale illuminazione della città di Torino per l'augusto sposalizio ... di Carlo Emanuele Principe di Piemonte ... Torino 1722. – Feux de réjouissance, en dedans et aux dehors de Turin à l'arrivée de ... la Princesse de Piemont, dessigné par le Cher Dom Filippo Juvarra ... Folge von 8 Bl.

TURIN 1737, Feuerwerkstempel und Festbeleuchtung bei der Hochzeit Karl Emanuels mit Elisabeth Therese von Lothringen.

La sontuosa Illuminazione della citta di Torino per l'augusto sposalizio ... di Carlo Emmanuele, Re di Sardegna ... Torino 1737.

VERONA 1709, Feuerwerkspantomime, Feuerwerkstempel. Erfinder: Giacopo Binar; Architekten: Giacopo Triverio und Paolo Giacometti. – S. 13.

Germano Benoni. La maestà coronata. Componimento istorico-panegirico diviso in molti discorsi fondati sopra l'historia della ... coronazione della ... immagine della ... Vergine Maria di Loreto della Giara in Verona. Padova 1714.

VICENZA 1379, Mysterienspiel mit Feuerwerk. – S. 3, 11, 15.

Conforti Pulicis fragmenta historiae vicentinae 1371–1387. In: Muratori. Rerum italicarum scriptores. Bd. 13, Sp. 1429.

FRANKREICH

RUGGIERI, Claude. Précis historique sur les fêtes, les spectacles et les réjouissances publiques. Paris 1830.

MOUREY, Gabriel. Le livre des fêtes françaises. Paris 1930.

AMBOISE 1497, Mysterienspiel mit Feuerwerk. – S. 56.

Germain Bapst. Essai sur l'histoire du théâtre. Paris 1893, S. 42.

AVIGNON 1667, Feuerwerkstempel.
Einzelblatt, darstellend das Feuerwerk zur Feier der Wahl des Papstes Clemens IX.

BORDEAUX 1615, Feuerwerkschloß. – S. 73.
Description des artifices et magnificences faites à Bordeaux, avec le combat naval, et les feux artificiels du sieur Morel et Jumeau, représentés sur la Garonne ... Paris 1615.

DIJON 1656, Feuerwerkstempel.
Les Armes triomphantes de ... le Duc d'Espernon. Pour le sujet de son heureuse entrée faite dans ... Dijon ... Dijon 1656.

DIJON 1682, Feuerwerkstempel.
Réjouissances faites dans la ville de Dijon au sujet de la naissance de Monseigneur, Duc de Bourgogne. Dijon 1682. – Abbildung in: Mourey, S. 168.

FONTAINEBLEAU 1606, Feuerwerkspantomime und Feuerwerkschloß zur Taufe des Dauphin.
Pierre Dan. Le trésor des merveilles de la maison royale de Fontainebleau. Paris 1642, S. 282. – Claude François Menestrier. Traité des tournois. Lyon 1669, S. 326.

FONTAINEBLEAU 1725, Gartenausstattung mit Feuerwerksaufbauten, Feuerwerkschloß, zum Tage von Mariä Geburt und des Festes der Königin. Architekt: Jean Berain d. J.
Mercure de France 1725, Sept. II, S. 2318.

GRENOBLE 1701, Feuerwerkstempel, Wasserfeuerwerk.
Décorations faites dans ... Grenoble ... pour la réception de ... Duc de Bourgogne, et ... Duc de Berry. Grenoble 1701.

LE HAVRE 1749, Festbeleuchtung.
Relation de l'arrivée du Roi au Havre de Grace le 19 Septembre 1749 ... Paris 1753.

LILLE 1680, Feuerwerksplastik zur Feier des Besuches Ludwigs XIV.
Description des feux d'artifices faits à l'honneur du Roy à Lille ... Lille 1680. – Abbildung in: Mourey, S. 175.

LILLE 1713, Feuerwerksobelisk.
Description du feu d'artifice fait pour les réjouissances de la paix avec l'Angleterre, le Portugal ... par ... la ville de Lille le 19 juin 1713. Lille (1713).

LILLE 1749, Feuerwerkstempel.
Description du temple de la paix élevé ... pour les réjouissances de la paix. Lille 1749.

LILLE 1767, Feuerwerksobelisk.
Représentation du feu d'artifice tiré à Lille le 27 aoust 1767 pour célébrer l'année séculaire de l'entrée de cette ville sous la domination de la France. Faksimile-Ausgabe Lille 1867.

LYON 1515, Freudenfeuer. – S. 56.
L'Entrée de François Ier, Roy de France, en la cité de Lyon le 12 juillet 1515. Publié ... d'après le manuscrit de la Bibliothèque Ducale de Wolfenbüttel par Georges Guigue. Lyon 1899, S. VII u. VIII.

LYON 1548, Ehrenpforten u. a. mit brennenden Pechpfannen.
La magnificence de la superbe et triumphante entrée de la ... cité de Lyon faicte au ... Roy ... Henry deuxiesme ... 1548. Lyon 1549.

LYON 1598, Feuerwerksaufbau. – S. 56.
Pierre Matthieu. Les deux plus grandes ... resiouissances de la ville de Lyon. La première, pour l'entrée ... de ... Henri IIII ... la seconde, pour l'heureuse publication de la paix ... Lyon 1598. – Abbildung in: Mourey, S. 63.

LYON 1622, Feuerwerkschiff und Feuerwerksplastik auf dem Wasser. Pyrotechniker: Morel. – S. 48, 73.
Réception de ... Louys XIII, Roy de France et de Navarre ... et de ... Royne Anne d'Austriche par Messieurs les Doyen, Chanoines et Comtes de Lyon ... le 11 Decembre 1622. Lyon 1623.

LYON 1660, Feuerwerkstempel, Feuerwerkspantomime, Feuerwerksplastik. – S. 69, 74.
C.-F. Menestrier. Les réjouissances de la paix, faites dans la ville de Lyon ... Lyon 1660.

LYON 1756, Feuerwerkschloß aus Anlaß der Einnahme des Fort St. Philippe. – S. 22.
Einzelblatt.

METZ 1603, Feuerwerkskämpfe auf dem Domplatz.
Abr. Fabert. Voyage du roy à Metz ... (o. O.) 1610.

METZ 1725, Feuerwerkstempel anläßlich der Reise der Maria Lescynska zur Hochzeit mit dem Dauphin.
Mercure de France 1725, Sept. II, S. 2160.

MEUDON 1735, Feuerwerkspantomime. – S. 67, 69, Abb. 46.
Radierung von C. N. Cochin d. J. in: Recueil des festes ,feux d'artifice ,et pompes funèbres, ordonnées pour le Roi, par Messieurs les Premiers Gentilhommes de sa chambre. Paris 1756. – Feste donnée à Meudon ... pour le divertissement de Monseigneur le Dauphin. In: Mercure de France 1735, Sept., S. 2105.

PARIS, Freudenfeuer und Feuerwerk zum Johannisfeste. – S. 57.
Amédée François Frézier. Traité des feux d'artifice. Paris 1747, S. 406.

PARIS 1186 u. 1215, Festbeleuchtungen. – S. 10.
Christian Schöttgen. Historische Nachricht von denen Illuminationen. Leipzig 1736.

PARIS 1548, Freudenfeuer bei der Geburt des zweiten Sohnes Heinrichs II. – S. 56.
Théodore Godefroy. Le cérémonial françois. Paris 1649, Bd. 2, S. 156.

PARIS 1570, Freudenfeuer mit Feuerwerk zur Hochzeit Karls IX. – S. 56.
Godefroy, Bd. 2, S. 156.

PARIS 1612, Feuerwerkschloß bei der Verkündigung der Hochzeit Ludwigs XIII. mit der Infantin Anna.
Les Feux de joye de la France sur les pompes ... faictes à Paris, pour l'heureuse alliance de son roy avec l'infante d'Espagne. Paris 1612. – Jean de Serres. Inventaire général de l'histoire de France. Paris 1618, S. 1177. – Radierung von Johann Ziarnko. – Abbildung in: Mattia Loret. Gli artisti polacchi a Roma nel settecento. Milano 1929, Abb. 1.

PARIS 1613, Feuerwerkschloß, Schiff und Pyramiden mit Feuerwerk, Feuerwerkskämpfe zum Tage des heiligen Ludwig. Pyrotechniker: Bagot, Jumeau, Morel. – S. 73.
Jean de Serres. Inventaire, S. 1203. – Abbildung in: Mourey, S. 83.

PARIS 1623, Feuerwerkschiff mit plastischem Aufbau. – S. 48, 73.
Einzelblatt, bez.: faict par commandement du Roy devant le chateau du Louvre par le Sr Felix de Clarner, ingenieur du Roy. – Abbildung in: Mourey, S. VII.

PARIS 1628, Feuerwerkspantomime auf einer in der Seine errichteten Felsenbühne aus Anlaß der Einnahme von La Rochelle. – S. 68, 73.

Ruggieri. Précis sur les fêtes, S. 212. – A. Fr. Frézier. Traité des feux d'artifice. Paris 1747, S. 423. – Abbildung in: Carl Niessen. Das Bühnenbild. Bonn 1924–1927, Taf. 47.

PARIS 1638, landschaftliche Feuerwerksbühne mit allegorischen Figuren zur Geburt Ludwigs XIV.

Godefroy, Bd. 2, S. 223. – Ruggieri. Précis sur les fêtes, S. 212.

PARIS 1649, Feuerwerkstempel zum Geburtstage Ludwigs XIV. Architekt: Jean Marot. – S. 57, Abb. 37.

Kupferstich, bez.: Joannes Marot expressit et sculpsit.

PARIS 1660, Feuerwerkschiff auf der Seine bei dem Einzuge Ludwigs XIV. mit seiner Gemahlin. Entwurf von Bourdon.

Jean Tronçon. L'Entrée triomphante de leurs maiestez ... dans ... Paris ... Imprimée l'an 1662. – Le feu royal et magnifique qui s'est tiré sur la rivière de la Seine ... le 29 Aoust 1660. Paris 1660.

PARIS 1661, Feuerwerkstempel anläßlich der Geburt des Dauphin.

Claude Ruggieri. Précis historique sur les fêtes, les spectacles et les réjouissances publiques. Paris 1830, S. 223.

PARIS 1682, Festbeleuchtung der Galerien des Louvre aus Anlaß der Geburt des Duc de Bourgogne (ältester Enkel Ludwigs XIV., Vater Ludwigs XV.). Erfinder: Jean Berain d. Ä.

Claude François Menestrier. L'illumination de la galerie du Louvre ... Paris 1682. – Die von Daniel Marot radierte Tafel vorstehenden Buches auch in: C. F. Menestrier. Histoire du règne de Louis le Grand par les médailles. Edition nouvelle. Paris 1693. – Mercure galant 1682, August, S. 277; Sept. I, S. 109. – Abbildung in: Roger-Armand Weigert. Jean I Berain. Paris 1937, Bd. 1, Taf. 11.

PARIS 1682, Feuerwerkstempel vor dem Hôtel de Ville aus demselben Anlaß wie vorher.

Mercure galant 1682, August, S. 97.

PARIS 1682, Feuerwerkspyramide und Feuerwerkstempel vor dem Hôtel des Gobelins aus demselben Anlaß wie vorher, Architekt: Charles Lebrun.

Mercure galant 1682, August, S. 123.

PARIS 1682, Feuerwerkstempel auf Walfischfigur in der Seine bei der Feier der Officiers de la Ville aus demselben Anlaß wie vorher: Entwurf: Pierre Clément, Pyrotechniker: A. Caresme.

Ruggieri. Précis sur les fêtes, S. 228.

PARIS 1688, Feuerwerkstempel zur Feier der Geburt des Prinzen von Wales auf Veranlassung des englischen Gesandten, Erfinder: Jean Berain d. Ä.

Mercure galant 1688, Juli, S. 302. – Abbildung in: Weigert, Berain, Bd. 1, Taf. 11.

PARIS 1689, Feuerwerkstempel vor dem Hôtel de Ville. Erfinder: Jean Berain d. Ä.

La statue de Louis le Grand placée dans le temple de l'honneur. Dessein du feu d'artifice dressé devant l'Hôtel de Ville de Paris, pour la statue du roy, qui y doit estre posée. Paris 1689. Herausgeber: Beausire, Verfasser wahrscheinlich: Claude François Menestrier. – Mercure galant 1689, Juli, S. 316. – Zeichnung im Nationalmuseum zu Stockholm, bez.: Berain. – Weigert, Berain, Bd. 1, S. 96.

PARIS 1698, Feuerwerksobelisk aus Anlaß des Friedens von Rysswick.

Ruggieri. Précis sur les fêtes, S. 234.

PARIS 1699, Feuerwerkstempel.

Sonnet au Roy, et les quatrains sur le sujet de la cérémonie de la statue de Sa Majesté à cheval, érigée en la place de Louis-le-Grand, et l'explication du feu de joye. (Paris 1699.) – Claude François Menestrier. La statue equestre de Louis le Grand placée dans le temple de la gloire, dessin du feu d'artifice élevé sur la rivière de Seine ... Paris 1699. – Einzelblatt mit Titel: le temple de la gloire ...

PARIS 1704, Feuerwerkstempel.
Le triomphe de la Seine et du Tage sur les autres fleuves de l'Europe affermi par la naissance de Monseigneur le Duc de Bretagne. Dessin du feu d'artifice que les officiers de police dépendant de la jurisdiction de MM. les prévosts des marchands et eschevin de la ville de Paris ont fait élever sur la rivière de Seine pour estre tiré le 21 aout 1704. Paris 1704. – Einzelblatt, bez.: J. M. Du Mesnil invenit; Abbildung in: Mourey, S. 187. – Abbildung in: Frézier. Traité des feux d'artifice. Paris 1747, Taf. 11.

PARIS 1704, Triumphbogen für ein Feuerwerk.
(Claude François de Menestrier). Quatre soleils en France le 25 juin 1704, dessein de l'appareil et décoration du palais abbatial de Saint Germain des Prez pour la feste ... à l'occasion de la naissance de M ... le Duc de Bretagne. Paris 1704.

PARIS 1713, Feuerwerkstempel aus Anlaß des Friedens von Utrecht.
Ruggieri. Précis sur les fêtes, S. 237.

PARIS 24. 8. 1718, Feuerwerkschloß am Vorabend von Saint-Louis nach Entwurf von Jean Berain d. J. – S. 59, 60.
Le nouveau Mercure 1718, August, S. 190.

PARIS 24. 8. 1719, landschaftliche Feuerwerksbühne mit Plastik am Vorabend von Saint-Louis nach Entwurf von Jean Berain d. J. – S. 59.
Einzelblatt, betitelt: la Grotte de Thétis, bez.: B. Audran sculp. – Description du feu d'artifice qui sera tiré la veille de la Saint-Louis aux Thuilleries pour la fête du roi. Paris 1719. – Le nouveau Mercure 1719, August, S. 166.

PARIS 26. 8. 1720, Feuerwerk zum Saint-Louis nach Entwurf von Jean Berain d. J. – S. 59.
Le nouveau Mercure 1720, August, S. 186.

PARIS 9. 3. 1722, Feuerwerk und Festbeleuchtung im Tuileriengarten bei der Ankunft der spanischen Prinzessin Maria Anna Viktoria, Braut des Königs Ludwig XV. (Heirat kam nicht zustande), veranstaltet vom König.
La grande explication du feu prodigieux et des superbes illuminations des Tuilleries, pour l'heureuse arrivée de l'Infante-Reine à Paris. (Paris.) – Mercure de France 1722, März I, S. 154 u. II, S. 139.

PARIS 14. 3. 1722, Ausgestaltung des Platzes vor dem Palais Royal mit Beleuchtungs- und Feuerwerksaufbauten bei derselben Gelegenheit wie vorher, veranstaltet vom Herzog von Orleans, Architekt: Gilles Marie Oppenordt. – S. 62.
Explication de toutes les superbes décorations et lampions posés devant le Palais Royal ... o. O. u. J. – Description de la fête magnifique, du feu d'artifice et des illuminations du Palais-Royal ... (Paris.) – Mercure de France 1722, März II, S. 142.

PARIS 24. 3. 1722, Feuerwerkstempel, errichtet vom spanischen Gesandten Herzog von Ossona, und Wasserfeuerwerk bei derselben Gelegenheit wie vorher, Entwurf von Jean Berain d. J.
La grande description de la fête superbe du feu d'artifice et des illuminations de M. le Duc d'Ossone ... (Paris). – Explication du magnifique feu d'artifice que M. le Duc d'Ossone fera tirer sur la Seine ... (Paris). – (Boutard.) Description de la fête donnée dans Paris sur la rivière ... par M. le duc d'Ossone ... Paris 1722. – Mercure de France 1722, März II, S. 150.

PARIS 1722, Feuerwerkstempel, errichtet von der Stadtverwaltung bei derselben Gelegenheit wie vorher.
Explication du feu d'artifice qui sera tiré devant l'Hôtel de Ville ... Paris 1722. – Mercure de France 1722, März II, S. 130.

PARIS 1725, Feuerwerkstempel zur Feier der Hochzeit Ludwigs XV., Architekt: Dumesnil. – S. 71.
Mercure de France 1725, Sept. II, S. 2243.

PARIS 21. 1. 1730, landschaftliche Feuerwerksbühne, Erfinder: Giovanni Niccolò Servandoni; Festbeleuchtung des Hauses der spanischen Gesandten, ausgeführt von Jean-Baptiste Augustin Beausire. – S. 54, 67, Abb. 44.

Description de la feste et du feu d'artifice, qui doit être tiré à Paris, sur la rivière, au sujet de la naissance de Monseigneur le Dauphin par ordre de sa Majesté catholique Philippe V. ... Paris 1730. – Nouvelles Archives de l'art français. Serie 3, Bd. 4 (1888), S. 265.

PARIS 2. 9. 1730, Feuerwerkstempel.

Description du feu d'artifice qui doit être tiré devant l'Hôtel de Ville au sujet de la naissance de M ... le Duc d'Anjou. Paris 1730.

PARIS 2. 6. 1739, Feuerwerkstempel, errichtet von der Stadt aus Anlaß des Friedens von Wien. Architekt: Giovanni Niccolò Servandoni.

Amédée François Frézier. Traité des feux d'artifice. Paris 1747.

PARIS 7. 6. 1739, Beleuchtungsaufbau, errichtet vom kaiserlichen Gesandten vor seinem Hause anläßlich des Friedens von Wien. Entwurf: B. Desmarais.

Einzelblatt. – Ruggieri. Précis sur les fêtes, S. 255.

PARIS 27. 8. 1739, landschaftliche Feuerwerksbühne. – S. 68.

Représentation exacte du feu d'artifice ordonné par ... le Marquis de la Mina, Ambassadeur d'Espagne, au sujet du mariage de Madame première de France avec l'Infant Don Philippe ... suivant les desseins, et par les soins du Sieur Jean François Guillieaumon, entrepreneur de toute la fête donnée le 27 aoust 1739, sur le bord de la rivière de Seine ..., bez.: Guilleaumont Invenit, Herriset sculpsit. – Description du feu d'artifice et de la fête donnée par ... Mgr. de Lamina ... Paris 1739. – A. F. Frézier. Traité des feux d'artifice. Paris 1747, S. 415.

PARIS 29. 8. 1739, Feuerwerk, veranstaltet von der Stadt nach den Entwürfen von Giovanni Niccolò Servandoni und Jacques Gabriel. – S. 62, 67, 71, 73, 77, Abb. 41.

Description des festes données par la ville de Paris, à l'occasion du mariage de Madame Louise-Elisabeth de France, de Dom Philippe, Infant ... d'Espagne. Paris 1740.

PARIS 1739, Entwurf von Juste Aurèle Meissonnier für das vorstehende Feuerwerk, nicht zur Ausführung gelangt. – S. 71.

Oeuvre de Juste Aurèle Meissonnier. Paris, Huquier (um 1750).

PARIS 29. 8. 1739, Festbeleuchtung der Rue de la Ferronerie, entworfen von den Brüdern Slodtz.

A. Fr. Frézier. Traité des feux d'artifice. Paris 1747, Taf. 10. – Radierung von J. de Seve, die Staffage von Charles Nicolas Cochin d. J. – Abbildung vorstehenden Blattes in: S. Rocheblave. Charles Nicolas Cochin. Paris 1927, Taf. 18. – Einzelblatt, erschienen bei J. P. Le Bas. – Abbildung vorstehenden Blattes in: Encyclopédie des métiers d'art, décoration de style. Paris (1929), Bd. 1, Taf. 97.

PARIS 17. 6. 1744, Festung, Aufbau für ein Feuerwerk. Erfinder: Brüder Dumesnil, Leitung: Beausire. – S. 71.

Description du feu d'artifice ... qui doit être tiré devant l'Hôtel de Ville, le 17 Juin 1744, jour auquel on chantera le Te Deum dans l'Eglise Métropolitain de Paris en action de grace de la prise de Menin. Paris 1744.

PARIS 27. 6. 1744, Feuerwerksgemälde aus Anlaß der Einnahme von Ypern, gemalt von den Brüdern Dumesnil. Feuerwerk auf Place de Grève, ausgeführt vom Architekt Beausire. – S. 71.

Einzelblatt, erschienen bei Poilly in Paris. – Abbildung in: Mourey, S. 227.

PARIS 8. 9. 1744, Feuerwerkstempel, errichtet von der Stadt aus Anlaß der Wiederherstellung der Gesundheit des Königs. Erfinder: Brüder Dumesnil, Leitung des Feuerwerks: Beausire. – S. 71.

Einzelblatt, erschienen bei Charpentier. – Mercure de France 1744, Sept., S. 2045.

PARIS 1745, Feuerwerksgemälde aus Anlaß der Einnahme von Gent, gemalt von den Brüdern Dumesnil. Feuerwerk vor dem Hôtel de Ville, ausgeführt von Dodement. – S. 71.
Einzelblatt, erschienen bei Poilly in Paris.

PARIS 1745, Festbeleuchtung der Rue de la Ferronerie wie am 29. 8. 1739, entworfen von den Brüdern Slodtz.
A. Fr. Frézier. Traité des feux d'artifice. Paris 1747, Taf. 10. – Radierung nach Bauvais und (Staffage:) Ch. N. Cochin von Baillieul und F. A. Aveline. – Abbildung des vorstehenden Blattes in: S. Rocheblave. Charles Nicolas Cochin. Paris 1927, Taf. 33.

PARIS 1747, Feuerwerkstempel, Architekt: Francois Blondel.
Fête publique donnée par la ville de Paris à l'occasion du mariage de M ... le Dauphin. Paris (1747).

PARIS 1749, Feuerwerkstempel.
Plans et dessins des constructions et décorations ordonnées par la ville de Paris ... à l'occasion de la publication de la paix. Paris (1749).

PARIS 1753, Feuerwerkstempel zur Feier der Geburt des Duc d'Aquitaine.
Ruggieri. Précis sur les fêtes, S. 282.

PARIS 1755, Feuerwerkstempel zur Feier der Geburt des Comte de Provence, des späteren Ludwig XVIII.
Ruggieri, Précis sur les fêtes, S. 285.

PARIS 1756, Feuerwerksgemälde aus Anlaß der Eroberung der Befestigungen des Hafens Mahon, gemalt von Dumesnil nach den Angaben von Damun. Feuerwerk vor dem Hôtel de Ville. – S. 71.
Radierung mit Titel: Décoration du feu d'artifice ... par Dumesnil peintre, et les frères Ruggieri artificiers ordin^es de la ville. – Ruggieri. Précis sur les fêtes, S. 287 (gibt als Feuerwerker Torré an).

PARIS 1758, Feuerwerksgemälde aus Anlaß des Sieges bei Luxemburg, gemalt von Dumesnil. Feuerwerk vor dem Hôtel de Ville, Leitung: Beausire. – S. 71.
Einzelblatt, bez.: dessiné par Damun, gravé sous la conduite de Le Bas.

PARIS 1759, Feuerwerksgemälde aus Anlaß des Sieges bei Berghen, gemalt von Dumesnil. Feuerwerk vor dem Hôtel de Ville, Leitung: Beausire. – S. 71.
Einzelblatt, Abbildung in: Mourey, S. 253.

PARIS 1760. Feuerwerkstempel, errichtet von einem der Brüder Dumesnil anläßlich der Geburt einer Tochter des Dauphin. Leitung: Beausire. Pyrotechniker: Brüder Ruggieri.
Einzelblatt, erschienen bei Basan.

PARIS 1763, Feuerwerkstempel und Platzausschmückung zur Friedensfeier und zur Enthüllung des Standbildes des Königs, Architekt: Pierre-Louis Moreau-Desproux. – S. 63.
Mercure de France 1763, Juli II, S. 153 u. 159. – Übermalte Federzeichnung von Martin Marvie (Guiffrey et Marcel. Inventaire du Museé du Louvre et du Musée de Versailles. Bd. 9, S. 112, Nr. 9477 mit Abb.). – Sepiazeichnung von J.-P. Le Bas, hiernach Stich von Arrivet (Destailleur. Catalogue de dessins et tableaux. Paris 1896, Nr. 642).

PARIS 1770, Feuerwerkstempel zur Feier der Hochzeit des Dauphin, des späteren Königs Ludwig XVI.
Ruggieri. Précis sur les fêtes, S. 302.

PARIS 1782, Feuerwerkstempel zur Feier der Geburt des Dauphin, Architekt: Pierre-Louis Moreau-Desproux. – S. 58, Abb. 38.
Ruggieri. Précis sur les fêtes, S. 314. – Kupferstich von Jean Michel Moreau, desgl. von Voisard nach Zeichnung von Desrais, von Nicolle und von La Chaussée.

PARIS 1783, Feuerwerk an Säule auf Felsen anläßlich des Friedens von Versailles zwischen Frankreich und England. Leitung Pierre-Louis Moreau-Desproux; Pyrotechniker: Petroni Ruggieri.
Ruggieri. Précis sur les fêtes, S. 317.

PARIS 14. 7. 1790, Feuerwerk zum Jahrestage der Erstürmung der Bastille. – S. 72.
Ruggieri. Précis sur les fêtes, S. 321.

PARIS 1791, Festbeleuchtung der Champs-Elysées und Feuerwerk an der Stelle des jetzigen Arc de triomphe anläßlich der Annahme der Verfassung durch den König.
Ruggieri. Précis sur les fêtes, S. 322.

PARIS 14. 7. 1801, zentralperspektivische Feuerwerksbühne zum Nationalfest. – S. 72.
Einzelblatt, betitelt: Vue brillante de l'anniversaire du 14 juillet 1801 ... Feu d'artifice tiré à l'Etoille des Champs Elisées ... – Abbildung in: Mourey, bei S. 326. – Ruggieri. Élémens de pyrotechnie. Paris 1810, S. 401.

PARIS 23. 9. 1801, Feuerwerk vor dem Hôtel des Invalides, ausgeführt von Bénard und de La Varinière, ferner Feuerwerk an drei Luftschiffen, besorgt von Claude Ruggieri.
Ruggieri. Elémens, S. 402.

PARIS 9. 11. 1801, Feuerwerkstempel und Wasserfeuerwerk zwischen Pont Neuf und Pont Royal zum Fest des allgemeinen Friedens, ausgeführt von Bénard und de La Varinière.
Ruggieri. Précis sur les fêtes, S. 334.

PARIS 1804, 3 Feuerwerke zur Krönung Napoleons I., ausgeführt von einem der Ruggieri: 1) auf Pont Louis XVI, 2) im Garten des Senats, 3) vor dem Hôtel de Ville mit Verwendung eines Feuerwerksgemäldes. – S. 69, 72.
Ruggieri. Elémens, S. 403 – von 3) zwei Einzelblätter, Abbildung in: Mourey, S. 339 u. Taf. vor dem Titel.

PARIS 15. 8. 1806, Feuerwerkstempel auf einer der Seinebrücken.
Ruggieri. Elémens, S. 406.

PARIS 2. 4. 1810, Ausgestaltung der Place de la Concorde und der Champs Elysées mit Beleuchtungs- und Feuerwerksaufbauten zur Hochzeit Napoleons I. mit der Erzherzogin Marie Luise, Architekten: Ch. Percier und P. F. L. Fontaine. – S. 63, 72.
Mourey. Livre des fêtes françaises, S. 344. – Percier et Fontaine. Description des cérémonies et des fêtes ... pour le mariage de ... l'Empereur Napoléon ... Paris 1810.

PARIS 2. 4. 1810, Festbeleuchtung verschiedener Gebäude, darunter der Türme von Notre-Dame, Architekt: Alexandre Théodore Brongniart. – S. 72.
Goulet. Fêtes à l'occasion du mariage de S. M. Napoléon ... avec Marie-Louise. Paris 1810.

PARIS 10. 6. 1810, Feuerwerk der Stadt Paris zur Hochzeit Napoleons I., Architekt: Jean Molinos. – S. 60, 70, 72.
Ruggieri. Précis, S. 335. – Einzelblatt, betitelt: Vue du beau feu d'artifice tiré le 10 juin 1810 sur le quai Napoléon ..., Abbildung in: Mourey, S. 347.

PARIS 14. 6. 1810, Feuerwerkstempel auf Felsen im Garten des Palais der Prinzessin Borghese in Neuilly zur Hochzeit Napoleons I., Pyrotechniker: Claude Ruggieri.
Ruggieri, Elémens, S. 413.

PARIS 24. 6. 1810, Tempelfassade für das Feuerwerk zur Hochzeit Napoleons I., dargebracht vom Corps d'artillerie de la garde, Architekt: Jacques Cellerier. – S. 8, 72.
Goulet. Fêtes à l'occasion du mariage de S. M. Napoléon ... avec Marie-Louise. Paris 1810.

PARIS 1. 7. 1810, Feuerwerk mit Feuerwerksgemälde im Garten des Palais des Fürsten Schwarzenberg, des Gesandten des deutschen Kaisers, zur Hochzeit Napoleons I. – S. 70.
Ruggieri. Elémens, S. 417.

PARIS 1811. Feuerwerkstempel zur Taufe des Königs von Rom.
Einzelblatt, erschienen bei Basan. – Abbildung in: Encyclopédie des métiers d'art, décoration de style, Paris (1929), Bd. 1, Taf. 99.

PARIS 1814, Feuerwerk auf Pont Louis XVI zum Einzuge Ludwigs XVIII. – S. 72.
Ruggieri. Précis, S. 338.

PARIS 1825, Feuerwerkstempel zur Krönung Karls X., Pyrotechniker: Claude Ruggieri und sein Bruder.
Ruggieri. Précis, S. 353.

PARIS 15. 8. 1852, Feuerwerksgemälde für das Napoleonsfest. – S. 69.
Illustrierte Zeitung, Leipzig 1852, S. 152.

PARIS 15. 8. 1853, zentralperspektivische Feuerwerksbühne mit Standbild Napoleon I. zu seinem Geburtstage. – S. 60.
Einzelblatt.

PERPIGNAN 1501, Mysterienspiele mit Feuerwerk. – S. 56.
Hubertus Leodius. Annalium de vita et rebus gestis illustrissimi principis Friderici II., electoris Palatinî, libri XIV. Frankfurt a. M. 1624, S. 32.

SAINT CLOUD 1810, Festbeleuchtung der Kaskade im Park zur Hochzeit Napoleons I. oder 1811 zur Taufe seines Sohnes.
Aquatintablatt von Louis Philibert Debucourt. – Abbildung in: Encyclopédie des métiers d'art, décoration de style, Bd. 1, Taf. 100.

STRASSBURG 1744, Feuerwerk auf der Ill und Festbeleuchtung. – S. 63.
Représentation des fêtes données par la ville de Strasbourg pour la convalescence du Roi ... Inventé, dessiné et dirigé par J. M. Weis. Paris (1744).

STRASSBURG 1749, Feuerwerk auf der Ill aus Anlaß des Aachener Friedens. – S. 63.
Kupferstich, bez.: inventé et dessiné par Weis.

VALENCIENNES 1680, Feuerwerksplastik.
Hercule soutenant le ciel, dessins des feux d'artifices dressez pour l'arrivée du roy en sa ville de Valenciennes, le 5 Août 1680.

VERSAILLES 1664, Festspiel mit Feuerwerk auf zentralperspektivischer Bühne. – S. 59, 60.
Israel Silvestre. Les plaisirs de l'isle enchantée, ou les festes, et divertissements du Roy, à Versailles ... commencéz le 7me jour de May, de l'année 1664, Tafelwerk. – André Felibien. Les plaisirs de l'île enchantée, ou fêtes données à Versailles en 1664. – Les Plaisirs de lisle enchantée. Course de bague, collation ornée de machines ... feu d'artifice: et autres festes galantes et magnifiques; faites par le Roy à Versailles, le 7. May 1664. Et continuées plusieurs autres jours. Paris 1664. – Charles Racinet. Les plaisirs de l'isle enchantée, la feste de Versailles et les divertissemens de Versailles donnés par le Roy en 1674. Notice hitorique, bibliographique et judiciaire. Paris 1859. – Abbildung in: Carl Niessen. Das Bühnenbild. Bonn 1924–1927, Taf. 47.

VERSAILLES 1668, Parkbeleuchtung und Feuerwerk aus Anlaß des Friedens von Aachen. – S. 59, 66.
André Felibien. Relation de la feste de Versailles du 18 juillet 1668. Paris 1679. – Racinet (siehe Versailles 1664).

VERSAILLES 18. 8. 1674, Feuerwerksobelisk, Architekt: Charles Lebrun. – S. 59, 61.
André Felibien. Les divertissemens de Versailles donnez par le Roy à toute sa cour au retour de la conqueste de la Franche-Comté en 1674. Paris 1676. – Racinet (siehe 1664).

VERSAILLES 31. 8. 1674, Parkbeleuchtung nach Entwurf von Carlo Vigarani. – S. 59, 66, Abb. 45.
Felibien. Les divertissemens de Versailles. Paris 1676. – Racinet (siehe 1664).

VERSAILLES 1725, allegorisches Feuerwerksbild von Juste Aurèle Meissonnier. – S. 70.
Radierung im Oeuvre de Juste Aurèle Meissonnier. Paris, Huquier (um 1750). – Louis Dimier. Les peintres français du 18e siècle. Paris 1930, Bd. 2, S. 367.

VERSAILLES 1729, Feuerwerksgemälde von Juste Aurèle Meissonnier aus Anlaß der Geburt des Dauphin. – S. 70, Abb. 48.
Radierung im Oeuvre des Juste Aurèle Meissonnier. Paris, Huquier (um 1750). – Skizze hierzu im Besitze des Kupferstichverlegers Gabriel Huquier, versteigert 1771. – Gemälde, verzeichnet in der Bestandsaufnahme der Hinterlassenschaft des Meissonnier (Paris, Archives Nationales Y 14670): „un grand Tableau allégorique peint sur toile dans sa bordure dorée à l'occasion de la naissance de Monseigneur le Dauphin". – Pierre-Jean Mariette in: Collection Deloyne, Bd. 4, Artikel 45, S. 418 (Paris, Cabinet des Estampes Ya 3. 27 in – 8°). – Mercure de France 1729, Dezember I, S. 2960. – Henry de Chennevières. Les menus-plaisirs du roi et leurs artistes: In: L'Art. Jahrg. 8, Bd. 3 (1882), S. 242 (Mitarbeit von Siméon Chardin).

VERSAILLES 26. 8. 1739, Gartenausstattung mit Feuerwerksaufbauten zur Hochzeit der Prinzessin Louise Elisabeth mit Philipp, Infant von Spanien. – S. 68.
Radierung von C. N. Cochin d. J. in: Recueil des festes, feux d'artifice, et pompes funèbres, ordonnées pour le Roi par Messieurs les Premiers Gentilhommes de sa chambre. Paris 1756. – Description de la feste donnée à Versailles à l'occasion du mariage de Mme Louise Elisabeth . . . Paris 1739.

VERSAILLES 1751, Feuerwerkstempel aus Anlaß der Geburt des Duc de Bourgogne. – S. 60.
Kupferstich von Martin Marvie und Jean Ouvrier, bez.: composé et exécuté par Mrs. Slodtz. – Ruggieri. Précis sur les fêtes, S. 278.

VERSAILLES 1770, Feuerwerk zur Hochzeit des Dauphin, des späteren Königs Ludwig XVI. mit der Erzherzogin Marie Antoinette, entworfen und ausgeführt von Morel und Torré. – S. 60, 64, 67, 71, 73, Abb. 39.
Description des fêtes et spectacles donnés à Versailles à l'occasion du mariage de Monseigneur le Dauphin. Paris chez Vente, libraire des Menus-Plaisirs du Roi. – Feu d'artifice tiré à Versailles. Paris, chez Mlle le Rouge. Folge von 5 Bl. – 2 Bl. Entwürfe in Aquarell, unterzeichnet mit den Namen Morel und Torré, in der Sammlung A. St. H. Brock in Sutton (Surrey).

VERSAILLES 1770, Parkbeleuchtung nach Entwürfen von Charles Michel-Ange Challe und Louis Girault im Anschluß an das vorgenannte Feuerwerk. – S. 60, 66.
Quellenangabe siehe vorher. – Abbildung in: Encyclopédie des métiers d'art. Décoration de style. Bd. 1, 1929, Taf. 98. – Jean Michel Moreau. Zeichnung. Paris, Louvre.

VERSAILLES 1771, Feuerwerk zur Hochzeit des Comte de Provence, des späteren Königs Ludwig XVIII., ausgeführt von Morel, Torré und Séguin. – S. 64, 65, 73.
Ruggieri. Précis sur les fêtes, S. 303.

VERSAILLES 1773, Feuerwerk mit Pantomime zur Hochzeit des Comte d'Artois, des späteren Königs Karl X., ausgeführt von Torré. – S. 64, 65, 69.
Ruggieri. Précis sur les fêtes, S. 309.

VERSAILLES 1855, Feuerwerk mit Schloß Windsor an einer Front.
Illustrierte Zeitung, Leipzig 1855, Bd. 2, S. 170. – Abbildung nach Zeichnung von Gustave Doré in: Illustrated London News 1855.

SPANIEN UND PORTUGAL

ALENDA Y MIRA, Jenaro. Relaciones de solemnidades y fiestas públicas de España. Tomo I: 1402–1726 (mehr nicht erschienen). Madrid 1903.

BARCELONA 1501, Stern, mit Feuerwerkskörpern gefüllt. – S. 54.
Hubertus Leodius. Annalium de vita et rebus gestis illustrissimi principis Friderici II., electoris Palatini, libri XIV. Frankfurt a. M. 1624, S. 31.

BARCELONA 1585, „Castillos de fuego".
Henrique Cock. Relacion del viaje hecho por Felipe II en 1585 a Zaragoza, Barcelona y Valencia, publicada por A. Morel-Fatio y A. Rodriguez Villa. Madrid 1876, S. 143.

BURGOS 1570, Feuerwerkschlösser und Festbeleuchtung.
Relacion ... del recebimiento, que la ... ciudad de Burgos ... hizo á la ... Reyna ... Doña Anna de Austria ... Burgos 1571: Alenda y Mira Nr. 251.

CADIZ 1707, „Castillo de fuego"
Andres Garzon. Demostracion festiva que la ... nacion francesa executó en la ... ciudad de Cadiz, á el ... nacimiento del ... Principe de las Asturias D. Luis Fernando. Cadiz 1707: Alenda y Mira 1661.

GRANADA 1693, „Castillo de fuego".
Felipe Santiago Zamorano. Compendio metrico de la ... fiesta, que le consagró á la Virgen SS[ma] de la Antigua en el sacrosanto mysterio de su assuncion soberana, su ... hermandad de escrivanos del numero de esta ciudad de Granada ... 1693: Alenda y Mira Nr. 1523.

MADRID 1570, Feuerwerkschloß.
Einzug der Königin Anna in Madrid, Handschrift: Alenda y Mira Nr. 258.

MADRID 1620, „Castillo de fuego" bei der Seligsprechung des Isidro Labrador.
Antonio de León Pinelo. Anales de Madrid: Alenda y Mira Nr. 728.

MADRID 1625, Feuerwerksgarten und anderes Feuerwerk. – S. 54, 55.
Juan Antonio de la Peña. Elogio del S. P. Francisco de Borja ... Con relacion de las singulares fiestas, con que la compañia de Jesus, y señores de la corte celebrarón su gloriosa beatification. Madrid 1625.

MADRID 1657, „Castillo de fuego".
Joseph Felix Barreda. Relacion ... de la salida de su Magestad ... á dar gracias á la soberana Virgen de Atocha, por el feliz sucesso de la Reyna ... y nacimiento del Principe de España ... Madrid 1657: Alenda y Mira Nr. 1140.

MADRID 1722, Feuerwerksgarten, „Castillo de fuego" und anderes Feuerwerk. – S. 54.
Festejos, que Madrid executó, en celebridad de los gloriosos casamientos de los Serenissimos Señores, Principe nuestro Señor, y Señora Infanta, Reyna de Francia ... 1722 ... Madrid (o. J): Alenda y Mira Nr. 1744.

MADRID 1725, „Castillo de fuego".
Entrada en Madrid de sus Magestades con la ... Infanta de España ... 1725. Madrid (o. J.): Alenda y Mira Nr. 1791.

MURCIA 1609, Feuerwerk. – S. 55.
Relacion de la fiesta que hizo el Collegio de Murcia á la beatificacion del B° P[e] Ignacio de Loyola en 16. de dez[e] de1609. Handschrift: Alenda y Mira Nr. 518.

TOLEDO 1560, wahrscheinlich Feuerwerksgarten. – S. 54.
Recebimiento que la Imperial ciudad de Toledo hizo à la Magestad de la Reyna ... Toledo 1561: Alenda y Mira Nr. 203.

TOLEDO 1616, „Castillos de fuego".
Eugenio de Narbona. Relacion de las fiestas que hizo la imperial ciudad de Toledo, en la traslacion de la sacro santa imagen de nuestra señora del sagrario. Toledo 1616: Alenda y Mira Nr. 671.

VALENCIA 1599, „Castillos de fuego".
Relacion ... de la llegada de la Reyna ... Margarita de Austria, en España á el Reyno de Valencia ... Sevilla o. J.: Alenda y Mira Nr. 419.

VALLADOLID 1565, „Castillo de fuego", geplant, aber nicht zur Ausführung gelangt.
Brief vom 29. 5. 1565 mit Beschreibung des Einzugs der Königin Isabella in Valladolid: Alenda y Mira Nr. 211.

VALLADOLID 1660, Feuerwerkschloß und Feuerwerksberg.
Relacion verdadera de las grandiosas fiestas y recocijos que la ... ciudad de Valladolid, hizo á nuestro Rey ... Felipe quarto el grande, veniendo de Irun, de entregar á la ... Reyna de Francia, Doña Maria Teresa de Austria, su hija. Madrid 1660: Alenda y Mira Nr. 1236. – Leonardo del Castillo. Viaje del Rey ... Felipe IV. el grande, a la frontera de Francia. (Vorwort: 1667.) S. 285 u. 292.

VALLADOLID 1679, Feuerwerkschloß und Feuerwerkschiffe.
Fiestas que executó la ... ciudad de Valladolid en ocasion de las felices bodas del Rey ... Carlos segundo con la Reyna ... Maria Luisa de Borbon. o. O. u. J.: Alenda y Mira Nr. 1436.

VALLADOLID 1681, „Castillos de fuego".
Fiestas que la ilustre cofadria de la sagrada cruz de Christo desta noble ciudad de Valladolid celebró este año de 1681 ... á la translacion de el santo Christo á su nuevo templo ... Valladolid o. J.: Alenda y Mira Nr. 1462.

LISSABON 1619, Feuerwerkschiff beim Empfang des spanischen Königs Philipp III.
Recebimiento que la ciudad de Lisboa hizo á la entrada de ... Felipe III. ... Lisboa 1619.

LISSABON 29. u. 30. 4. u. 1. 5. 1793, Feuerwerkschloß bzw. Schauseite einer Festung, errichtet auf Veranlassung des Generals Diogo Ignacio Pina Manique zur Geburt der Prinzessin Maria Theresia.
2 Einzelblätter, davon das eine radiert von Joao Cajetano Rivara.

LISSABON 11. 8. 1793, Feuerwerksgarten. – S. 55.
Einzelblatt mit Aufschrift: Prospetto de maquina do jardin do fogo ... pelo felix nascimento de ... Maria Princeza da Beira. Ant. Ferd. Roix del., I. C. Rivara abrio.

RUSSLAND

ROVINSKI, D. A. Obozrenie ikonopisanija v rossii do konca 17 veka. Opisanie fejerverkov i illjuminacij. (St. Petersburg) 1903.
Übersicht der Heiligenbilder in Rußland bis zum Ende des 17. Jahrhunderts. Beschreibung der (russischen) Feuerwerke und Festbeleuchtungen.

MOSKAU 1704, Feuerwerk mit Raketenzaun und Transparentgemälden aus Anlaß des Sieges über die Schweden an der Mündung der Newa. – S. 52.
Les Trésors d'art en Russie, Jahrg. 1903, Text S. 96, Taf. 41 u. 42 u. Abbildung auf S. 39 nach zeitgenössischem Bericht.

MOSKAU 1724, zentralperspektivische Feuerwerksbühne bei der Krönung der Zarin Katharina I.
Abbildung in: Boris Nasarewski. Jubiläumswerk des Zarenhauses Romanow 1613–1913. St. Petersburg 1913.

MOSKAU 1730, zentralperspektivische Feuerwerksbühnen.
Umständliche Beschreibung der ... Salbung und Crönung der ... Frauen Anna Joannowna, Kayserin ... von gantz Rußland ... wie solche den 28. April 1730 in .. Moscau ... vollzogen worden. St. Petersburg 1731.

MOSKAU 1742, zentralperspektivische Feuerwerksbühne und Illuminationstheater. – S. 52, Abb. 36.
Ausführliche Beschreibung der festlichen Ordnung des ... Einzuges in ... Moskau und der ... Krönung ... der Kaiserin Elisabeth Petrowna ... 1742. St. Petersburg 1744.

MOSKAU 1775, zentralperspektivische Feuerwerksbühne aus Anlaß des Friedens mit der Türkei.
Radierung von M. Kosakow. – Abbildung in: E. N. Tewjaschow. Opisanie njeskolkich grawjur i litografii. St. Petersburg 1903, S. 121.

PETERSBURG 1. 1. 1735, zentralperspektivische Feuerwerksbühne und Illuminationstheater für das Neujahrsfeuerwerk.
Einzelblatt. – Abbildung in: Starije Godi 1913, Februar-Heft, Taf. zwischen S. 30 u. 31.

PETERSBURG 28. 1. 1735, zentralperspektivische Feuerwerksbühne und Illuminationstheater zum Geburtstage der Zarin.
Einzelblatt. – Abbildung in: Starije Godi 1913, Februar-Heft, Taf. zwischen S. 30 u. 31.

PETERSBURG 28. 4. 1735, zentralperspektivische Feuerwerksbühne und Wasserfeuerwerk am Krönungstage der Zarin.
Einzelblatt. – Abbildung in: Starije Godi 1913, Februar-Heft, Taf. zwischen S. 30 u. 31.

PETERSBURG 1738, zentralperspektivische Feuerwerksbühne und Illuminationstheater zum Geburtstage der Zarin.
Beschreibung dreyer Feuerwercks-Plane, welche am hohen Geburths-Feste Ihro Kayserlichen Majestät Anna Joannowna ... den 28. Januar 1738 in einem ... Feuerwerck vorgestellt worden. (St. Petersburg.)

PETERSBURG 1740, zentralperspektivische Feuerwerksbühne und Illuminationstheater.
Abriß des in St. Petersburg vorgestellten Lust-Feuers, als der zwischen der ... Kayserin ... und der ottomanischen Pforte ... geschlossene ... Friede am 17. Februar 1740 im gantzen rußischen Reiche ... celebriret wurde. (St. Petersburg.)

PETERSBURG 12. 8. 1741, zentralperspektivische Feuerwerksbühne und Wasserfeuerwerk.
Abriß und Erklärung des Feuerwerckes und der Illumination, welche an dem ... Geburths-Feste des ... Joannis III., Kaysers ... von allen Reussen ... 1741, den 12. August in St. Petersburg vorgestellet worden. (St. Petersburg.) – Abbildung in: Starije Godi 1907, Taf. zwischen S. 420 u. 421.

PETERSBURG 18. 12. 1741, Feuerwerk. – S. 53.
Moralische Gedanken und Erklärung über die Feuerwerck- und Illuminations-Vorstellung, welche bey ... Begehung des ... Geburts-Festes der ... Elisabeth Petrowna, Kayserin und Selbsthalterin aller Reussen ... vor dem kayserlichen Winter-Pallast in St. Petersburg aufgeführet worden. (St. Petersburg.)

PETERSBURG 1742, zentralperspektivische Feuerwerksbühne und Illuminationstheater.

Abriß der Illumination und des Feuerwerckes, womit der feyerliche Geburts-Tag des regierenden Hertzogs von Hollstein-Gottorp Peters beschlossen worden am Kayserl. Hofe zu St. Petersburg den 10. Febr. 1742. (St. Petersburg.)

PETERSBURG 1756, zentralperspektivische Bühne für das Feuerwerk am Abend des Neujahrstages vor dem Winterpalast.

Radierung, bez.: Inventé par Stehlin. Executé par Jos. Sarti. Dessiné par Fr. Gradizzi. Gravé à l'Acad. Imp. de St. Petersburg.

PETERSBURG 1758, 1) zentralperspektivische Feuerwerksbühne, 2) Berg mit stürzenden Titanen, in den Wolken die Zarin als Minerva (Plastik?). Pyrotechniker Jos. Sarti, kaiserlicher Feuerwerksmeister.

Macht und Ruhm ... der ... Kayserin Elisabeth der Ersten ... in einer allegorischen Vorstellung von Feuerwerken am Neu-Jahrs-Abend 1758 vor dem Kayserl. Winter-Palast aufgeführet (St. Petersburg).

PETERSBURG 1762, zentralperspektivische Feuerwerksbühnen.

Beschreibung der Feuerwerks-Vorstellung, die zum Beschluß ... der öffentlichen Feyer des zwischen ... Peter III. ... und ... Friedrich III. (!) ... geschlossenen Friedens vor dem Kaiserl. neuen Winter-Palais auf dem Newa-Strohm aufgeführet worden zu St. Petersburg den 10. Junii 1762. (St. Petersburg). Darin 1 Tafel, bez.: I. Stehlin inv[t], Fr. Gradizzi delin. P. d. Melissino execut. – Zeichnung des ersten Feuerwerksaufbaues, bez.: J. de Stehlin invt.; Berlin, Staatliche Kunstbibliothek.

PETERSBURG 1763, zentralperspektivische Feuerwerksbühnen.

Description du feu d'artifice allégorique pour l'anniversaire du jour, au quel ... Cathérine II. ... occupa le trone représenté à St. Petersbourg sur la Neva le 28 Juin 1763 (St. Petersburg). Darin die Tafeln bez.: J. de Stehlin inv., Francesco Gradizzy delin., Exéc. par le Lieut.: Colonel des Bombard. P. de Milissino.

PETERSBURG 1765, Feuerwerkstempel und zentralperspektivische Feuerwerksbühne, ferner Illuminationsaufbau. Erfinder: J. von Stehlin.

Description d'une illumination et d'un feu d'artifice allégoriques données le 25 Janvier 1765, jour que sa Majesté impériale Catherine ... a daigné honorer de son auguste présance le nouvel hôtel de ... Mr. le Conte Alexis Grigoriewitz d'Orloff ... (St. Petersburg).

PETERSBURG 1774, Feuerwerk um eine allegorische Gruppe, angeblich zur Hochzeit des Großfürsten und späteren Zaren Paul. – S. 14, Abb. 8.

Deckfarbenbild auf einer Tabakdose, gemalt von van Blarenberghe. Les Trésors d'art en Russie. Saint Péterbourg 1901, S. 104 u. Taf. 84.

PETERSBURG 1790, zentralperspektivische Feuerwerksbühnen.

Beschreibung eines Feuerwerks, welches nach den Feyerlichkeiten des zwischen ... Katharina II. ... und ... Gustav III., König von Schweden ... geschloßenen Friedens, zu St. Petersburg bey dem Kaiserlichen Sommergarten abgebrannt worden ist ... 1790. St. Petersburg 1790. Die Tafeln bez.: Inventé et exécuté par le Lieut. Gen. de Melissino, dessiné par l'Arch. C. Spekle.

PETERSBURG 15. 9. 1793, zentralperspektivische Feuerwerksbühne aus Anlaß des Friedenschlusses mit der Türkei.

Opisanie feuerwerka po okontschanii torschestwa na slutschai saklju tschennago mira meschdu rossiiskoju imperieju i portoju ottomanskoju predstawlennago w Sanktpeterburg na zarizinomlugu ... 1793 ... Sanktpeterburg.

PETERSBURG Oktober 1793, zentralperspektivische Feuerwerksbühnen.
Beschreibung des Feuerwerks, welches bei Gelegenheit der Vermählung ... des Großfürsten Alexander Pawlowitsch und der Großfürstin Elisabeth Alexiewna gegeben worden ist zu St. Petersburg bey dem Kaiserlichen Sommergarten ... 1793. St. Petersburg 1793. Die Tafeln bez.: Inventé par le Lieut. Gen. de Melissino, Exécuté par le Capit. d'Artille. Macaweyeff et l'Adjutant Bouchmeyer.

PETERSBURG 27. 2. 1796, zentralperspektivische Feuerwerksbühnen.
Vorstellung des Feuerwerks bey Gelegenheit der Vermälung ... des Großfürsten Konstantin Pawlowitsch und ... der Großfürstin Anna Feodorowna in St. Petersburg auf der Newa ... 1796 gegeben. (St. Petersburg). Tafel bez.: Inventé par le Lieut. Gen. de Melissino, exécuté par le Capitain du noble Corps des Cadets d'Artillerie C. de Maccaveyef, dessiné par l'Architecte du Corps Dimerzof.

PETERSBURG 1. 9. 1796, zentralperspektivische Feuerwerksbühne.
Beschreibung des Feuerwerks, welches am 1. September 1796 in St. Petersburg beym Kayserlichen Sommergarten gegeben worden ist (St. Petersburg).

USTJUG 1675, Feuerwerk. – S. 52.
Historisch Verhael of beschryving van de voyagie gedaan onder de suite van den Heere Koenraad van Klenk, ambassadeur van den Heeren Staeten Generael an zijne Zaarsche Majesteyt van Moscovien. Amsterdam 1677.

ZARSKOJE SELO 1770, Parkbeleuchtung, Aufbauten von Architekt Speckle. – S. 53.
Folge von 12 Blatt, davon das erste Bl. betitelt: Représentation de l'illumination qui eut lieu le 28 octobre 1770 pour la route de Saint-Petersbourg à Sarsko-Celo, lors du passage de ... Prince Henri de Prusse pour se rendre au bal masqué qui y fut donné. – Abbildungen in: Starije Godi 1907, S. 429.

FEUERWERKSBÜCHER

MARCUS GRAECUS. Liber ignium ad comburendos hostes latine et gallice. Publié d'après deux manuscrits (um 1250) de la Bibliothèque Nationale. Paris 1804. – S. 3.

ALBERTUS MAGNUS. De mirabilibus mundi. Erste gedruckte Ausgabe nach Handschrift vom Jahre 1265: Venedig, Florenz von Straßburg, um 1472. – S. 3.

KYESER, Konrad. Bellifortis. Handschrift, entstanden 1402–1405. Göttingen, Universitätsbibliothek. – S. 9.

FÜRWERCKBUCH. Handschrift, 15. Jahrhundert. Berlin, Zeughaus u. a. Erste gedruckte Ausgaben: Anhang zu: Vegetius. Vier Bücher von der Ritterschaft. Augsburg 1529; ferner etwas gekürzt unter dem Titel: Büchsenmeysterei. Von Gschoß, Büchsen, Pulver, Salpeter vnd Feurwerck ꝛc. ... Straßburg 1529. – S. 9.

DELLA VALLE DI VENAFRO, Giovanni Baptista. Libro continente appertenentie ad capitanii, retenere et fortificare una citta con bastioni, con noui artificii de fuoco aggionti ... Venedig 1524.
Spätere Ausgaben: Venedig 1528, 1529, 1531, 1535, 1545, 1550.
Französische Ausgaben: Lyon 1529 und 1531.

HELM, Franz. Ein Buch zusammengezogen aus vielen probierten Künsten und Erfarungen, wie ein Zeughaus sambt aller Munition einheimisch gehalten werden soll 1535. Handschrift mit Zeichnungen. Heidelberg, Universitätsbibliothek und Berlin, Zeughaus. – S. 9, 20, 21, Abb. 12.

BIRINGUCCIO, Vanoccio. De la pirotechnia. Venedig 1540. – S. 5, 9, 11, Abb. auf S. 1.
Spätere Ausgaben: Venedig 1550 und 1558.
Nachdruckausgaben: Venedig 1559, Bologna 1678.
Französische Ausgaben: Paris 1556, 1572 und 1627.
Kritische Ausgaben unter dem Titel: De la pirotechnia. Edizione critica condotta sulla prima edizione ... a cura di Aldo Mieli. Bari 1914. Volume 1 (reicht nur bis Libro 2, cap. 5).
Biringuccios Pirotechnia. Ein Lehrbuch der chemisch-metallurgischen Technologie und des Artilleriewesens aus dem 16. Jahrhundert. Übersetzt und erläutert von Otto Johannsen. Braunschweig 1925.

SCHMIDLAPP, Johann. Künstliche vnd rechtschaffene Feuerwerck zum Schimpff ... Nürnberg 1591. Widmung und Vorwort datiert: 1560. – S. 43.
In: Cless, Catalogi librorum germanicorum alphabetici, Frankfurt 1602 wird eine Ausgabe von 1590 angegeben. In dem Inventar einer Leipziger Buchhandlung von 1563 (Archiv für Geschichte des deutschen Buchhandels 1894, S. 15) wird auch „Feuerwergk Joannis Schmidtalfs" aufgezählt. Das Buch scheint also im Jahre 1560 oder bald danach, wie auch aus Vorrede und Widmung zu vermuten ist, zum ersten Male erschienen zu sein, trotzdem das Titelblatt von 1591 versichert: „vormals im Truck nie außgangen", was übrigens auf dem Titel der holländischen Ausgabe, Amsterdam 1624, auch steht. Ein Abdruck dieser ersten Ausgabe von 1560 scheint nicht erhalten geblieben zu sein. Spätere Ausgabe (nach Draud, Bibliotheca librorum germanicorum classica, Frankfurt 1625): Nürnberg 1608.
Holländische Ausgaben unter dem Titel: Om te maecken constige en aerdige vyer-wercken van triumphe ende ghenoechte. Amsterdam 1624 und 1630.

FRONSPERGER, Leonhardt. Von Geschütz und Fewerwerck, wie dasselb zuwerffen unnd schiessen, auch von gründlicher Zubereytung allerley Gezeugs, unnd rechtem Gebrauch der Fewerwerck, wie man die in Schimpff oder Ernst ... sol werffen ... Franckfurt a. M. 1564.

BRECHTEL, Franz Joachim. Büchsenmeisterey. Nürnberg 1591. – S. 22, 29, 44.
Holländische Ausgaben unter dem Titel: Konste van busschieten. Amsterdam 1625 und 1630.

COLLADO, Luys. Platica manual de artilleria, en la qual se tracta de la excelencia de el arte militar ... de ... fabricar ... fuegos artificiales ... En Milan 1592 .

CAPO BIANCO, Alessandro. Corona e palma militare di artigleria. Venetia 1598. – S. 22.
Spätere Ausgaben: Venedig 1602 und 1647.

DAMBACH, Christoff. Büchsenmeisterey, ... sampt getrewlicher Underweisung mancherley künstlicher Fewrwerck ... zu Schimpff und Ernst. Franckfurt a. M .1609.

NASSAU, Johann d. Ä. Graf zu. Etliche schöne Tractaten von allerhandt Feürwercken ... 1610. Handschrift mit Zeichnungen. Berlin, Preußische Staatsbibliothek. – S. 20, 21, 22, 28, Abb. 13, 14, 23.

UFANO, Diego. Archeley. Franckfurt a. M. 1614.
Französische Ausgabe unter dem Titel: Artillerie. Rouen 1628.

BRY, Johann Theodor de. Kunstbüchlein von Geschütz vnnd Fewerwerck ... zu Lust vnd Schimpff, oder zum Ernst gegen den Feinden ... Gedruckt zu Franckfurt am Mayn durch Paulum Jacobi. In verlegung Johan Theodori de Bry (in Oppenheim) 1619.

APPIER, Jean, gen. Hanzelet. Recueil de plusieurs machines militaires et feux artificiels pour la guerre et récréation ... de la diligence de Jean Appier dit Hanzelet, chalcographe, et de François Thybourel, chirurgien. Pont à Mousson 1620.

FURTTENBACH, Joseph. Halinitro – Pyrobolia. Beschreibung einer newen Büchsenmeisterey ... Ulm 1627. – 2. Ausgabe unter dem Titel: Büchsenmeisterey-Schul. Augsburg 1643. – S. 23, 30, Abb. auf S. 19.

APPIER, Jean, gen. Hanzelet. La pyrotechnie ... Pont à Mousson 1630.
Keine neue Ausgabe des Buches von 1620, aber ein Teil von ihm wieder verwendet; diese Abbildungen Kopien im Gegensinne.

NORTON, Robert. The gunner, shewing the whole practise of artillerie: ... together with the making of extraordinary artificiall fireworkes, as well for pleasure and triumphes, as for warre and service. London 1628. – S. 49.

MALTHE, François de. Traité des feux artificiels pour la guerre, et pour la récréation. Paris 1629.

BATE, John. The mysteries of nature and art. In four severall parts ... London 1634. – 2. Ausgabe: 1635.
Teil 2 mit Sondertitel: The second Booke teaching ... the composing of all manner of fire-works for tryumph and recreation.

FURTTENBACH, Joseph. Architectura universalis. Ulm 1635. – S. 20, 21, 29, Abb. 15, 16.

BABINGTON, John. Pyrotechnia; or, a discourse of artificiall fireworks. London 1635. – S. 49.

DELLA BELLA, Stefano. Traicté des feux artificielz de joye et de récréation, auquel est compris la manière de faire touttes sortes de fuséés, et autres pièces d'artiffices tant en lair, par eaue, que par terre ... Le tout représenté par figures correctes (von anderer Hand in alter Zeit hinzugefügt: du dessin de stefanus de la Bella) ... A Paris 1649. Handschrift mit Zeichnungen. Paris, Bibliothèque Nationale. – S. 58, 69.

SIEMIENOWICZ, Casimir. Artis magnae artilleriae pars prima. Amsterdam 1650. – 2. Ausgabe unter dem Titel: Vollkommene Geschütz-Feuerwerck- und Büchsenmeisterey-Kunst ... übersetzt von Thoma Leonhard Beeren ... und einem gantzen neuen Theil vermehret durch Daniel Elrich. Franckfurt a. M. 1676. – S. 20, 73, 74, 77, 79.

SCHREIBER, George. Büchsenmeister-Discurs; eine neuerfundene Kugel-Taffel, Abtheilung der Stücke, Laveten und Visir-Stäbe, sambt einem wohlbestellten Feuerwercks-Laboratorio, zu Schimpff und Ernst ... Brieg 1656.
Spätere Ausgaben: Brieg 1662 und 1671.

MENESTRIER, Claude François. Advis nécessaires pour la conduite des feux d'artifice. Anhang zu des Verfassers Werk: Les Réjouissances de la paix, faites dans la ville de Lyon ... 1660. Lyon 1660. – S. 74, 76, 77.

FURTTENBACH, Joseph. Mannhaffter Kunst-Spiegel ... Augsburg 1663. – S. 30.

MANLYN, Daniel. Pyrotechnia, of meer dan hondertderleye konstvermakelijcke vuurwerken ... Amsterdam 1678. – S. 46.

BRAUN, Ernst. Novissimum fundamentum et praxis artilleriae. Danzig 1682.
Russische Ausgabe: Danzig 1682.

FREZIER, Amédée François, Traité des feux d'artifice ... Paris 1707. – S. 8, 60, 76, 79, Abb. 4.
Spätere Ausgaben: Paris 1715 und 1747.
Nachdruck-Ausgabe: Haag 1741.

PERRINET d'ORVAL. Essay sur les feux d'artifice pour le spetacle et pour la guerre. Paris 1745. – S. 76.

STÖVESANDT, J. C. Deutliche Anweisung zur Feuerwerkerei. Halle 1748. – S. 26, 31, Abb. 21.

ALBERTI, Giuseppe Antonio. La pirotechnia o sia trattato dei fuochi d'artificio. Venezia 1749. – S. 8, 10, Abb. 5.

SKIZZENBUCH eines französischen Pyrotechnikers enthaltend Zeichnungen von Feuerwerkskörpern, Feuerwerkstücken und kleinen Feuerwerksaufbauten, um 1750. Paris, Bibliothèque d'Art et d'Archéologie. – S. 67, 78, 79, Abb. 43.

JONES, Robert. A new treatise on artificial fireworks. London 1765.

NEUFFORGE, Jean François. Modèles de feux d'artifice et salles de ballets à l'usage des réjouissances publiques. In: Neufforge. Recueil élémentaire d'architecture. Paris 1766, Bd. 6. – S. 58, 78.

(GRIGNON). La pyrothecnie pratique ou dialogues entre un amateur des feux d'artifice, pour le spectacle, et un jeune homme curieux de s'en instruire. Paris 1780.

RUGGIERI, Claude-Fortuné. Elémens de pyrotechnie. Paris 1802. –2. Auflage: 1810. – S. 74.
Deutsche Ausgabe unter dem Titel: Praktischer Unterricht in der Feuerwerkskunst für Dilettanten und angehende Feuerwerker bearbeitet von Fr. I. Hartmann. Quedlinburg 1832. – 2. Aufl.: 1845. – 3. Aufl. unter dem Titel: Handbuch der Lustfeuerwerkerei. Quedlinburg 1860. – S. 74.

BLONDEL, C. Der selbstlehrende Feuerwerker, oder gründliche Anweisung zur Lustfeuerwerkskunst für Liebhaber. Neueste Auflage. Leipzig 1803. – S. 80.

L–E, L. v. Der Wiener Kunst- und Lustfeuerwerker. Wien 1818.

L–E, L. v. Vollständiges Taschenbuch für Kunst- und Lustfeuerwerker und Liebhaber dieser Unterhaltung. Pest 1820. – S. 27, 80.

MEYER, Franz Sales. Feuerwerkerei als Liebhaberkunst. Leipzig 1898.

BROCK, A. St. H. Pyrotechnics: the history and art of firework making. London 1922. – S. 74.

VERZEICHNIS DER ABBILDUNGEN

VERZEICHNIS DER ABBILDUNGEN

Abb. 1. Katafalk in Form eines Ehrentempels für den Kardinal Alessandro Farnese, Rom 1589, entworfen und radiert von Girolamo Rainaldi.

Abb. 2. Osterprozession mit Feuerwerk und Festbeleuchtung auf Piazza Navona in Rom 1589.
Radierung von Antonio Tempesta.

Abb. 3. Feuerwerksaufbau zum Peter- und Paul-Tage 1770. Architekt: Paolo Posi.
Radierung von Giuseppe Vasi.

Abb. 4. Feuerwerkstempel, Kupfertitel des „Traité des feux d'artifice" von Amédée François Frézier, Paris 1747.

Abb. 5. Feuerwerksaufbau aus dem Lehrbuche des Giuseppe Antonio Alberti „La Pirotechnia", Venedig 1749.

Abb. 6. Feuerwerksaufbau zur Feier der Hochzeit des Herzogs Rinaldo I. in Modena 1696.

Abb. 7. Die „Girandola" auf der Engelsburg und Festbeleuchtung der Peterskirche in Rom. Lithographie aus: Thomas. Un An à Rome. Paris 1823.

Abb. 8. Feuerwerk um eine allegorische Gruppe, angeblich zur Hochzeit des Großfürsten Paul in St. Petersburg 1774. Deckfarbenbild auf einer Tabakdose, gemalt von van Blarenberghe in Paris. Nach: Les Trésors d'art en Russie, Band 1 (1901), Tafel 84.

Abb. 9. Denkmalfeuerwerk in Bologna 1702 nach Entwurf von Giuseppe Maria Pellegrini anläßlich des Besuches Philipps V. von Spanien.

Abb. 10. Schmiede des Vulkan, Feuerwerksaufbau von Pietro Campore in Rom 1775.
Zeichnung von L. Chays in der Staatlichen Kunstbibliothek, Berlin.

Abb. 11. Denkmalfeuerwerk in Rom 1637 anläßlich der Wahl des Kaisers Ferdinand III., veranstaltet vom spanischen Gesandten. Radierung von Claude Lorrain.

Abb. 12. Feuerwerkskasten: „Ein Muster, so du viel Feuer schieſſen wilt in die Lufft". Zeichnung aus dem Feuerwerksbuche des Franz Helm, Handschrift vom Jahre 1535 im Zeughause Berlin.

Abb. 13 und 14. Feuerwerkschloß, Außenseiten und Kern. Farbige Zeichnungen aus dem Lehrbuche Johanns des Älteren Grafen zu Nassau „Etliche schöne Tractaten von allerhandt Feürwercken", Handschrift vom Jahre 1610 in der Preußischen Staatsbibliothek, Berlin.

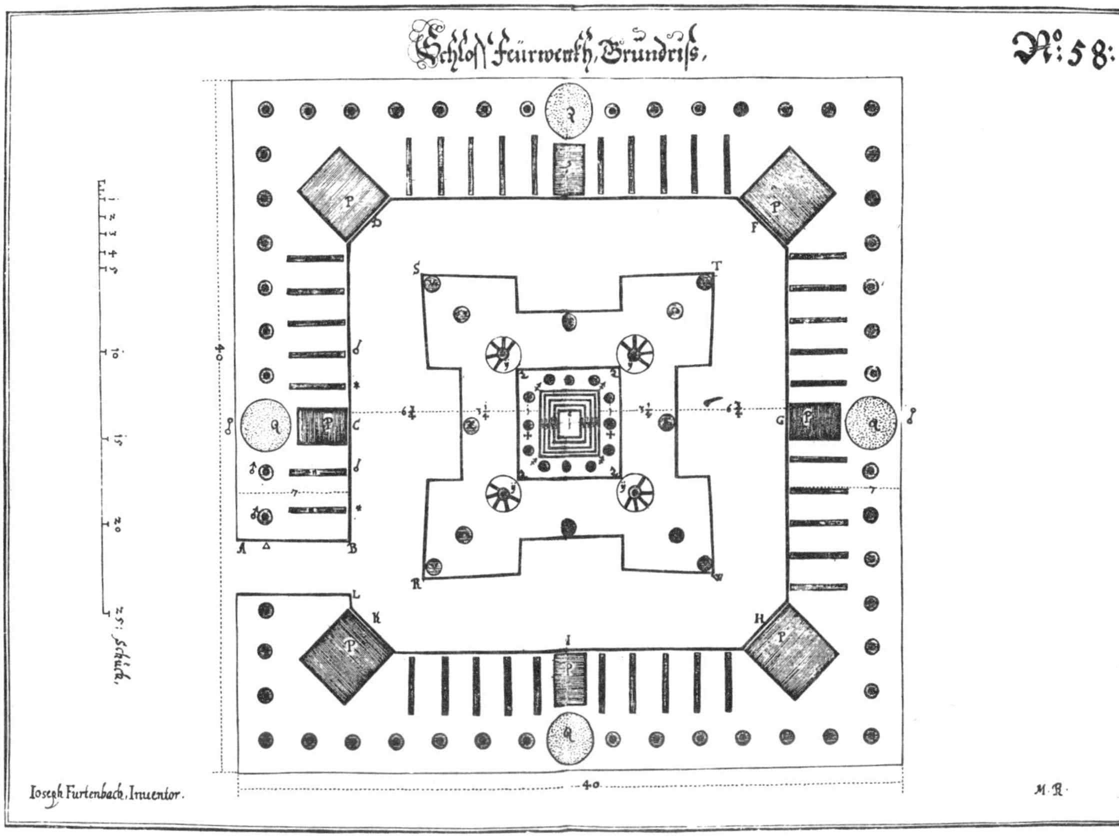

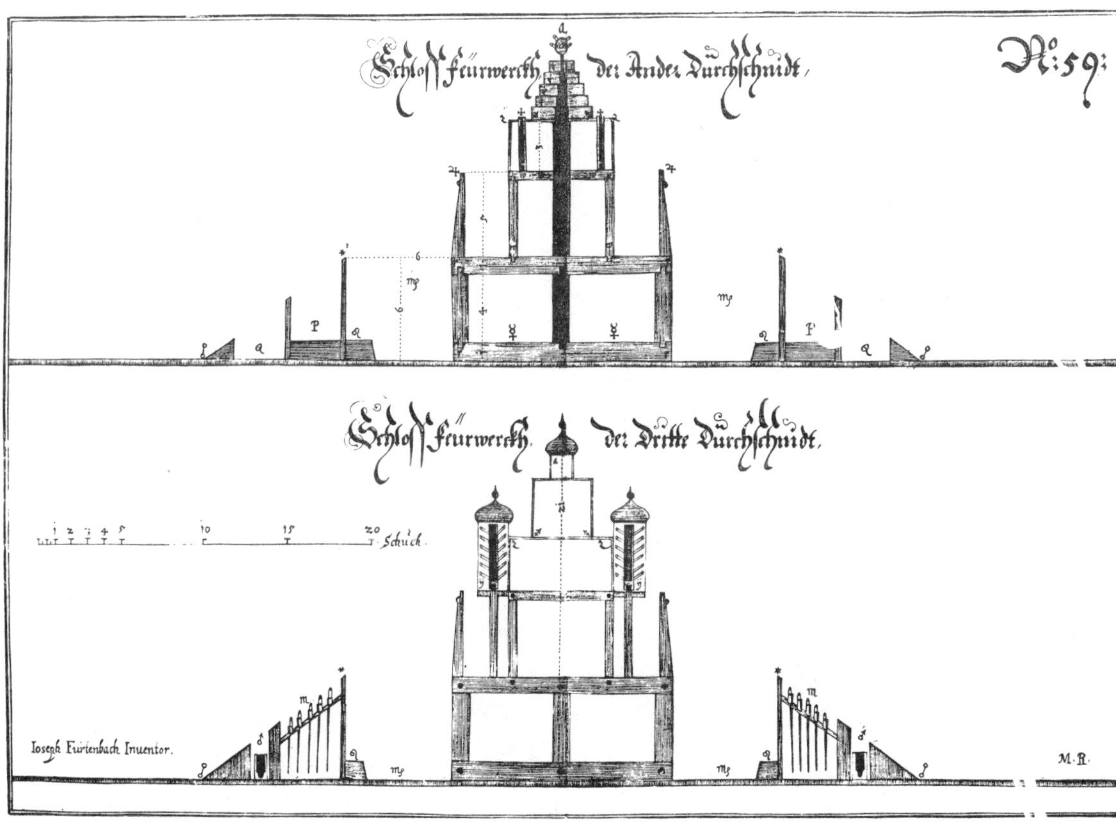

Abb. 15 und 16. Grundriß und Schnitte eines Feuerwerkschlosses aus: Joseph Furttenbach. Architectura universalis. Ulm 1635.

Abb. 17. Nürnberger Schembartläufer mit „Hölle" vom Jahre 1503. Farbige Zeichnung aus einem Schembartbuche in der Staatlichen Kunstbibliothek, Berlin.

Abb. 18. Feuerwerkschloß auf der Burg zu Nürnberg, errichtet zur Feier der Eroberung von Tunis durch Karl V. im Jahre 1535. Oberer Teil eines Holzschnittes von Erhard Schön. Nach: Max Geisberg. Der deutsche Einblatt-Holzschnitt. Band 17, Tafel 31.

Abb. 19. Feuerwerkschiff in Stuttgart 1616. Radierung von Matthäus Merian.

Abb. 20. Feuerwerksbühne für das Festspiel Medea vendicativa, München 1662. Architekt: Francesco Santurini.

Abb. 21. Deutsche Feuerwerksbühne. Titelkupfer der „Anweisung zur Feuerwerkerei" von J. C. Stövesandt, Halle 1748.

Abb. 22. Zentralperspektivische Feuerwerksbühne zur Hochzeit des Erbgroßherzogs Karl Friedrich mit der Großfürstin Maria Paulowna in Weimar 1804.

Abb. 23. Feuerwerksbrünnen. Farbige Zeichnung aus dem Lehrbuche Johanns des Älteren Grafen zu Nassau „Etliche schöne Tractaten von allerhandt Feüerwercken," Handschrift vom Jahre 1610 in der Preußischen Staatsbibliothek, Berlin.

Abb. 24. Festtafel bei der Jülichschen Hochzeit in Düsseldorf 1585. Aus dem Festberichte von Diederich Graminäus, Köln 1587.

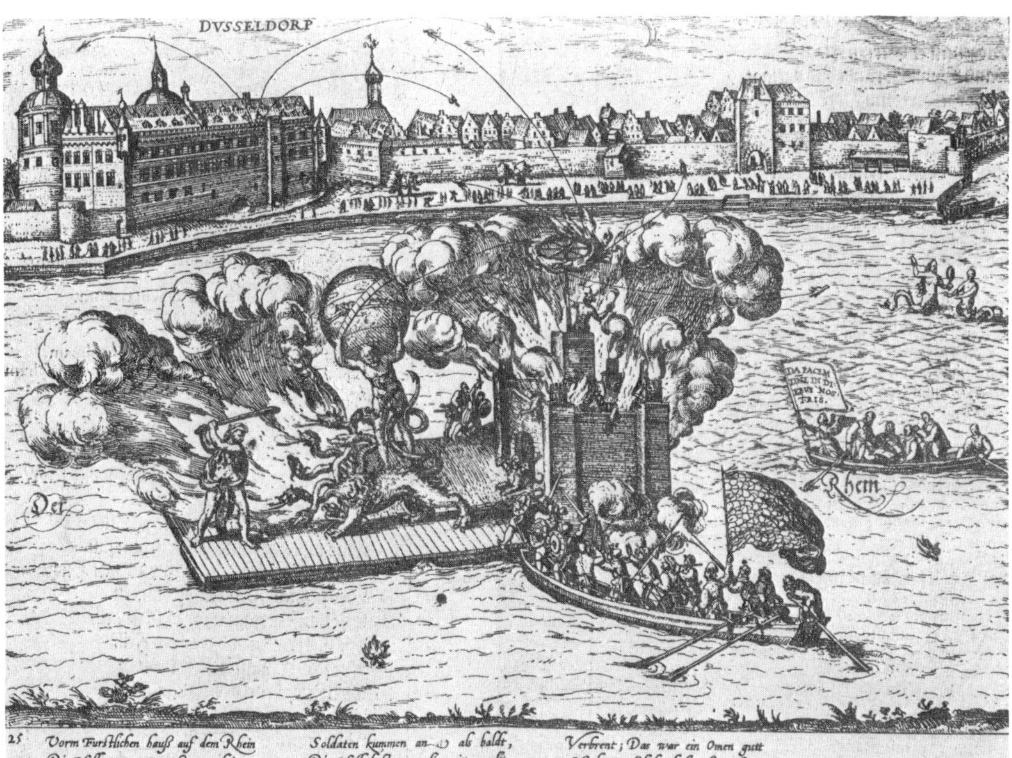

Abb. 25. Feuerwerkspantomime an einem Feuerwerkschloß auf dem Rhein bei Düsseldorf aus Anlaß der Jülichschen Hochzeit 1585.

Abb. 26. Zweiter Teil der Feuerwerkspantomime aus Anlaß der Hochzeit des Kaisers Leopold I. in Wien 1666.

Abb. 27. Illumination des Palais Liechtenstein in Wien 1718 von Ferdinando Galli Bibiena.

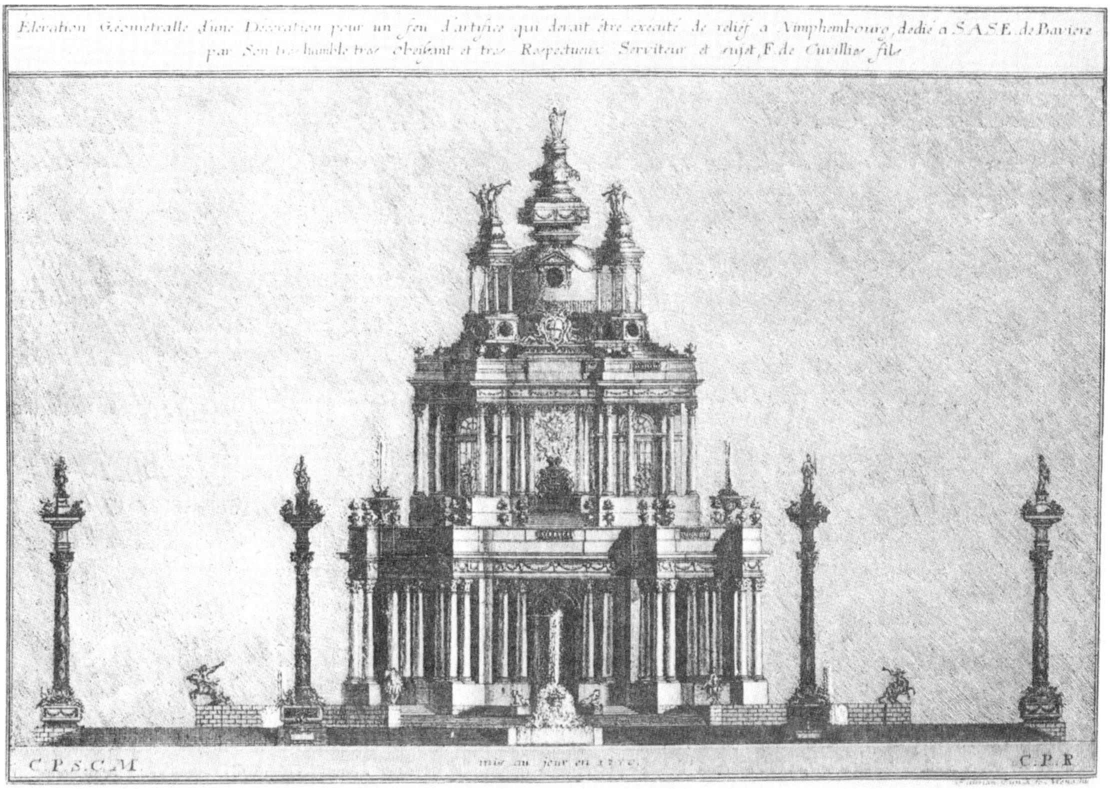

Abb. 28. Feuerwerkstempel, entworfen von François de Cuvilliés fils, Nymphenburg 1770.

Abb. 29. Zentralperspektivische Feuerwerksbühne auf dem Main in Frankfurt 1741, erfunden von J. F. von Uffenbach.

Abb. 30. Feuerwerk im Charlottenburger Park bei Berlin 1728. Kupferstich von Georg Paul Busch.

Abb. 31. Schloßfeuerwerk in Brüssel 1685 zur Feier der Vertreibung der Türken aus Ofen.
Radierung von Romeyn de Hooghe.

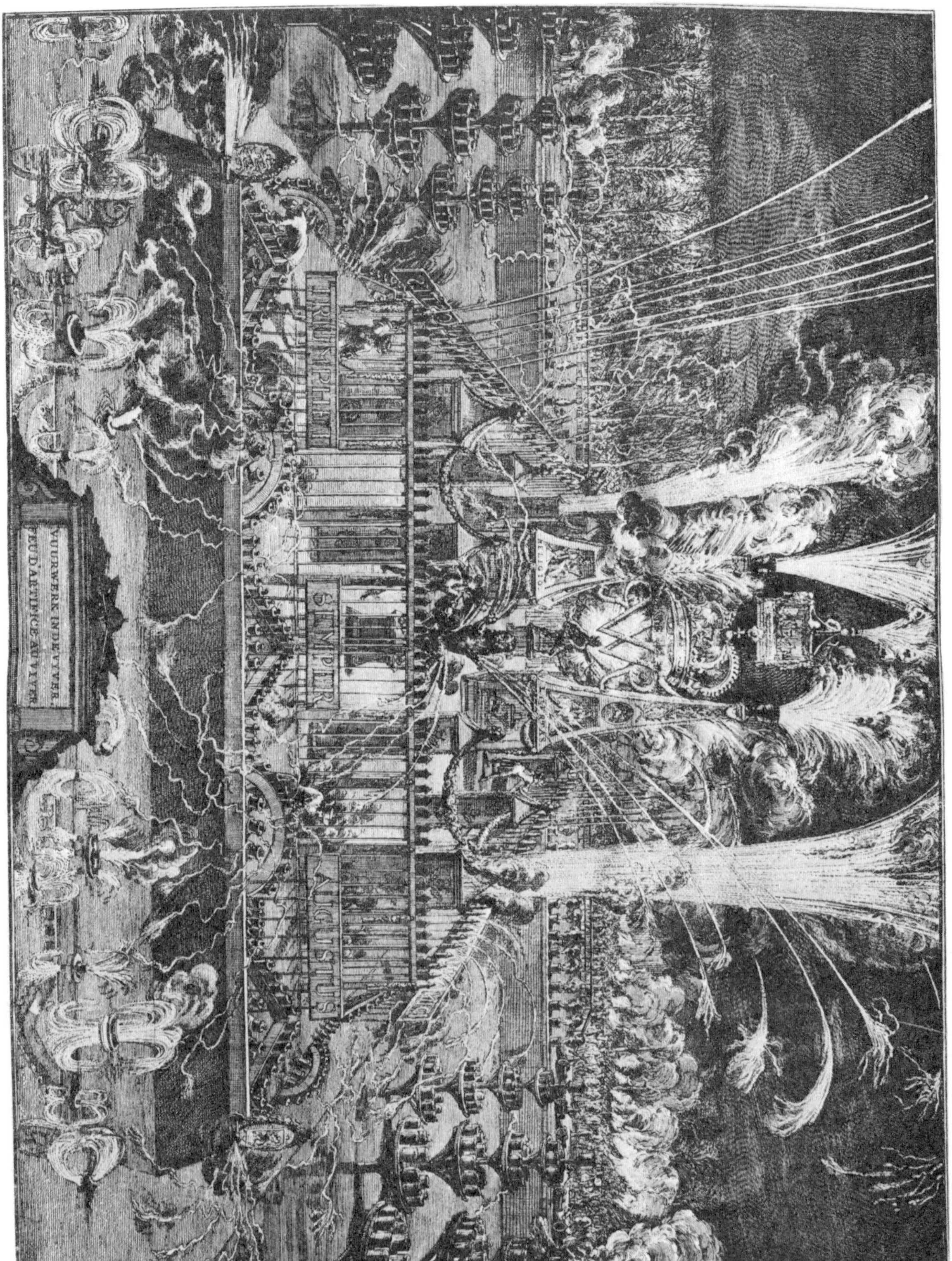

Abb. 32. Holländische Raketenzaunbühne auf dem Vyver im Haag 1691.

Abb. 33. Holländische Raketenzaunbühne mit plastischem Figurenaufbau. Architekt und Bildhauer: Jacob Roman, Haag 1702.

Abb. 34. Fünfteiliger Feuerwerksaufbau anläßlich des Regierungsantrittes Karls XI. von Schweden, Stockholm 1672.

Abb. 35. Friedensfeuerwerk im Haag 1749. Architekt: P. de Swart.

Abb. 36. Russische Feuerwerksbühne anläßlich des Einzuges und der Krönung der Kaiserin Elisabeth Petrowna in Moskau 1742.

Abb. 37. Feuerwerkstempel in Paris 1649. Architekt: Jean Marot.

Abb. 38. Feuerwerkstempel zur Feier der Geburt des Dauphin, Paris 1782. Architekt: Pierre Louis Moreau-Desproux. Ausschnitt aus dem Kupferstiche von Jean Michel Moreau.

Abb. 39. Entwurf von Morel und Torré zum Feuerwerk anläßlich der Hochzeit des Dauphin mit der Erzherzogin Marie-Antoinette in Versailles 1770. Aquarell in der Sammlung A. St. H. Brock, Sutton.

Abb. 40. Feuerwerksaufbau in Parma 1769. Architekt: Ennemond Alexandre Petitot.

Abb. 41. Feuerwerk auf Pont neuf und auf der Seine in Paris am 29. August 1739 zur Feier der Hochzeit der Prinzessin Elisabeth mit dem spanischen Infanten. Architekten: Giovanni Niccolò Servandoni und Jacques Gabriel.

Abb. 42, Licht- und Feuerwerkständer. Farbige Zeichnung, Frankreich um 1740, im Cabinet des Estampes, Paris. Nach: Encyclopédie des métiers d'art, décoration de style, tome 1, Paris 1929.

Abb. 43. Feuerwerksaufbau mit Feuerkaskaden aus dem Skizzenbuche eines französischen Künstlers in der Bibliothèque d'Art et d'Archéologie, Paris. Farbige Zeichnung, Mitte des 18. Jahrhunderts.

Abb. 44. Feuerwerk auf der Seine in Paris 1730 veranstaltet von den spanischen Gesandten zur Feier der Geburt des Dauphin. Erfinder: Giovanni Niccolò Servandoni.

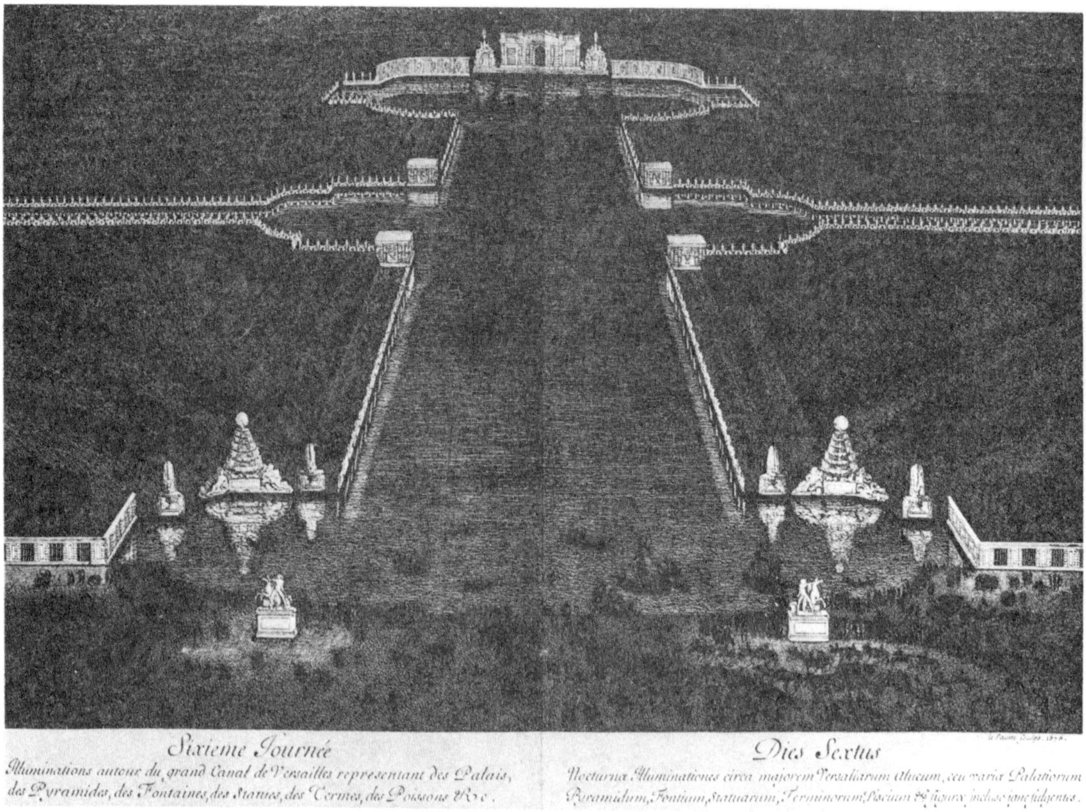

Abb. 45. Festbeleuchtung am Kanal von Versailles 1674 von Charles Vigarani.

Abb. 46. Feuerwerkspantomime, gespielt vor dem sechsjährigen Dauphin in Meudon 1735.

Abb. 47. Le Théâtre d'Eau im Park von Versailles. Radierung von Jacques Rigaud.

Abb. 48. Feuerwerksgemälde von Juste-Aurèle Meissonnier zur Feier der Geburt des Dauphin, Versailles 1729.

Abb. 49. Feuerwerk, veranstaltet von Johann Khonn unter Mitwirkung von Joseph Furttenbach in Ulm 1644.
Gemälde im Germanischen Museum, Nürnberg.